# Serie de informes sobre el hambre en el mundo 2007

## El hambre y la salud

WFP Naciones Unidas
Programa Mundial de Alimentos
PMA

Una publicación del Programa Mundial de Alimentos de las Naciones Unidas, Roma

earthscan from Routledge

Routledge
Taylor & Francis Group
LONDON AND NEW YORK

First published by Earthscan in the UK and USA in 2008
For a full list of publications please contact:
Earthscan
2 Park Square, Milton Park, Abingdon, Oxon OX14 4RN
605 Third Avenue, New York, NY 10017

First issued in hardback 2021

*Earthscan is an imprint of the Taylor & Francis Group, an informa business*



ISBN 13: 978-1-138-43121-8 (hbk)
ISBN 13: 978-1-84407-575-1 (pbk)

DOI: 10.4324/9781849771054

# Mapa A – El hambre y la salud en el mundo

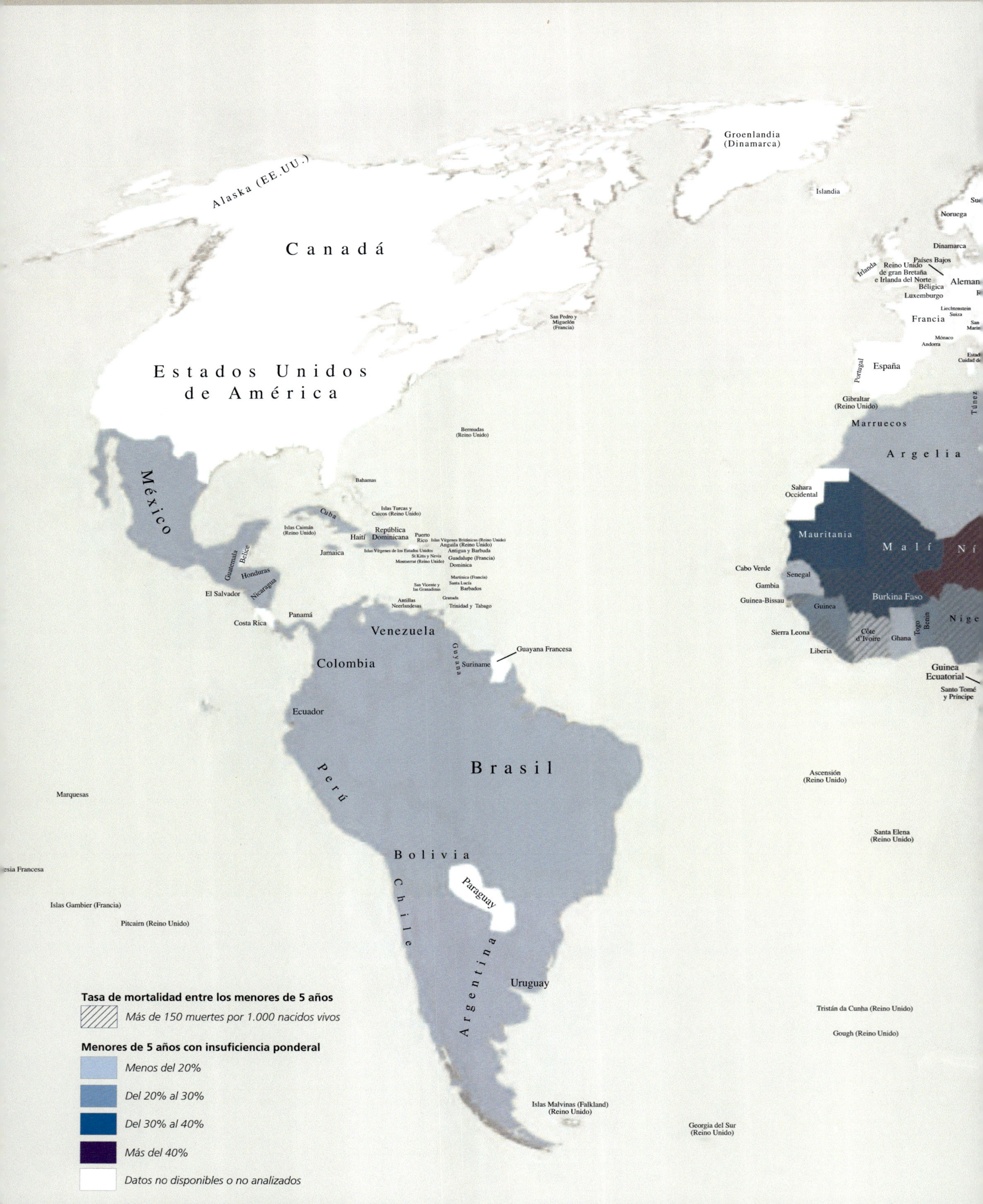


*Los límites y nombres indicados y las denominaciones empleadas en este mapa no entrañan, por parte de las Naciones Unidas, aprobación o aceptación oficial alguna.*
*Mapa elaborado por la Dependencia de VAM del PMA.*

Fuente de los datos: OMS, 2007

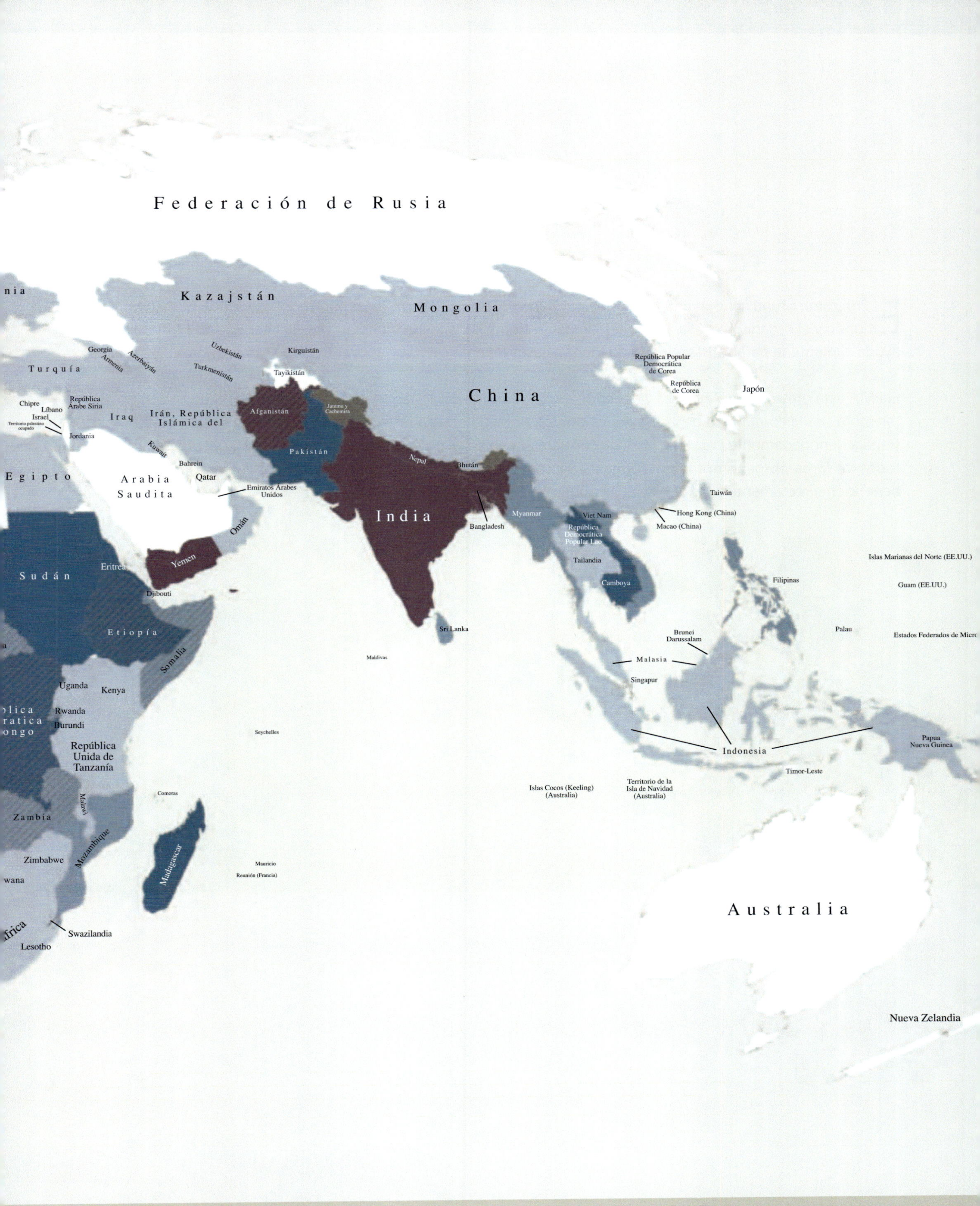


wfp vam
vulnerability analysis and mapping

# Acerca del Programa Mundial de Alimentos de las Naciones Unidas

El Programa Mundial de Alimentos (PMA), fundado en 1963, es la mayor organización de ayuda humanitaria del mundo y el organismo de las Naciones Unidas al frente de la lucha mundial contra el hambre. El PMA utiliza la ayuda alimentaria para satisfacer necesidades en casos de emergencia y apoyar el desarrollo económico y social.

El PMA está presente en 77 países y depende exclusivamente de donaciones. En estrecha colaboración con otros miembros de la comunidad de las Naciones Unidas, gobiernos y organizaciones no gubernamentales, el PMA trabaja denodadamente para que la lucha contra el hambre se convierta en el tema prioritario del orden del día de todos los foros y organismos internacionales, así como para fomentar políticas, estrategias y operaciones que beneficien directamente a las poblaciones pobres que padecen hambre.

# Agradecimientos

Muchas personas que colaboran en el Programa Mundial de Alimentos de las Naciones Unidas (PMA) han desempeñado una labor decisiva en la elaboración de la más reciente publicación de esta serie de informes, titulada *Serie de informes sobre el hambre en el mundo: El hambre y la salud*.

Stanlake Samkange, Director de la Dirección de Políticas, Estrategias y Apoyo a los Programas, ha supervisado el trabajo. Deborah Hines, su principal autora, ha desempeñado la función de jefa de equipo. El equipo de la *Serie de informes sobre el hambre en el mundo* se ha encargado de la recopilación y análisis de los datos. Todos sus integrantes, Federica Carfagna, Bruce Crawshaw, Peter Gray, Tomoko Horii, Rebecca Lamade, Kartini Oppusunggu, Robert Palmer, Livia Paoluzzi y Elena Vuolo, han aportado valiosas contribuciones a este informe.

Muchos expertos han contribuido generosamente con colaboraciones técnicas muy importantes. En particular, el PMA quiere dar las gracias a: Steve Collins, Lorraine Cordeiro, Camila Corvalán, Paul Farmer, Wafaie Fawzi, Fernando Fernholz, Rosemary Fernholz, Stuart Gillespie, Carlos Guevara Man, Jean-Pierre Habicht, Alistar Hallam, Joan Holmes, Channa Jayasekera, Gina Kennedy, Richard Longhurst, Nkosinathi Mbuya, Saurabh Mehta, Gretel Pelto, Fabiola Pueda, Kate Sadler, Anna Taylor, Andrew Thorne-Lyman, Melody Tondeur, Patrick Webb y Stanley Zlotkin.

El PMA desea agradecer las aportaciones de la Organización Mundial de la Salud (OMS) de las Naciones Unidas, que ha facilitado datos actualizados y apoyo técnico. En concreto, el PMA hace extensiva su gratitud a Zoe Brillantes, Valentina Buj, Quazi Monirul Islam, Dermot Maher, Aayid Munim, Mercedes de Onís, Tikki Elka Pang, Randa Saadeh, Akihiro Seita y Kenji Shibuya.

Varias personas nos han brindado observaciones muy útiles y su amable apoyo: Carlos Acosta, Claudia AhPoe, Robert Black, Martin Bloem, Henk-Jan Brinkman, Marco Cavalcante, Gyorgy Dallos, Agnes Dhur, Francisco Espejo, Kul Gautam, Aulo Gelli, Ugo Gentilini, Paul Howe, Michael Hutak, Robin Jackson, Dan Lewis, Saskia de Pee, Roman Rollnick, Joseph Scalise, Ann Strauss, Judith Thimke, Tina Van Den Briel y Steven Were Omamo.

Vaya también nuestra más sincera gratitud para la Subdirección de Análisis y Cartografía de la Vulnerabilidad del PMA por el diseño y la elaboración de los mapas: Joyce Luma, George Mu'Ammar y Paola de Salvo.

En la producción de este informe han trabajado Cristina Ascone, Caroline Hurford, Francis Mwanza y Anthea Webb de la Dirección de Comunicaciones del PMA, y Mark Menhinick y Marie-Françoise Perez Simon de la Dependencia de Traducción y Documentos.

# Prólogo

Podemos ganarle la batalla al hambre ahora, en nuestra época. Disponemos de la tecnología, los conocimientos y los recursos necesarios para satisfacer las necesidades de todas las personas que padecen hambre en el mundo. Lo que hace falta para que las imágenes de niños desnutridos se conviertan en un problema del pasado y no en una vergüenza del presente es que los gobernantes adopten ya las decisiones políticas correctas.

La presente edición de la *Serie de informes sobre el hambre en el mundo* se centra en una de esas decisiones más cruciales: adoptar medidas para luchar a la vez contra el hambre y los problemas de salud. Vencer el hambre suele ser, para las personas aquejadas de una salud deficiente, la condición sine qua non para el éxito del tratamiento médico y su consiguiente recuperación. Los alimentos ayudan a acelerar la recuperación física y protegen contra las infecciones.

La *Serie de informes sobre el hambre en el mundo* 2007 presenta soluciones de eficacia probada para asegurar que las investigaciones, las políticas y los programas realizados lleven a reducir el hambre y mejorar la salud de todas las personas. Por ejemplo, demuestra que la combinación de intervenciones integradas basadas en la ayuda alimentaria y la atención de salud suele ser mejor que un planteamiento orientado a combatir únicamente una determinada enfermedad. Además, el informe indica que, en algunas circunstancias muy concretas, los beneficios que se obtienen de la reducción del hambre y la mejora de la salud se dejan sentir de forma muy especial a largo plazo. Por ejemplo, hay cada vez más datos que indican que si las mujeres gestantes y, muy especialmente, las chicas adolescentes en su primer embarazo pasan hambre, peligra el bienestar de las generaciones futuras.

En este informe se subraya que es preciso aunar aún más las fuerzas para tratar con eficacia el problema del hambre y la salud deficiente. Es preciso que los marcos normativos nacionales, las políticas, las disposiciones institucionales, la capacitación y la investigación se coordinen en una estrategia coherente y contribuyan conjuntamente a que los países consigan que su población esté libre del hambre, sea más sana y más productiva y tenga mayor capacidad de aprendizaje.

Y un dato muy importante es que estas actuaciones son recomendables también desde el punto de vista económico. Las soluciones son rentables y producen beneficios a largo plazo para las personas, las familias, las comunidades y las naciones. No obstante, hay que tomar medidas ya, y no sólo por razones económicas: erradicar el hambre es un imperativo moral. Conocemos perfectamente todas las alternativas. Los gobernantes deben adoptar las decisiones correctas hoy, para que las generaciones futuras no padezcan hambre.

**Josette Sheeran**
Directora Ejecutiva
Programa Mundial de Alimentos de
las Naciones Unidas

# Índice

## Figuras

## Mapas

# Nota preliminar

***En el informe El hambre y la salud se ofrece una visión de conjunto de los conocimientos actuales sobre la vinculación que se establece entre la nutrición deficiente y la salud. Además, se enumeran los mecanismos por medio de los cuales el hambre mina la salud y destruye la esperanza de una vida larga, plena y decorosa.***

Cuando uno viaja de Harvard a Haití, de una sociedad en general próspera y acomodada a otra pobre, se aprende mucho sobre lo que constituye en realidad un único mundo en todas partes. Se trata de nuestro mundo: las personas pobres con frecuencia no suelen tener ninguna dificultad para conseguir CocaCola y a la vez no tienen prácticamente nada nutritivo que comer y, sin embargo, padecen diabetes porque consumen demasiados nutrientes inadecuados; los teléfonos móviles llegan incluso a los rincones más paupérrimos, a lugares en los que el momento del nacimiento ya entraña peligros letales; un ejercicio de carácter artístico realizado con huérfanos de Rwanda ha revelado que, aunque muchos de ellos no asistan a la escuela y no tengan ni idea de dónde ni cómo van a procurarse su próxima comida, son capaces de imitar con un parecido asombroso las interpretaciones de las estrellas de rap estadounidenses.

Éste es el mundo en el que yo habito como médico que trabaja en Rwanda y Lesotho, en Haití y en Boston. Es también, aunque quizás ellas no lo tengan tan claro, el mundo en el que habitan todas las personas que leerán este informe sobre el hambre. Es, en definitiva, el mundo que se describe con resolución y coraje en el nuevo e importante informe del Programa Mundial de Alimentos de las Naciones Unidas, *El hambre y la salud*.

Este informe tiene una importancia capital, como bien saben quienes trabajan entre los más pobres del mundo. En *El hambre y la salud* se plantean propuestas firmes en detalle. El informe ofrece una fórmula precisa para alcanzar la seguridad alimentaria y nutricional, una receta que se fundamenta en una labor de investigación rigurosa y en una larga experiencia. Gozamos del privilegio enorme de tener en el Programa Mundial de Alimentos a un aliado en la lucha por un acceso equitativo a los alimentos, que forma parte del acceso equitativo a la buena salud.

*El hambre y la salud* es el resultado del enorme caudal de experiencia práctica adquirida durante décadas en la mitigación de "emergencias alimentarias" y en la búsqueda de soluciones que consigan romper el círculo vicioso de la pobreza y la enfermedad. El informe ofrece —tanto a los gobiernos como a las organizaciones responsables de las normativas internacionales que deseen alcanzar los objetivos de desarrollo del Milenio— recomendaciones bien fundamentadas para la elaboración de políticas pertinentes.

Estaremos siempre en deuda con los autores de *El hambre y la salud* y con todos los que han contribuido a su publicación. Ojalá que este informe y los compromisos escritos convenidos en favor de un comercio leal consigan reformar y mejorar los métodos y prácticas agrícolas, y nos alumbren el camino por el que debemos avanzar para lograr que el siglo XXI considere el hambre, en primer lugar, un escándalo indecente y aberrante y, en segundo lugar, una enfermedad mundial para la cual ya hay curación.

**Paul Farmer, Doctor en Medicina**
Facultad de Medicina de Harvard y miembro de la ONG "Partners In Health"

# Prefacio

***"No es el recuerdo de nuestro pasado lo que nos hace sabios, sino la responsabilidad de nuestro futuro".***

George Bernard Shaw (1856–1950)

Ahora que nos encontramos a mitad del camino que desemboca en el cumplimiento de los objetivos de desarrollo del Milenio (ODM), el hambre y la salud en el mundo son objeto de más atención que nunca, gracias a las actividades, campañas e inversiones realizadas para sustentar tales objetivos. No obstante, los progresos efectuados en la consecución de la mayor parte de las metas que marcan los ODM son muy dispares, y las diferencias siguen acrecentándose en algunos países.

En especial, una de esas brechas tiene que ver con la interrelación que existe entre el hambre y la salud deficiente. La falta de acceso a alimentos y servicios sanitarios de buena calidad afecta muy especialmente a mujeres y niños. Las madres de familia acaban perdiendo la batalla por evitar el hambre y la enfermedad, y los efectos de ello se transmiten de una generación a otra. Además, todavía hay que salvar obstáculos para poner en práctica los conocimientos y la experiencia en las comunidades, en las naciones y en el ámbito internacional.

A menudo idealizamos las lecciones del pasado y la aplicación de lo que hemos aprendido de nuestra historia compartida, y sin embargo, en la práctica, las realidades políticas pueden obligarnos a empezar de cero y a abordar el futuro con un enfoque optimista, dejando de lado las enseñanzas del pasado. A pesar de todo, todavía estamos a tiempo para aprovechar nuestra experiencia, lecciones aprendidas y voluntad de acción en la definición de estrategias y programas prácticos encaminados a erradicar el hambre. Se pueden aprovechar todas las oportunidades que se ofrecen para sacar el máximo partido de esa relación sinérgica entre el acceso a unos alimentos y a una asistencia sanitaria de buena calidad. Para acelerar el progreso y alcanzar los ODM, hay que traducir en acciones los conocimientos científicos, dar cuerpo a las buenas intenciones y a los acuerdos internacionales, y adoptar decisiones que permitan emplear de la mejor manera posible los recursos que tenemos a nuestra disposición.

El presente informe, el segundo de la *Serie de informes sobre el hambre en el mundo*, después de la publicación inaugural de 2006 dedicada al aprendizaje, persigue el propósito de contribuir a que se comprendan mejor las relaciones entre el hambre y la salud. Esta edición de 2007 utiliza las experiencias basadas en hechos y pruebas para presentar las lecciones aprendidas en anteriores prácticas de desarrollo y plantear posibles soluciones para la erradicación del hambre.

El informe de 2007 forma parte de la *Serie de informes sobre el hambre en el mundo*, a la que contribuye con análisis basados en datos fácticos, y tiene como objetivo orientar la labor de formulación de políticas, programación y promoción. Le seguirán informes sobre mercados, crisis y exclusión social. La *Serie de informes sobre el hambre en el mundo* sirve de complemento a los trabajos en curso que llevan a cabo los gobiernos, el sector privado y los actores locales y anima a que se instituyan políticas firmes en apoyo de soluciones sostenibles y rentables que, se espera, permitan a los gobiernos ir más allá de la meta relativa al hambre establecida en los ODM para 2015 y eliminar este flagelo en las próximas décadas. El informe aporta pruebas suficientes que confirman que el hambre y la salud deficiente son problemas que pueden solucionarse; lo único que debemos hacer es poner en común nuestro saber colectivo y movilizarlo para adoptar decisiones acertadas para acabar con el hambre.

Es posible dejar de lado con asombrosa facilidad las lecciones que ofrece el pasado. De la misma manera, la indiferencia y la apatía pueden sustituirse por actividades concretas que inciten a todos los implicados a trabajar juntos para erradicar el hambre.

## El hambre y la salud deficiente no afectan por igual a la población mundial

Durante los últimos 50 años, el mundo ha asistido a avances sin precedentes en la reducción del hambre y la mejora de la salud. Todo el planeta ha experimentado una importante disminución de la desnutrición y la mortalidad infantiles. Han mejorado considerablemente muchos aspectos físicos de la salud: las personas viven más años y en todo el mundo se registra una mejora de la salud en la infancia y a principios de la edad adulta.

El hambre y la salud deficiente no afectan por igual a la población mundial: estos flagelos se ceban principalmente en las personas más pobres y marginadas y, dentro de este grupo, también se observan diferencias según el sexo, la edad y el origen étnico. Las repercusiones del hambre y la falta de salud en el ciclo vital pueden ser profundas si los riesgos para la salud persisten durante varias generaciones.

Las mayores diferencias se constatan entre países ricos y países pobres. En los países más pobres y con una mayor inseguridad alimentaria (países de bajos ingresos y con déficit de alimentos), la esperanza de vida de hombres y mujeres se sitúa por debajo de los 50 años como resultado de los prolongados períodos de escasez de alimentos, de las enfermedades, los conflictos y el acceso desigual a una atención sanitaria de buena calidad. El hambre es la causa directa de aproximadamente la mitad de todas las muertes de niños menores de 5 años.

Además, si bien se han producido avances en la reducción del hambre en algunos países y dentro de grupos determinados, los progresos hacia la consecución de la meta 2 del ODM 1 (véase el recuadro de la página 46) no siguen por buen camino. En algunas partes del mundo se están mermando los adelantos conseguidos en el pasado, y las soluciones sostenibles distan mucho todavía de estar al alcance de las personas que sufren hambre. Los avances hacia el cumplimiento de los ODM relativos a la salud son también dispares: la salud de las poblaciones de los países adinerados experimenta mejoras a mayor velocidad que la de las poblaciones de los países más desfavorecidos económicamente.

## Hambre y salud: una relación muy estrecha

En la *Serie de informes sobre el hambre en el mundo 2007* se examinan las relaciones múltiples entre el hambre y la salud deficiente, el modo en que éstas afectan –tanto fisiológica como psicológicamente al crecimiento de las personas y limitan el desarrollo social y económico de las naciones.

El hambre y la salud deficiente están íntimamente relacionadas con las decisiones políticas y económicas, que son a su vez fiel reflejo de las prioridades presupuestarias, la calidad de los servicios sociales y los valores propios de las comunidades. Las personas que padecen hambre, en cualquiera de sus formas, no son los responsables de la toma de decisiones, ni están necesariamente bien representadas por éstos.

Al igual que hambre y salud están estrechamente vinculadas, las relaciones entre desnutrición y enfermedad son bidireccionales y se refuerzan mutuamente. La desnutrición produce un estado de mala salud que expone al individuo al riesgo de contraer enfermedades infecciosas y crónicas. El organismo de una persona que padece hambre se defiende las enfermedades menos bien que el de una persona bien alimentada. Un niño desnutrido tiende a estar más días enfermo que otro que está bien nutrido, ya que la desnutrición contribuye directamente a la enfermedad al deprimir el sistema inmunológico y permitir que los agentes patógenos colonicen el organismo desposeyéndolo aún más de los nutrientes esenciales.

Las infecciones, por leves que sean, afectan negativamente al estado nutricional. Tanto las infecciones agudas como las crónicas pueden repercutir gravemente en el estado nutricional y desencadenar reacciones diversas, entre las cuales la disminución del apetito y una menor absorción de los nutrientes. Aun cuando los enfermos absorban los nutrientes ingeridos, puede suceder que éstos queden inutilizados a causa de la infección.

## Posibilidad de recurrir a soluciones ya conocidas y rentables

A pesar de que está ampliamente aceptada la relación causa-efecto que existe entre la desnutrición y la enfermedad, los recursos se han orientado de forma desproporcionada hacia el tratamiento de las enfermedades infecciosas, en lugar de utilizarse para prevenir el hambre y la desnutrición. Es imprescindible que en la formulación de las políticas y los programas se tenga en cuenta la relación existente entre el hambre y la salud deficiente. Únicamente si se da prioridad a las personas que padecen hambre —especialmente las mujeres y los niños en cualquier etapa del ciclo vital— y se promueve la aplicación de los principios de inclusión, igualdad, facilidad de acceso y transparencia, podrán beneficiarse los más necesitados de las innovaciones tecnológicas que están transformando el mundo.

Al reducir el hambre se incrementa la productividad; ya que aumentan la capacidad de trabajo, el aprendizaje y el desarrollo cognitivo y se mejora igualmente la salud gracias a la menor incidencia de las enfermedades y la mortalidad prematura. El hambre y la salud deficiente menoscaban directamente la creación del capital humano y social y el crecimiento económico. Estos efectos son duraderos y transgeneracionales y obstaculizan el cumplimiento de otros objetivos sociales de alcance global.

Por primera vez en la historia, el mundo puede dedicar cuantiosos recursos a la erradicación del hambre y la mejora de la salud. Se reconoce cada vez más que el costo de la inacción es elevado, tanto económica como moralmente y que, en comparación, el costo de la acción es realmente módico. Existen varias soluciones asequibles y de eficacia probada, pero es preciso ampliarlas para que lleguen a beneficiar a las personas más vulnerables y marginadas del mundo. Es fundamental la existencia de un contexto que permita transformar los conceptos en acciones viables y eliminar los impedimentos institucionales; de lo contrario, va a resultar difícil potenciar al máximo los posibles beneficios de los crecientes recursos públicos y privados que se destinan a la lucha contra el hambre y la mejora de la salud.

La presente publicación del año 2007 de la *Serie de informes sobre el hambre en el mundo* propone un grupo de soluciones de eficacia demostrada, prácticas y rentables, para hacer frente a las causas interrelacionadas del hambre y la salud deficiente. Estas soluciones, en las que las actividades que giran en torno a la alimentación se combinan con la atención de salud básica y medidas de prevención, constituyen las "soluciones básicas" para conseguir la reducción del hambre y la mejora de la salud. Al hacer hincapié en la importancia de abarcar todo el ciclo vital, estas soluciones básicas persiguen el objetivo de prevenir la aparición del hambre, mejorar la salud de las poblaciones afectadas por el hambre y contribuir a la consecución de los ODM. Su objeto es ampliar los programas correspondientes a las dos amplias "etapas propicias", o momentos críticos en la vida de todo individuo: los primeros años de vida —con especial atención a las madres, los bebés y los niños pequeños— y la adolescencia, en la que se incluyen los niños en edad escolar.

Las soluciones básicas propuestas ponen especial énfasis en abordar los factores subyacentes comunes: se trata de combinar eficazmente los recursos —tanto alimentarios como de otra índole— y las herramientas disponibles, y de reproducir a mayor escala las soluciones más eficaces. De construirse en torno a las interrelaciones que vinculan entre sí hambre y salud, los programas permitirán abordar mejor y con un enfoque más holístico de los problemas comunes.

Las soluciones propuestas también hacen hincapié en que lo más probable es que las mejoras generales en la ingestión de alimentos, mediante un mayor acceso a alimentos de calidad, en particular por parte de los niños pequeños, tengan un impacto importante en la reducción de la carga de morbilidad.

## Necesidad de un compromiso más amplio

A pesar de la existencia de varias soluciones rentables para combatir el hambre y mejorar la salud, a pesar de la posibilidad de orientar los compromisos políticos nacionales e internacionales para luchar contra estos problemas afines que padecen los más pobres, los esfuerzos realizados siguen siendo insuficientes. Existe el riesgo real y muy grave de que nunca se cumplan los ODM, ya de por sí relativamente modestos. La *Serie de informes sobre el hambre en el mundo* plantea a los gobernantes un desafío: que se aprovechen los éxitos del pasado para cimentar el futuro, combinando los conocimientos actuales con la voluntad de acometer soluciones prácticas y eficaces para poner fin al hambre en las próximas décadas.

Cuatro son las razones más imperiosas para dar prioridad a estas soluciones de lucha contra el hambre y mejora de la salud:

- el hambre y la mala salud tienen un costo elevado;
- las soluciones son asequibles, rentables y sostenibles;
- existe consenso sobre el derecho del ser humano a una alimentación y nutrición adecuadas y a la salud; y
- una población bien alimentada y saludable contribuye de manera más eficaz al crecimiento económico.

Al final, es el compromiso el que determina que las actuaciones sean eficaces y sostenibles. La erradicación del hambre no se puede relegar a mero objetivo secundario al servicio de otros compromisos. Habida cuenta de los tremendos costos humanos, económicos y sociales de esta plaga, su erradicación debe ser una prioridad del desarrollo y parte integrante de los objetivos en materia de salud.

Para conseguir un impacto óptimo, es esencial disponer de los recursos apropiados y potenciar al máximo su uso. Los recursos que se precisan no son exclusivamente de índole financiera: la eficacia de los servicios sociales radica también en las modalidades de dirección y gestión y en el apoyo a los sistemas. Para ampliar las actividades, es importante medir los resultados obtenidos y saber cuáles proyectos dan resultados satisfactorios. Así pues, en una etapa posterior, los recursos podrán asignarse a los proyectos más exitosos:

- Cada vez hay más pruebas de que, cuando los tratamientos de la tuberculosis, del virus de la inmunodeficiencia humana (VIH) y de otras enfermedades infecciosas van acompañados de apoyo nutricional y alimentario, aumenta la observancia de los tratamientos y mejoran sus resultados, particularmente en el caso de la población pobre. Este apoyo debe convertirse en parte integral de los programas de tratamiento. Habría que intensificar la investigación para mejorar la eficacia del apoyo alimentario y nutricional combinado con el tratamiento.
- El problema generalizado de la carencia de micronutrientes demuestra que las calorías por sí solas no bastan para lograr una buena salud. Es necesario aumentar la concienciación y la comprensión del valor que tienen los micronutrientes a lo largo del ciclo biológico.
- Por ejemplo, en varios países ya se ha puesto en práctica el enriquecimiento de los alimentos, pero es aún necesario hacer mucho más en esta esfera. El enriquecimiento de los productos de consumo habitual con micronutrientes múltiples y/o el suministro de suplementos pueden ser estrategias rentables para subsanar las numerosas carencias que presentan los niños en edad escolar, los adolescentes, los refugiados y las personas desplazadas internamente. Es más, habría que estudiar más detenidamente la posibilidad de enriquecer los alimentos en los hogares.

## Adoptar las decisiones adecuadas

Es imprescindible pasar urgentemente a la acción si se desea erradicar el hambre en las próximas décadas. Para ello, la única opción es que exista un compromiso firme por parte de los gobiernos de ir más allá de los ODM, eliminar el hambre y proporcionar acceso a servicios sanitarios de calidad a las personas que sufren hambre y marginación. La carga que suponen el hambre y la salud deficiente y sus efectos sobre el desarrollo nacional no deben ser los solos motivos que nos lleven a actuar. Nuestra acción debe estar encaminada a poner fin al sufrimiento humano causado por el hambre y la salud deficiente y a colmar la brecha que separa a las personas que tienen acceso a alimentos suficientes y servicios sanitarios de calidad de quienes carecen de estos elementos indispensables para lograr el bienestar de todos.

***Solamente una voluntad colectiva nos permitirá llegar a adoptar decisiones correctas. El costo de la inacción es elevado tanto desde el punto de vista económico y político como, lo que es más importante, desde una perspectiva moral.***

## ¿Qué es el hambre?

Casi todo el mundo conoce por intuición la sensación física que produce el hambre. Sin embargo, los especialistas que trabajan en este campo han creado un vocabulario y una serie de conceptos técnicos para describir con más precisión y abordar todos los aspectos del problema. Lamentablemente, no existe un acuerdo total sobre el significado de todos estos términos y de las relaciones que los vinculan. Este recuadro proporciona un breve glosario de dichos vocablos y conceptos tal y como se emplean en este informe. Con esto no se pretende que sea el único uso "correcto", pero sí se intenta ofrecer una ayuda relativamente clara y coherente para comprender todos los aspectos del problema.

**HAMBRE.** Situación en la que se produce una falta de nutrientes, tanto de macronutrientes (energía y proteínas) como micronutrientes (vitaminas y minerales), imprescindibles para una vida productiva, activa y saludable. El hambre puede presentarse como un fenómeno pasajero o como un problema crónico y perpetuo, y acarrear secuelas de diversa importancia, desde muy leves hasta de extrema gravedad. El hambre puede ser el resultado de una ingesta insuficiente de nutrientes o bien la consecuencia de la incapacidad del organismo para absorber los nutrientes que precisa. Puede derivar asimismo de una alimentación deficiente y de prácticas de puericultura inadecuadas.

**MALNUTRICIÓN.** Estado físico por el que las personas sufren o bien carencias nutricionales (desnutrición) o bien un exceso de determinados nutrientes (sobrealimentación).

**DESNUTRICIÓN.** Manifestación física del hambre, que tiene su origen en graves carencias de uno o varios macronutrientes y micronutrientes. Estas carencias impiden que el organismo desempeñe eficazmente sus funciones orgánicas, como el crecimiento, el embarazo, la lactancia, el trabajo físico, la capacidad cognitiva, la resistencia a las enfermedades y la recuperación posterior.

**SUBALIMENTACIÓN.** Situación en la que se encuentran aquellas personas cuyo consumo dietético de energía está siempre por debajo del mínimo requerido para llevar una vida completamente productiva, activa y saludable. Se determina empleando un indicador sustitutivo que permite determinar si los alimentos disponibles en un país son suficientes para satisfacer las necesidades energéticas (aunque no necesariamente de proteínas, vitaminas y minerales) de la población. Contrariamente a lo que se verifica en el caso de la desnutrición, con este indicador no se evalúan los efectos propiamente dichos.

**HAMBRE TRANSITORIA.** Un tipo de hambre pasajera, en la que se incluyen los llamados "retortijones de hambre", que puede afectar de forma transitoria y a corto plazo a la capacidad física y mental.

**SEGURIDAD ALIMENTARIA.** Un estado que se produce cuando ninguna persona corre peligro de padecer hambre en ningún momento. El concepto de seguridad alimentaria contiene en sí mismo las claves que ayudan a comprender las causas del hambre. La seguridad alimentaria se establece mediante cuatro variantes:

- disponibilidad (cantidad de alimentos disponibles en una zona);
- acceso (posibilidades que tiene una familia de obtener alimentos);
- utilización (capacidad que tiene la persona de elegir, consumir y absorber los nutrientes que contienen los alimentos); y
- vulnerabilidad (riesgos físicos, medioambientales, económicos, sociales y sanitarios que pueden afectar a la disponibilidad, el acceso y la utilización de los alimentos) (PMA, 2002; Webb y Rogers, 2003).

La inseguridad alimentaria, o la ausencia de seguridad alimentaria, es un estado que implica una situación de hambre, como resultado de problemas de disponibilidad, acceso y utilización, o bien una situación de vulnerabilidad al hambre en el futuro.

## ¿Cuál es la diferencia entre hambre y desnutrición?

La desnutrición es la forma en la que el hambre se manifiesta físicamente. Su medición es posible y, para ello, se utilizan indicadores como:

- peso para la edad (insuficiencia ponderal);
- estatura para la edad (retraso del crecimiento); y
- peso para la estatura (emaciación).

En algunos casos, la desnutrición puede ser la secuela de una enfermedad, lo que influye en la adecuación de la ingesta alimentaria y/o en su absorción por el organismo (y, por lo tanto, en el grado de hambre). Las enfermedades afectan al nivel de la ingesta alimentaria porque alteran el metabolismo (y, por lo tanto, aumentan la necesidad de ingerir nutrientes) y reducen el apetito (lo que suele implicar una reducción de la cantidad de alimentos ingeridos). Al mismo tiempo, existe la posibilidad de que las enfermedades causen problemas de absorción cuando acarrean una pérdida de nutrientes (por ejemplo, en el caso de vómitos o diarreas), o cuando interfieren con los mecanismos por los que el organismo los absorbe. De hecho, la enfermedad empeora la desnutrición. Por supuesto, las enfermedades suelen tener muchas otras consecuencias graves y debilitantes que no están directamente relacionadas con los efectos que producen en el hambre.

## ¿Qué relación se establece entre el hambre, la desnutrición y la inseguridad alimentaria?

El hambre, la desnutrición y la inseguridad alimentaria son conceptos "anidados". La desnutrición es un subconjunto del hambre, que a su vez es un subconjunto de la inseguridad alimentaria (véase la figura siguiente).

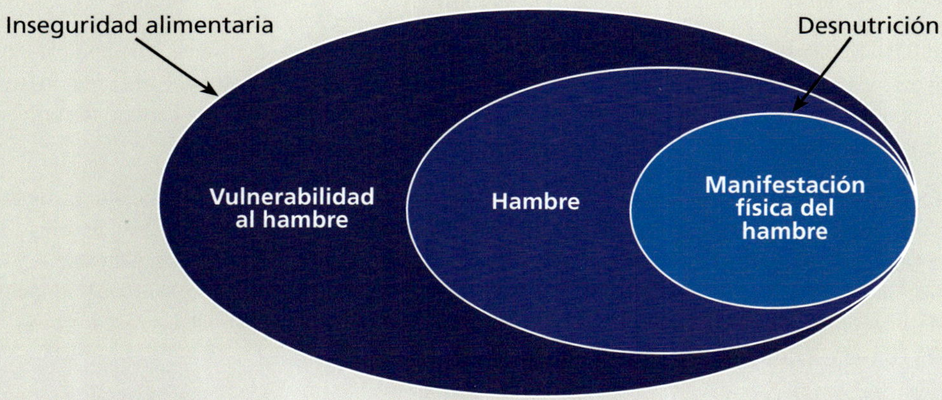

# Parte I: La situación del hambre y la salud en el mundo

## El hambre y la salud están íntimamente relacionadas. No es posible mejorar la salud sin abordar el problema del hambre; a su vez, el hambre acarrea falta de salud, y muchas de las causas que originan el hambre contribuyen también a una salud deficiente.

En la **Parte I** se examina la situación actual del hambre y la salud y se analizan los progresos realizados en el camino hacia el cumplimiento de los objetivos de desarrollo del Milenio (ODM). En el **Capítulo 1** se exponen las relaciones recíprocas que se establecen entre el hambre y la salud deficiente, a la vez que se demuestra que es difícil mejorar de forma apreciable la salud de una persona sin eliminar el hambre en todas sus formas. En el **Capítulo 2** se explica el aspecto que presenta un mundo en el que se padece hambre y un mundo con poca salud, y se incluye una descripción de los rasgos peculiares que caracterizan a los grupos más vulnerables al hambre y a los problemas de salud. Se presentan, además, los desafíos que nos esperan en el camino hacia el desarrollo, se examinan la causas múltiples del hambre y de la salud deficiente, y el devastador efecto que los conflictos y los desastres naturales tienen en los intentos de reducción del hambre. En el **Capítulo 3** se pone al corriente de los últimos avances hacia el cumplimiento de los ODM relativos al hambre y la salud, y se demuestra que los progresos realizados siguen siendo insuficientes. En el **Capítulo 4** se plantean algunas decisiones que los gobernantes podrían adoptar para acelerar el avance hacia la consecución de los ODM.

# Introducción

***"¿Por qué sigue existiendo el hambre en un mundo que nada en la abundancia? Una de las preguntas trascendentales de nuestro tiempo es también una pregunta que pertenece a otras épocas. ... la historia del hambre es indisoluble de la historia de la abundancia".***

Sara Millman y Robert W. Kates, 1990

Los procesos de transición sociales y económicos que se han producido a lo largo de la historia ponen de manifiesto interesantes pautas de progresión y regresión. Desde la perspectiva del siglo XXI resulta fácil presuponer que dichos procesos constituyen pasos agigantados para lograr que el mundo entero esté bien alimentado y protegido contra las enfermedades. En los últimos 200 años se han producido avances importantes en la reducción del hambre; en este mundo, no obstante, 854 millones de personas que padecen hambre siguen luchando por sobrevivir y más de 16.000 niños mueren innecesariamente cada día por afecciones relacionadas con el hambre. El camino hacia un mundo en el que no exista el hambre está lleno de baches y, como resulta evidente, también de importantes obstáculos que frenan los avances en la lucha contra este flagelo y los problemas de salud relacionados con él.

Varios modelos de desarrollo sugieren que la mejora de la dieta y de la nutrición conlleva una mejoría de la salud, de lo que se obtiene como resultado un reparto más justo (Semba, 2001). Sin embargo, por lo que respecta al alcance y al tipo de hambre que padece, y a las causas que provocan sus principales problemas de salud, cada país se enfrenta a su propio y exclusivo conjunto de retos. Las causas interconectadas del hambre y la salud deficiente hunden profundamente sus raíces en las condiciones sociales, económicas y políticas.

Por lo tanto, el hambre y la salud deficiente están estrechamente relacionadas con las decisiones políticas y económicas que, a su vez, reflejan las prioridades que se establecen en las asignaciones de presupuestos, la calidad de los servicios sociales y los valores de la comunidad. Las personas que pasan hambre en cualquiera de sus formas no son precisamente los dirigentes responsables de la toma de decisiones, y tampoco están necesariamente bien representadas por ellos.

En la *Serie de informes sobre el hambre en el mundo 2007* se examinan las relaciones múltiples que se establecen entre el hambre y la salud deficiente, cómo afectan éstas al crecimiento fisiológico y psicológico de las personas y la forma en que restringen el desarrollo social y económico de las naciones.

Existen muchos debates en torno al hambre. Con demasiada frecuencia, sin embargo, los análisis sobre esta lacra se centran exclusivamente en sus manifestaciones físicas, en la descripción y representación de niños extremadamente subalimentados de vientres hinchados, o niños con retraso del crecimiento, cuyo desarrollo físico se ha visto afectado en periodos críticos de sus vidas. Las causas se suelen buscar en una escasa producción de alimentos o en unos ingresos insuficientes para adquirir la comida de calidad que una familia precisa. Si bien estos temas son fundamentales en cualquier estudio sobre el hambre, es importante hacer hincapié en que el debate sobre el hambre presenta todavía lagunas conceptuales. La *Serie de informes sobre el hambre en el mundo* trata de esclarecer algunas de las áreas que se suelen pasar por alto en dichos estudios. Concretamente, en esta edición se analizan las relaciones existentes entre el hambre y la salud. La presente publicación de la *Serie de informes sobre el hambre en el mundo* explora las consecuencias profundas que tiene el hambre en la salud, incluida la prevención y tratamiento de enfermedades, y presta atención especial a la absorción y utilización de los nutrientes.

El informe también plantea las cuestiones y las acciones sanitarias imprescindibles para ganar la lucha contra el hambre: cómo se pueden compaginar mejor las respuestas sanitarias y las respuestas contra el hambre, y de qué manera se pueden aplicar las acciones estratégicas fundamentales para limitar las consecuencias perjudiciales que tiene el hambre en la salud y el bienestar.

En la *Serie de informes sobre el hambre en el mundo 2007* se sostiene que los factores que ponen en peligro la salud y agudizan el hambre son, por lo general, bien conocidos y las soluciones asequibles son fáciles de conseguir. El informe constituye una llamada a la acción y un elogio al trabajo sin precedentes que se ha realizado en todo el mundo para enfrentarse al problema del hambre y la salud deficiente. Y, además, pone de relieve la abundancia de oportunidades que existen para concentrar los recursos en planteamientos de colaboración coordinados, en línea con los marcos de actuación nacionales y regionales. Cinco mensajes subyacen en la *Serie de informes sobre el hambre en el mundo 2007*:

- El hambre y la salud deficiente son problemas mundiales relacionados.
- Afectan de manera desproporcionada a las personas más pobres y más vulnerables, reducen innecesariamente las expectativas y la calidad de vida de cientos de millones de seres humanos.
- El hambre y la salud deficiente afectan especialmente a las mujeres y a los niños.
- La salud deficiente y el hambre repercuten en el desarrollo de las naciones, en la actualidad y en las generaciones futuras.
- El hambre y la salud deficiente son problemas que tienen solución; no obstante, los planteamientos actuales no conducen a soluciones que sean accesibles ni sostenibles equitativamente.

En la edición de 2006 de la *Serie de informes sobre el hambre en el mundo*, titulada *El hambre y el aprendizaje*, se partía de la premisa de que las decisiones políticas están directamente relacionadas con la persistencia del hambre. En el informe de 2007 se analiza en mayor profundidad la manera en la que las decisiones políticas influyen en los progresos hacia la disminución del hambre y la conquista de la salud, y cómo se suelen pasar por alto en esas decisiones los procesos que conducen a la marginalización y a las desigualdades, que restringen el acceso de las personas más vulnerables a los alimentos de buena calidad y a los servicios sanitarios.

En este informe se ponen de relieve los beneficios profundos y mutuamente fortalecedores que pueden reportar a las personas y a las naciones las inversiones en la erradicación del hambre. Se ofrece además un programa de acciones concretas en el seno de las comunidades, en el ámbito nacional y en el internacional. En este mundo globalizado, el surgimiento de nuevas alianzas y de un nuevo movimiento asociacionista es cada vez más evidente, y esta nueva coyuntura conlleva nuevas oportunidades para entrar en acción. Fundamentalmente, se trata de que los diversos protagonistas de este nuevo orden se movilicen para trabajar juntos en la misma dirección, y la *Serie de informes sobre el hambre en el mundo* ofrece su modesta contribución para lograr ese fin. El informe que contiene la presente edición de 2007 se organiza en cinco partes principales:

- **La situación del hambre y la salud en el mundo** — Se pasa revista al estado actual del hambre y la salud deficiente en todo el mundo.
- **Desnutrición y enfermedad: repercusiones en el ciclo vital** — Se exploran las relaciones recíprocas que se establecen entre el hambre y la salud durante el ciclo vital, y se identifican las lagunas que presentan los conocimientos actuales, que se deberían llenar si se desea ampliar los trabajos actuales encaminados a conseguir la disminución del hambre.
- **Desarrollo nacional: compromiso y decisión política** — Se presentan las razones que inducen a comprometerse mucho más en la lucha contra el hambre y la salud deficiente. Se analizan también la incidencia que tiene la disminución del hambre en los programas sanitarios y el desarrollo de las naciones. Además, se presentan las pruebas que demuestran que hay soluciones rentables al alcance de todo el mundo y que éstas han contribuido ya a conseguir resultados muy positivos en el campo de la salud.
- **El camino a seguir: hacia un mundo sin hambre** — Se establecen las actuaciones concretas que servirán para conseguirlo, mediante soluciones armonizadas e integradas en los marcos gubernamentales.
- Un **Compendio de recursos** en el que figuran los datos acreditativos.

*"Las causas que originan el hambre abarcan desde las sequías, inundaciones y demás catástrofes naturales que restringen la producción de alimentos hasta la estructura social jerárquica, con sus reglas de inclusión y exclusión, que pone límites a la distribución de los alimentos y de la riqueza...".*

Lucile F. Newman *et al.*, 1990

## Los cimientos del hambre

Desde los albores de la humanidad, el ser humano ha luchado por alejar la amenaza del hambre de su vida y, por el camino, ha atravesado períodos de abundancia y épocas de escasez de alimentos, de auge y de declive. Desde el Paleolítico tardío (30.000-9000 aC), las comunidades de cazadores y recolectores perseveraron en el control de la rica biodiversidad de su entorno, por lo que alcanzaron una estatura media que no se ha conseguido igualar en toda la historia, ni siquiera en nuestros días.

Hacia el tercer milenio antes de Cristo, la estatura media se había reducido en 11 centímetros en el caso de los hombres y en 14 centímetros para las mujeres (Cohen y Armelagos, 1984). Durante esta época de asentamientos y aumento de la población, cambiaron las dietas: la gente consumía muchos cereales, extraídos de una cantidad de especies botánicas espectacularmente reducida, y comía menos carne (Barnes, 2007). Los poblados permanentes y el paso de la caza a la recolección posibilitaron el almacenamiento de los alimentos y la especialización de las labores en las diferentes sociedades. No obstante, estos cambios llegaron acompañados de la estratificación social y el hambre (Milton, 2000).

**Figura 1 – Evolución de la estatura media y la esperanza de vida[1]**

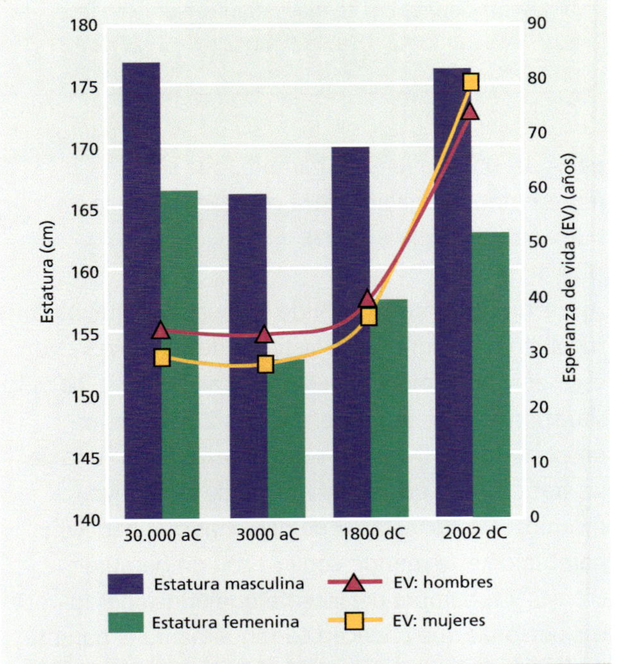


Fuente de los datos: OMS, 2007e; CDC, 2004; Cohen y Armelagos, 1984

El paso del Paleolítico al Neolítico es sólo una de las muchas transiciones que cambiaron las dietas y acabaron afectando a la salud con el paso del tiempo. Estas transformaciones coincidieron con innovaciones tecnológicas, transiciones demográficas y cambios sociales; cada una de ellas trajo consigo el progreso y también escaseces de alimentos y hambre para ciertos estratos de la población.

Otro proceso de cambio, la Revolución Industrial de principios del siglo XIX, creó una nueva riqueza y mejoró la situación nutricional de las clases medias y altas de varios países, lo que trajo como consecuencia una mayor esperanza de vida y un aumento de la estatura: la esperanza de vida se amplió a 40 años; la estatura media se situó en 157 centímetros para las mujeres y 170 centímetros para los hombres (Cohen y Armelagos, 1984). Sin embargo, la sociedad también se estratificó mucho más y no todos sus grupos se beneficiaron de estas mejoras: de hecho, las clases más bajas quedaron más marginadas todavía con la distribución no equitativa de la riqueza, y el hambre dominó.

Actualmente, observamos pautas similares con el proceso de "transición nutricional": la coexistencia de la sobrealimentación y la desnutrición. Vivimos en un mundo de inmensas riquezas, enormes disparidades y desigual acceso a los servicios sanitarios y a la comida, aunque en todo el planeta haya alimentos suficientes para alimentarnos a todos. En los países ricos y prósperos, se aprecia en hombres y mujeres un incremento continuo de estatura y de esperanza de vida: esta última ha aumentado hasta llegar a los 75 años para los hombres y los 80 años para las mujeres en los países desarrollados; la estatura media es de 163 centímetros para las mujeres y

176 centímetros para los hombres (OMS, 2007a; CDC, 2004).

Pero, de nuevo, observamos grandes diferencias entre los países ricos y los pobres. En los países más pobres y con mayor inseguridad alimentaria (países de bajos ingresos y con déficit de alimentos, PBIDA) la esperanza de vida de hombres y mujeres sigue siendo inferior a los 50 años, como consecuencia de la escasez prolongada de alimentos, enfermedades, conflictos armados y un acceso desigual a la asistencia médica de calidad. Además, en el proceso de transición nutricional actual se combinan el hecho de tener mayor cantidad de alimentos de mala calidad al alcance y tasas de sobrepeso cada vez más altas, y todo esto con una prevalencia elevada y continua de la insuficiencia ponderal. Y, lo que es más importante, una persona que ha sufrido desnutrición en el vientre de su madre corre mucho más riesgo de presentar sobrealimentación en el futuro. Un estudio elaborado en China demostró que uno de cada cinco niños que tenían sobrepeso antes de los 9 años de edad había padecido un retraso del crecimiento como resultado del hambre crónica experimentada en sus primeros años de vida (Banco Mundial, 2006).

## Las causas del hambre

Las causas que originan el hambre abarcan desde las catástrofes naturales que disminuyen la producción de alimentos hasta las estructuras sociales jerárquicas que restringen la distribución de la comida y la riqueza. Actualmente, los cientos de millones de personas que conviven con el hambre se enfrentan a una combinación de factores que les impiden satisfacer sus necesidades de alimentación más básicas y perpetúan el hambre de una generación a otra. Entre esos factores se incluyen el cambio de modelos agrícolas, los precios de los alimentos, los ingresos, la escasez de los alimentos de temporada, las preferencias alimentarias, las dinámicas culturales y de los sexos, la urbanización, conflictos, catástrofes naturales, cambio de los patrones climáticos y decisiones políticas, como las que anteponen el gasto en defensa a las asignaciones presupuestarias en sanidad y protecciones sociales que tengan como base la alimentación. "La producción mundial de alimentos es más que suficiente para alimentar a todos los habitantes de la Tierra; y, sin embargo, en la mayor parte del mundo reina el hambre, que sigue representando una amenaza constante para la humanidad" (Salleh, 2001).

### La estatura como indicador sustitutivo del crecimiento y el desarrollo

Las pruebas empíricas demuestran que la altura humana es un indicador de bienestar y salud. En el caso de los niños, la altura ayuda a predecir la supervivencia y mantiene una correlación con el rendimiento en la escuela y en el mercado laboral. La altura que tenga un niño hacia los 4 años de edad indica bastante bien la estatura que alcanzará de adulto (Martorell y Habicht, 1986); por lo tanto, se puede establecer que la talla de un adulto está predeterminada desde la primera infancia (Schultz, 2002).

Doctores en medicina y nutricionistas, como Nevin S. Scrimshaw, realizaron los primeros estudios sobre las relaciones que existen entre la estatura y el desarrollo socioeconómico. En sus trabajos, evidenciaron que los niños de Centroamérica y Panamá eran más bajitos que los niños de Estados Unidos y arguyeron: "... que el daño nutricional que el niño sufre después del destete representa para el país una pérdida humana y económica muy grave... desde el punto de vista de la salud y de la resistencia a las enfermedades y, por consiguiente, en lo tocante a la capacidad para aprender y trabajar" (Scrimshaw *et al.*, 1959).

G. B. Spurr fue el primero que midió las relaciones que se establecen entre estatura y productividad en su estudio sobre la productividad de los cortadores de caña de azúcar colombianos con edades comprendidas entre los 18 y 34 años. Spurr descubrió que la estatura, como indicador sustitutivo del historial del estado nutricional, favorecía la productividad. Sus resultados indicaban que la desnutrición repercute muy negativamente en las economías subdesarrolladas (Spurr *et al.*, 1977).

Aproximadamente el 10% de las personas que pasan hambre en el mundo son víctimas de las graves escaseces de alimentos que provocan las crisis. La difícil situación en que se encuentran los 2 millones de desplazados de Darfur, en Sudán, es tan sólo una de las tragedias de esta primera década del nuevo milenio. El 90% restante de personas que padecen hambre de este mundo convive con un hambre crónica: un hambre persistente que nunca desaparece. Las personas que padecen continuamente el hambre no pueden obtener con regularidad alimentos de bastante calidad y su salud suele ser deficiente. Sus medios de subsistencia básicos se deterioran progresivamente hasta que, al final, la supervivencia se convierte en su principal preocupación. Por lo que parece, lo único que consiguen muchas políticas sociales y económicas es que el hambre y la falta de salud arraiguen.

Los recursos asignados a las operaciones de ayuda humanitaria hacen que, en comparación, los estipulados para luchar contra el hambre crónica parezcan realmente exiguos. Sólo en 2006, el PMA destinó 742 millones de dólares EE.UU. a la ayuda a 15 países que se encuentran inmersos en las situaciones de hambre crónica más alarmantes. Además, el PMA proporcionó a Sudán 558 millones de dólares EE.UU. el mismo año, dos ejemplos que ponen de manifiesto el altísimo precio que los conflictos se cobran en las sociedades que los padecen, el nivel de recursos que se precisan para salvar vidas en situaciones de crisis y los poquísimos que quedan al final para destinarlos a la lucha contra el hambre crónica.

## Las calorías no bastan

El "hambre oculta" afecta a más de 2.000 millones de personas, incluso a aquéllas que consumen calorías y proteínas apropiadas (Proyecto del Milenio de las Naciones Unidas: Grupo de acción contra el hambre, 2005). El hambre oculta se presenta cuando la persona carece de un único micronutriente o de una combinación de micronutrientes. Las carencias de micronutrientes acarrean graves problemas de salud pública, principalmente porque ponen en peligro el sistema inmunológico y, por lo tanto, facilitan la aparición de infecciones.

Madres y niños se cuentan entre los grupos más vulnerables y afectados, aunque lo más probable es que todos ellos acusen una reducción de la productividad y de oportunidades socioeconómicas. Como reconocen los expertos en nutrición, el hambre oculta "... es un tipo de hambre que no se manifiesta en forma de vientres hinchados ni cuerpos escuálidos. Y, sin embargo, ataca de lleno la salud y la vitalidad de las personas" (Gautam, 2006)[2].

## ¿Cuántas calorías se necesitan?

Nadie puede asegurar con precisión cuántas calorías necesita una persona para sobrevivir, para no pasar hambre o para llevar una vida saludable. Diversos factores (como la constitución física de esa persona en concreto, los rigores del entorno en el que vive, sus niveles de actividad y su salud general) se conjugan para establecer cuál es la ingesta de energía apropiada para cada persona. Por regla general, los habitantes de países tropicales precisan menos energía que los de los países de inviernos crudos, o los que están situados a mucha altitud. La enfermedad también incide en la ingesta calórica, puesto que, por un lado, incrementa los requisitos energéticos y, por el otro, inhibe el apetito.

Casi todos los expertos coinciden en que 2.100 kcal al día proporcionan energía suficiente a la mayoría de las personas; por eso, la cifra se ha convertido en un parámetro del consumo calórico medio. No obstante, el promedio real de consumo calórico varía espectacularmente de un país a otro. Una persona que viva en Estados Unidos puede tener a su alcance una media de 3.800 kcal al día. El consumo calórico en Eritrea es de aproximadamente 1.520 kcal al día, menos de la mitad que el de Estados Unidos.

Visto en otro contexto: la ración habitual de un refugiado en un campamento de Kenya es de 2.100 kcal al día (PMA, 2007). Las organizaciones humanitarias han ido modificando su política, desde la imperante en la década de 1970 que consistía en proporcionar raciones de "supervivencia" de unas 1.200–1.800 kcal, pasando por la de "estándares mínimos" de 1.900 kcal en el decenio de 1980, hasta el objetivo de 2.100 kcal a lo largo del decenio de 1990. La cantidad requerida de 2.100 kcal, pese a que no se alcanza en ocasiones, proporciona un nivel mínimo de la cantidad suficiente de calorías.

Independientemente de la altura a la que esté colocado el nivel de calorías, es evidente lo que le ocurre a un niño o a un adulto que no puede ingerir suficientes alimentos y gasta más calorías de las que consume. El desequilibrio, si se prolongara, obligaría al organismo a consumirse a sí mismo y extraer de sus propios tejidos la energía que necesita, lo que conllevaría la pérdida gradual de las defensas y el arraigo de la enfermedad (Russell, 2005).

Un antropólogo que trabajaba en la década de 1930 con los pueblos bantúes del sur ofreció una primera interpretación del fenómeno del hambre: "El hambre hace que, en primer lugar, toda la energía del cuerpo

## *Intermezzo 1:* Perspectiva general de las carencias de micronutrientes

*La posibilidad de conseguir y de absorber los micronutrientes es uno de los factores más decisivos para la salud. El hambre oculta, y muy especialmente la carencia de vitamina A, hierro, cinc y ácido fólico, es la que contribuye con una carga mayor al costo de la enfermedad en el mundo. Las carencias de micronutrientes y la enfermedad forman un círculo vicioso, ya que debilitan el sistema inmunológico y predisponen a los niños pequeños a las infecciones. A su vez, la infección disminuye el apetito, reduce la ingesta de alimentos y priva al organismo de micronutrientes, esenciales para el crecimiento y el desarrollo adecuados. Las devastadoras secuelas de estas carencias (por ejemplo, ceguera, anemia, bajo peso al nacer, reducción del desarrollo cognitivo y reducción de la productividad) son bien conocidas.*

| Carencia de micronutrientes | El costo de las carencias |
|---|---|
| **Carencia de vitamina A** | Casi 800.000 muertes de mujeres y niños en todo el mundo se pueden atribuir a una carencia de vitamina A. A esta carencia se atribuye el 20% de los casos de la mortalidad materna que se registran en el mundo. El sudeste asiático y África presentan la más alta incidencia de este tipo de carencia. Rice *et al.*, 2004 |
| **Anemia por carencia de hierro** | La carencia de hierro contribuye al 18,4% de la mortalidad materna y a un 23,5% de las muertes perinatales. Sanghvi *et al.*, 2007 |
| | Se atribuye la responsabilidad de 115.000 muertes de mujeres por causas relacionadas con el embarazo y 591.000 muertes perinatales en el mundo. La cifra total de muertes cuya causa se atribuye a la anemia por carencia de hierro es de 814.000 en todo el planeta. Stoltzfus *et al.*, 2004 |
| **Carencia de cinc** | La prevalencia de la carencia de cinc que se calcula para todo el mundo es de un 31%. La carencia de cinc contribuye a aumentar el riesgo de incidencia de enfermedades propias de la infancia, principal causa de muerte infantil. Caulfield y Black, 2004 |
| | Se calcula que 665.000 muertes infantiles, un 5,5% del total, están relacionadas con la carencia de cinc. Sanghvi *et al.*, 2007 |
| **Carencia de ácido fólico** | Se cree que la administración de ácido fólico como complemento dietético reduce la incidencia de los defectos del tubo neural, que afectan a 5 de cada 1.000 bebés nacidos vivos en todo el mundo. El 95% de los casos se producen durante la primera gestación. Gupta y Gupta, 2004 |

### Carencia de vitamina A

La vitamina A tiene una importancia capital para el crecimiento saludable, especialmente de bebés y niños pequeños. Regula una serie de procesos biológicos, como el crecimiento, la visión, la reproducción y la diferenciación celular. Una persona no puede sobrevivir sin vitamina A. La dieta debe proporcionar la cantidad de vitamina A necesaria para que el organismo satisfaga sus necesidades fisiológicas.

Las últimas tendencias parecen apuntar a un descenso general de la prevalencia de la carencia grave de vitamina A; no obstante, varios estudios han demostrado que la carencia leve de vitamina A tiene una fuerte presencia en la mayor parte de los países en desarrollo. En esos países, es la principal causa de una ceguera infantil perfectamente evitable. Se trata

**Carencia de vitamina A**

| Etapa del ciclo vital | Riesgos para la salud/hambre |
|---|---|
| Gestación | Involucrada en la mortalidad materna. |
| Bebés y niños pequeños | Aumenta el peligro de mortalidad por diarrea, sarampión y otras enfermedades.<br>Aumenta el riesgo de padecer ceguera, infección crónica de oído y dolencias respiratorias. |

además de un problema cada vez más evidente entre las mujeres de extracción rural de muchos países y se supone que es una de las principales causas subyacentes de la mortalidad materna. Los recién nacidos y las mujeres que presentan una carencia de vitamina A corren un mayor riesgo de sufrir enfermedades. La administración de complementos dietéticos de vitamina A a las madres justo después del parto facilita el aumento de la vitamina A en el organismo del bebé durante la lactancia (Basu *et al.*, 2003).

### Carencia de hierro

El hierro sirve para producir energía porque transfiere el oxígeno a los glóbulos rojos. La carencia de hierro es uno de los trastornos nutricionales más habituales en todo el mundo, arrebata la vitalidad a los jóvenes y a los ancianos y afecta al desarrollo cognitivo de las personas subalimentadas.

Los grupos con más alto riesgo de padecer carencia de hierro son los bebés prematuros y los que presentan poco peso al nacer; los niños pequeños y los que están en edad escolar durante los periodos de crecimiento rápido; las mujeres en edad fértil, en la premenopausia y embarazadas. Es importante que las mujeres comiencen una gestación con suficientes niveles de hierro en el organismo y los mantengan durante todo el embarazo; una carencia de hierro crónica también puede provocar una anemia en las mujeres lactantes (Dugdale, 2001).

Los recién nacidos y los niños en edad preescolar corren el peligro de que la anemia les cause lesiones cerebrales y déficits cognitivos que dejen secuelas para toda la vida. La anemia está también relacionada con la anquilostomiasis.

**Anemia por carencia de hierro**

| Etapa del ciclo vital | Riesgos para la salud/hambre |
|---|---|
| Gestación | Peligro progresivo de retraso del crecimiento intrauterino, bajo peso al nacer, parto prematuro, y morbosidad y mortalidad perinatal. |
| Bebés y niños pequeños | Desarrollo y coordinación motriz alterados; desarrollo del lenguaje y rendimiento escolar alterados; secuelas psicológicas y en el comportamiento; descenso de la actividad física; riesgo progresivo de sufrir infecciones respiratorias agudas. |
| Niños en edad escolar y adolescentes | Descenso de la capacidad de aprendizaje; aumento del riesgo de sufrir infecciones respiratorias agudas. |
| Adultos y ancianos | Baja productividad y letargo; aumento del riesgo de sufrir infecciones respiratorias agudas. |

### Carencia de ácido fólico

El ácido fólico es fundamental para las mujeres embarazadas y los recién nacidos: reacciona con la vitamina B12 para formar glóbulos rojos sanos. El ácido fólico contribuye a reducir el riesgo de defectos neurológicos en el feto y es esencial para el desarrollo del sistema nervioso del bebé (Green, 2002). Si la madre sufre de insuficiencia ponderal durante la gestación, con una grave escasez de concentraciones de folatos, el feto corre el riesgo progresivo de un nacimiento prematuro, de presentar poco peso al nacer y de sufrir retraso del crecimiento (Johnson *et al.*, 2005).

### Carencia de cinc

La mayoría de los niños de los países en desarrollo consume cantidades muy pequeñas de proteínas animales (la fuente dietética del cinc que posee la más alta biodisponibilidad), lo que explica la razón de que la carencia de cinc sea uno de los trastornos nutricionales de más prevalencia entre los niños de los países en desarrollo.

La carencia de cinc está en buena parte relacionada con una ingesta o una absorción inadecuada de cinc en la dieta, aunque es habitual que se produzca una pérdida excesiva de cinc durante los accesos de diarrea. Se considera que causa dificultades durante el embarazo y el parto, pone en peligro las respuestas inmunológicas y aumenta el riesgo de padecer enfermedades infecciosas (la carencia de cinc es un factor importantísimo en las enfermedades diarreicas, la neumonía y la malaria, el bajo peso al nacer y el retraso del crecimiento infantil). Por lo tanto, una ingesta apropiada de cinc es fundamental para los niños, pues, generalmente, todos ellos tienen muchísimas más probabilidades de contraer enfermedades infecciosas (OMS, 2002).

**Figura 2 – Consumo diario per cápita (kcal)**

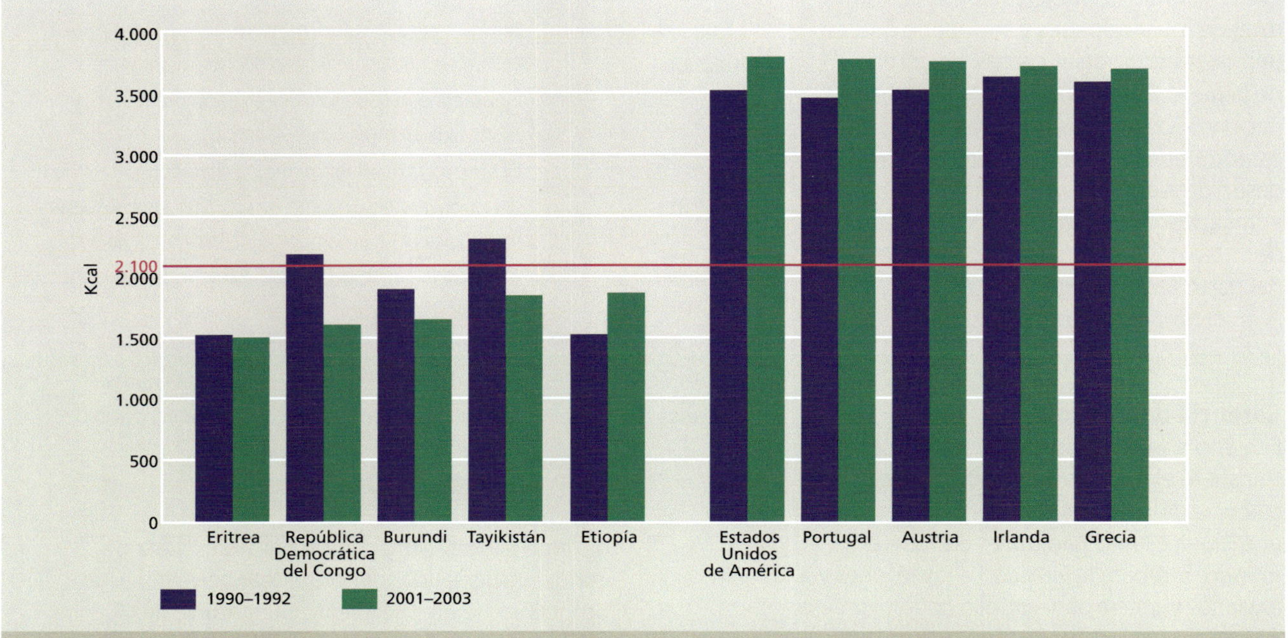


Fuente de los datos: FAO, 2006a

se concentre en el problema de conseguir comida. Todos los pensamientos y las emociones de la persona que padece hambre se concentran en esta única necesidad primaria. La imposibilidad de obtener alimentos suficientes debilita gradualmente toda la vitalidad del organismo" (Richards, 2003).[3]

Una perspectiva más amplia del hambre trasciende al instante la escasez de calorías o el hambre fisiológica prolongada. Incluye aspectos socioeconómicos que engloban el acceso a los alimentos y su producción, la absorción y la utilización de nutrientes, los métodos alimentarios y de puericultura. Se basa en las más de 35 definiciones o conceptualizaciones del hambre que ha proporcionado la investigación aplicada, con el objetivo de ahondar en nuestra comprensión colectiva de por qué la gente pasa hambre. Incorpora además una disquisición sobre la forma en la que los gobiernos del mundo pueden hacer frente al desafío de garantizar que todos los ciudadanos tengan a su alcance alimentos suficientes y de buena calidad y jamás pasen hambre en toda su vida.

La ingesta alimentaria influye en el humor, en el comportamiento y en la función cerebral, aunque estos efectos resultan difíciles de cuantificar. Es probable que una persona que pasa hambre se muestre irritable, inquieta, apática o de mal humor

### ¿Qué es la salud?

La Organización Mundial de la Salud define la salud como un estado de completo bienestar físico, mental y social, y no simplemente como la ausencia de la enfermedad o las dolencias. El bienestar completo hace posible que las personas lleven vidas social y económicamente productivas. Este concepto de la salud reconoce los desafíos excepcionales que se plantean en la lucha por alcanzarla en un mundo lleno de injusticias y desigualdades, y por consiguiente intenta situar la salud en el contexto de los derechos individuales y de la responsabilidad universal de hacer que se cumplan esos derechos en todo el planeta. En esta perspectiva más amplia, la salud reúne aspectos mentales y físicos. Estos valores de "salud para todos" sostienen los aspectos completos de la política sanitaria y se basan en cuatro pilares primordiales (Yach, 1998):

- el reconocimiento del más alto estándar de salud alcanzable como derecho fundamental;
- la aplicación continua y reforzada de la ética en la política sanitaria, en la investigación y en la prestación del servicio;
- la aplicación de políticas orientadas hacia la equidad; y
- la incorporación de una perspectiva de igualdad de género en las políticas y estrategias sanitarias.

durante mucho más tiempo. Las carencias de nutrientes múltiples, y no la privación de un único nutriente, son las responsables de las modificaciones de la función cerebral, que, si se prolongaran, podrían producir lesiones en los nervios del cerebro.

Los trastornos de la salud mental han aumentado espectacularmente en los países en desarrollo y constituyen una causa incipiente de morbosidad. Los niños son más susceptibles a las impresiones fuertes que los adultos, debido a que no tienen completamente formado el sistema nervioso, y todavía es muy sensible.

Entre las impresiones se incluyen sucesos directamente traumáticos, como una guerra o una hambruna, o bien otros menos impactantes, como un retraso del crecimiento o una desnutrición grave que cause problemas cognitivos (Margallo, 2005).

***Directamente vinculados con una vida exenta de hambre se encuentran la salud y el bienestar de una persona (Holben, 2005).***

## Salud y bienestar

En los últimos 50 años, el mundo ha sido testigo de un aumento de la salud sin precedentes. En todo el planeta se ha producido un descenso importante de la tasa de mortalidad infantil, los índices de vacunación infantil han crecido espectacularmente y el acceso a los servicios sanitarios primarios, incluidas el agua y las condiciones higiénicas y de salubridad, sigue mejorando, aunque más lentamente en la última década que en las anteriores. Muchos aspectos físicos de la salud han mejorado considerablemente: las personas viven más años y, por lo general, con menos trastornos en la infancia y a principios de la edad adulta.

### Avances, pero con progreso desigual

A pesar del rápido aumento de los resultados sanitarios conseguidos, el progreso no es equitativo, especialmente para los pobres y marginados. Por ejemplo: casi 10 millones de niños menores de 5 años mueren cada día, víctimas sobre todo de enfermedades que se pueden prevenir, como la neumonía y la diarrea; y el paludismo mata a un niño en el mundo cada 30 segundos, con gran desproporción en el caso de los países pobres.

Menos del 60% de los niños del África subsahariana reciben vacunación contra enfermedades curables (UNICEF, 2006b).

Sorprendentemente, la mortalidad materna sigue siendo inaceptablemente alta. En líneas generales, en el África subsahariana, 1 de cada 16 mujeres morirá

**Figura 3 – Número de profesionales de la sanidad en países en desarrollo y en transición (número por 1.000 habitantes)**

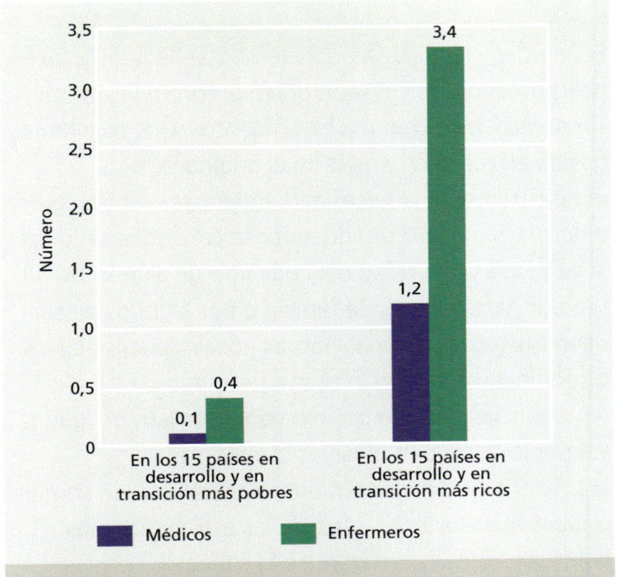


Fuente de los datos: OMS, 2007e

**Figura 4 – El acceso a los servicios sanitarios en países en desarrollo y en transición**

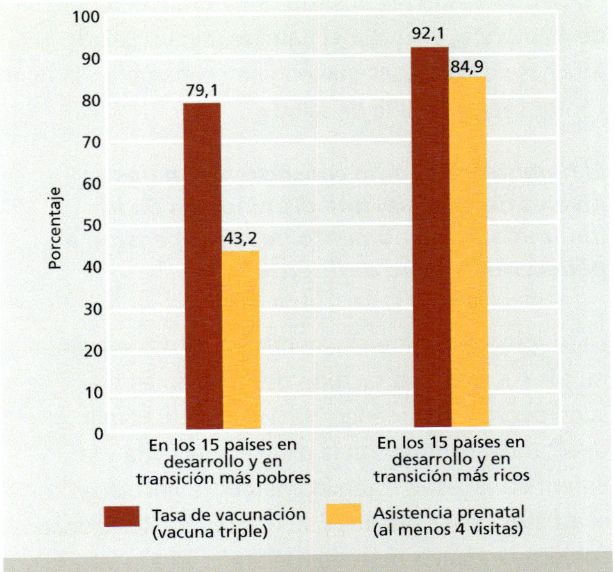


Fuente de los datos: OMS, 2007e

por causas relacionadas con la gestación (UNFPA, 2005). Las desigualdades a la hora de alcanzar las condiciones propicias para una maternidad sin riesgos y un acceso suficiente a los servicios sanitarios son más evidentes en las zonas rurales. Por ejemplo, es tres veces más probable que una mujer embarazada en un entorno urbano reciba la asistencia de profesionales cualificados que una mujer de regiones rurales. Esta tendencia queda especialmente patente en los países del África subsahariana, donde la fuga de profesionales de la salud es mayor que en otras zonas del mundo. Menos del 5% de los profesionales sanitarios se encuentra en los países africanos; menos del 15%, en los países del sudeste asiático (OMS, 2006).

### Persisten los desafíos

Los desafíos siguen ahí, a pesar de las formidables inversiones y de los impresionantes adelantos en cuestiones de salud que se han producido en las últimas décadas. Las personas que padecen hambre y los pobres no suelen ser los principales beneficiarios de ninguna mejora. Las decisiones políticas correctas deben integrar la salud en esos sectores que se dedican a la lucha contra el hambre y contra las demás limitaciones para el desarrollo que sufren los pobres.

## La reciprocidad entre el hambre y la salud

El hambre y la salud están íntimamente relacionadas: no se puede mejorar la salud sin afrontar el problema del hambre; y, a su vez, el hambre mina la salud. Muchas de las causas que originan el hambre también contribuyen a la falta de salud.

***El hambre trae como consecuencia bajos niveles de energía, una disminución de la inmunidad y un aumento de la propensión a padecer una salud deficiente.***

La reciprocidad entre el hambre y la salud deficiente hunde sus raíces en factores determinantes superpuestos (Schroeder, 2001). Las causas más directas del hambre son la dieta inadecuada y la enfermedad; éstas están íntimamente vinculadas con el acceso a los alimentos y su utilización. Relacionados con ellas están los métodos de atención a la infancia, el insuficiente acceso al agua limpia y a la higiene. En especial, la falta de salud en el caso de las madres de familia hace que se reduzca la prestación de cuidados adecuados a sus hijos. Por último, la coyuntura política y socioeconómica influye en las causas subyacentes del hambre y la salud deficiente.

El hambre incrementa la gravedad de las enfermedades infecciosas y, por lo tanto, el riesgo de muerte por enfermedad una vez que se han contraído. Las personas que sufren una enfermedad son incapaces de utilizar bien los nutrientes y, como consecuencia, se encuentran en un estado de debilidad que afecta a la reacción del sistema inmunológico a las infecciones.

Además, el hambre y la salud deficiente acarrean consecuencias sociales y económicas de gran alcance y afianzan mucho más el arraigo de la pobreza y la injusticia. El hambre y la salud deficiente reducen la capacidad para aprender y trabajar, disminuyen la productividad y crean cargas de dependencia. Los costos de la asistencia sanitaria se disparan vertiginosamente y consumen los ingresos familiares, por lo que se reducen considerablemente las posibilidades de adquirir cantidades suficientes de alimentos de buena calidad y se degrada la calidad de vida de las familias pobres. Los estudios realizados en el seno de los hogares y comunidades de pueblos pequeños demuestran que la enfermedad constituye un revés importantísimo para los ingresos procedentes del trabajo y es una de las principales causas de que las familias se vean arrastradas a la pobreza (Krishna *et al.*, 2004).

El hambre y la mala salud incrementan la confianza en peligrosos mecanismos de defensa contra la situación. Un acceso insuficiente a los alimentos y los constantes gastos en médicos y medicinas originan inmediatamente la necesidad imperiosa de conseguir dinero. Un mecanismo de defensa consiste en reducir la cantidad y la calidad del consumo de alimentos, ya sea por parte de toda la familia o por algunos de sus miembros. Las personas pobres poseen pocos activos disponibles que puedan usar en ese tipo de emergencias, así que posiblemente se vean obligadas a vender la tierra o los enseres que les son imprescindibles para mantener su provisión de comida o ganarse el sustento. Otra de las estrategias más habituales para hacer frente a la situación consiste en sacar a los niños de la escuela y ponerlos a trabajar,

**Figura 5 – Los factores determinantes del hambre y la salud deficiente**

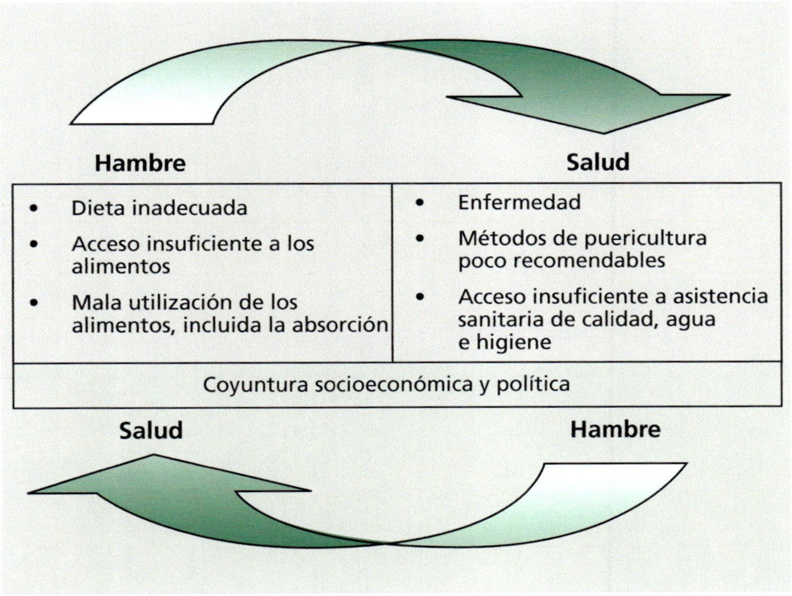


con lo que se les priva de las aptitudes y técnicas necesarias para evadir un futuro de pobreza (PMA, 2006b). Otra más pasa por emprender actividades que aumenten la propensión a padecer enfermedades infecciosas, como, por ejemplo, el comercio sexual.

Cuando el hambre y la salud deficiente se abaten sobre una familia, los niños pequeños son los más afectados: padecerán en mayor grado y todas a la vez las consecuencias de esa mezcla de escasez de alimentos, menos cuidados y más propensión a sufrir enfermedades infecciosas. Por lo tanto, la comprensión de las relaciones que se establecen entre el hambre y la salud deficiente requiere una perspectiva de futuro más amplia: lo que sucede en una etapa de la vida afecta a las etapas posteriores, y lo que sucede en una generación afecta a la siguiente.

***Identificar las relaciones entre la salud y el hambre a lo largo del ciclo vital es uno de los objetivos de este informe.***

## Mapa 1 – El hambre oculta en el mundo

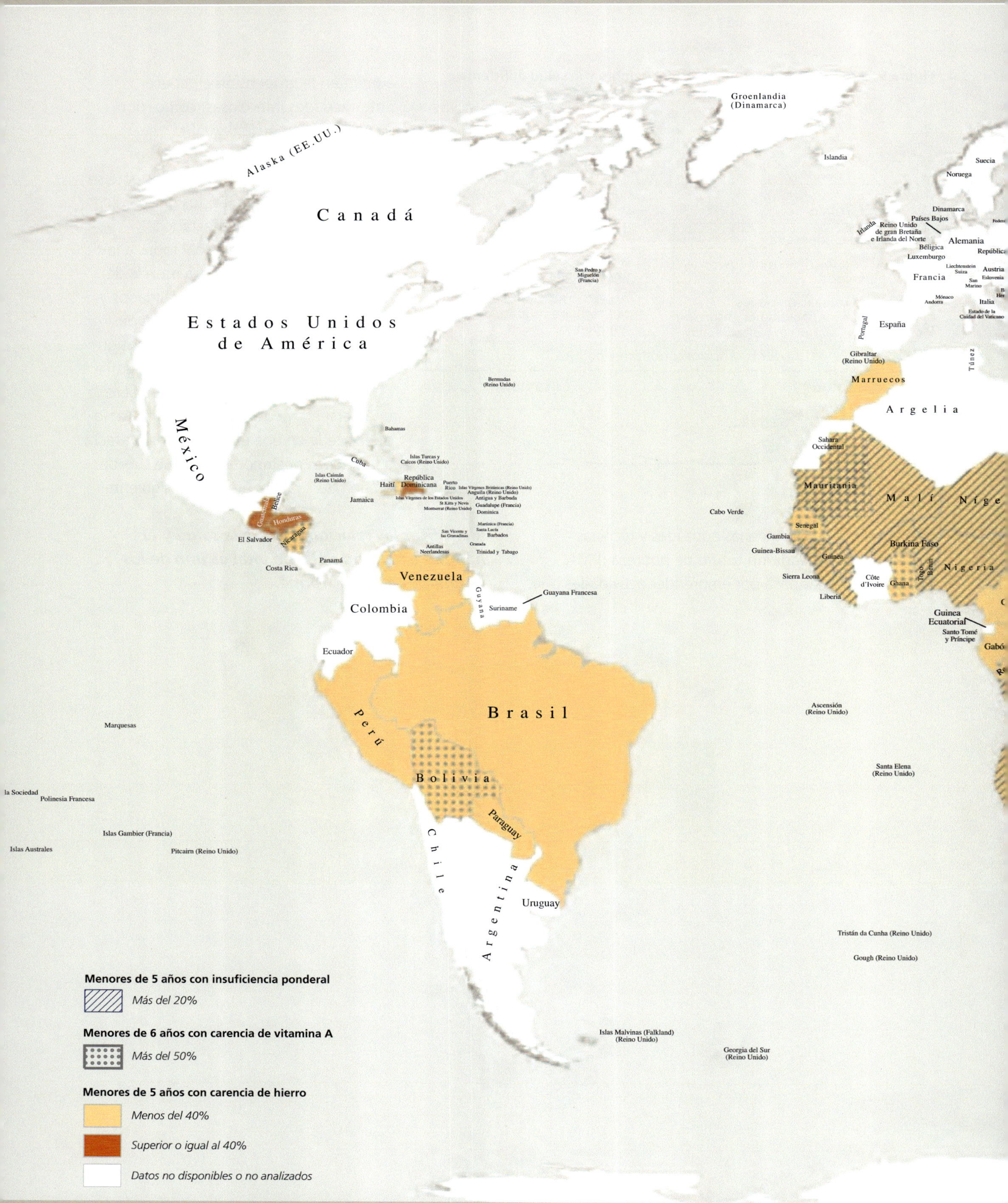


*Los límites y nombres indicados y las denominaciones empleadas en este mapa no entrañan, por parte de las Naciones Unidas, aprobación o aceptación oficial alguna. Mapa elaborado por la Dependencia de VAM del PMA.*

Fuentes de los datos: OMS, 2007; la Iniciativa sobre Micronutrientes y UNICEF, 2004

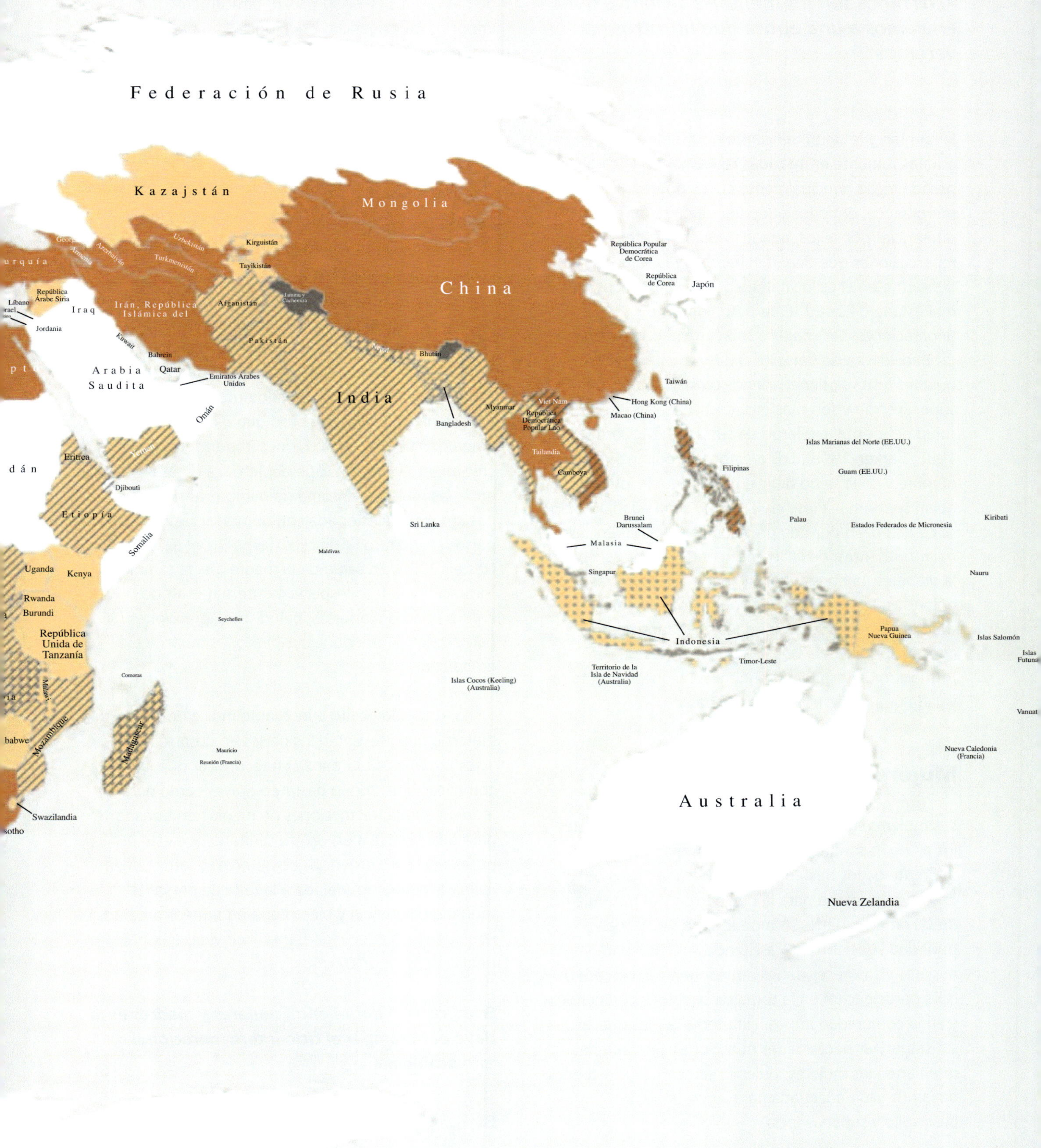


wfp vam
vulnerability analysis and mapping

*"Los niños son los mensajes vivientes que enviamos a una época que nosotros no veremos".*

John W. Whitehead, 1983

El hambre y la salud deficiente no están repartidas equitativamente entre todas las personas; la carga más pesada recae principalmente en los pobres marginados, entre los que, de nuevo, se aprecian diferencias por sexos, edades y orígenes étnicos. Las repercusiones que tienen el hambre y la salud deficiente en el ciclo vital pueden ser profundas si el mal estado de salud se perpetúa durante generaciones. Las mujeres subalimentadas tienen más probabilidades de dar a luz a niños de bajo peso, quienes a su vez tienen menos probabilidades de supervivencia y son más propensos a padecer una salud deficiente a lo largo de sus vidas (McCormick, 1985; Barker, 1998). Los efectos acumulativos del hambre y de la salud deficiente durante la infancia se dejan sentir más tarde en la vida y, en la edad adulta, se caracterizan por una prevalencia de las carencias de micronutrientes, de las enfermedades crónicas, como la diabetes, la obesidad y la hipertensión, y otras dolencias. Las repercusiones que tiene el hambre en todo el ciclo vital se prolongan por lo tanto desde la concepción hasta la vejez, con la mengua de la formación del capital humano y del bienestar en todas y cada una de las etapas de la vida.

## Mujeres y madres

Las mujeres suelen tener un acceso distinto y variable a los recursos sanitarios básicos y también un uso diferente de los mismos, incluidos los servicios de asistencia primaria para la prevención y el tratamiento de las enfermedades. A menudo, no se otorga prioridad suficiente a la asistencia sanitaria para las mujeres y sus necesidades nutricionales. Su escasa o nula participación en la toma de decisiones en el hogar y en la comunidad imposibilita todavía más que se satisfagan las necesidades nutricionales y sanitarias que tienen las mujeres, quienes carecen con frecuencia de la nutrición adecuada para su crecimiento, desarrollo y supervivencia.

Las mujeres en edad fértil presentan necesidades nutricionales y sanitarias mucho mayores que los demás grupos de edad y sexo, básicamente por las importantes exigencias psicológicas propias del embarazo y el parto. Paradójicamente, por culpa de tendenciosos mitos culturales y sociales, se suele dar por sentado que las mujeres tienen menos necesidades nutricionales. Existe la tendencia a infravalorar las actividades físicas que llevan a cabo y su consecuente gasto calórico, de ahí que se declare que "ellas comen menos y en último lugar". También se pasan por alto muy a menudo las necesidades de micronutrientes que tienen las mujeres, especialmente las que se encuentran en edad fértil.

La nutrición inadecuada durante el embarazo repercute en el crecimiento y el desarrollo del niño durante todo el ciclo vital. Está demostrado que la estatura de la madre, su estado nutricional antes y durante la gestación y el peso que gane a lo largo del embarazo tienen repercusiones importantes en el crecimiento y la formación del feto. La escasa estatura entre las mujeres, síntoma de hambre sufrida en el pasado, está relacionada con un mayor riesgo de partos prematuros y difíciles (Siega-Riz *et al.*, 1994; Nestel, 2000). La salud de la madre afecta también a la formación del feto, especialmente si ha sufrido enfermedades diarreicas, paludismo, infecciones parasitarias o infecciones respiratorias durante el embarazo.

Se ha atribuido el alto e incesante índice de mortalidad materna que presentan los países en desarrollo a las "tres tardanzas": tardanza en reconocer que las complicaciones son lo bastante graves como para requerir ayuda; restricciones de medios de transporte para desplazarse a un centro sanitario que esté preparado para urgencias obstétricas; y tardanza en recibir tratamiento, debida a la falta de personal sanitario disponible y bien preparado, medicamentos o equipamiento adecuado para salvar vidas (Global Health Council, 2007).

***Erradicar el hambre entre mujeres y madres es la clave para romper el ciclo intergeneracional de este problema.***

## Bebés y niños pequeños

Los niños de edades comprendidas entre los 6 meses y los 3 años son especialmente vulnerables al hambre. La

## El hambre y la salud deficiente desde el nacimiento: factores más habituales

- Las mujeres embarazadas y las que están amamantando a sus hijos ingieren muy pocas calorías y proteínas, padecen infecciones que no han sido tratadas y que provocan en el niño un bajo peso al nacer, o no descansan lo suficiente.
- Las madres tienen muy poco tiempo para dedicarse al cuidado de sus hijos más pequeños o a ellas mismas durante la gestación.
- Las madres de niños recién nacidos desechan el calostro, la primera leche, que refuerza el sistema inmunológico del niño.
- Las madres dan de comer a sus hijos menores de 6 meses alimentos distintos a la leche materna, a pesar de que la lactancia exclusiva es la mejor fuente de nutrientes y la mejor protección contra muchas infecciones y enfermedades crónicas.
- Los cuidadores comienzan a introducir alimentos sólidos como complemento demasiado tarde.
- Los cuidadores dan muy poca comida a los niños menores de dos años, o bien alimentos que no poseen un alto contenido energético.
- No se satisfacen las necesidades de mujeres y niños pequeños, aunque haya comida disponible, debido a una adjudicación inapropiada de los alimentos en el hogar, ni sus dietas suelen contener las proteínas o los micronutrientes adecuados.
- Los cuidadores no saben alimentar a los niños durante o después de una diarrea o de una fiebre.
- La falta de métodos higiénicos contamina la comida con bacterias o parásitos.

Fuente: Banco Mundial, 2006

vulnerabilidad aumenta conforme se reduce el consumo de leche materna y se introducen alimentos complementarios (Banco Mundial, 2006). La cantidad y la calidad del alimento en esta etapa crítica son factores decisivos para el crecimiento del niño.

Los métodos de atención y los cuidados que un niño recibe son tan fundamentales como la propia comida. Dichos métodos de atención y cuidado corresponden principalmente, aunque no exclusivamente, a las mujeres; abarcan desde preparar y almacenar la comida, y amamantar y alimentar a los niños muy pequeños, hasta los hábitos higiénicos, la conducta encaminada a procurar la salud y la estimulación psicosocial del niño (Engle, 1999). La lactancia, de importancia fundamental, es la práctica que consiste en proporcionar alimento (leche materna), salud (transferencia de inmunidad activa) y cuidados (estimulación, seguridad y protección) al lactante (Lindstrand *et al.*, 2006).

El acceso a los recursos también es fundamental. Cuando las mujeres controlan los ingresos domésticos, por ejemplo, tienen la posibilidad de destinar grandes proporciones de alimentos a sus hijos. La cantidad de tiempo que las madres pueden dedicar a las tareas de atención y cuidado de los hijos es también muy importante. El hecho de que el trabajo de la madre repercuta positiva o negativamente en la nutrición del niño depende de varios factores, incluida la existencia de otros cuidadores.

***Los bebés y los niños pequeños conforman el grupo prioritario en la estrategia de intervención para romper el círculo del hambre.***

## Niños en edad escolar y adolescentes

Entre los niños menores de 5 años de países en desarrollo, la escasa estatura o el retraso del crecimiento presentan una alta prevalencia y afectan a uno de cada tres, es decir, a aproximadamente 178 millones de niños (OMS, 2007e). Las oportunidades para recuperarse de ese retraso durante la infancia y la adolescencia son mínimas, especialmente si los niños permanecen en el mismo entorno. Como quedó suficientemente explicado en la *Serie de informes sobre el hambre en el mundo 2006*, la salud deficiente y la nutrición durante la primera infancia repercuten también en el desarrollo cognitivo y en el rendimiento escolar, y sus consecuencias negativas se perpetúan hasta la edad adulta.

La adolescencia se caracteriza por un intenso desarrollo físico, psicosocial y cognitivo. Los adolescentes son especialmente vulnerables al hambre, debido a los efectos que tiene en ellos la combinación de una mayor actividad física,

### Entre los 10 y los 19 años de edad

Los adolescentes son aquellas personas cuyas edades están comprendidas entre los 10 y los 19 años; representan el 20% de la población mundial (OMS, UNFPA y UNICEF, 1995).

**La insuficiencia ponderal y las adolescentes**

Las jóvenes adolescentes que sufren insuficiencia ponderal posiblemente no hayan llegado al término de su propio crecimiento antes de su primer embarazo. Entre las adolescentes en edad de crecimiento se produce una mayor tendencia a dar a luz bebés de menor tamaño que entre las mujeres maduras con un mismo estado nutricional, debido a una función placentaria más insuficiente y a la competición para adquirir los nutrientes que se establece entre el organismo de la adolescente, en fase de crecimiento, y el del feto, que también está creciendo (Gillespie, 2001).

malos hábitos alimentarios o problemas para conseguir alimentos nutritivos, y un disfrute desigual de oportunidades exentas de riesgos que les sirvan para mejorar sus medios de subsistencia. No obstante, por regla general, los adolescentes experimentan tasas menores de morbosidad y menos propensión a las enfermedades. Además, sufren menos dolencias mortales que los niños menores de 5 años.

La salud de los adolescentes está íntimamente ligada al hambre, especialmente en aquellas situaciones en las que:

- El proceso de transición nutricional se vincula con un aumento de los índices de obesidad y enfermedades crónicas.
- Predominan los conflictos y las guerras. Los muchachos se ven obligados a alistarse en el ejército o a entrar a formar parte de grupos rebeldes, y las muchachas sufren violaciones o se ven obligadas a una esclavitud sexual prolongada.
- La pandemia de SIDA se ha convertido en una fuerza descontrolada; la crisis de los huérfanos a causa del SIDA, una manifestación trágica de la pandemia en todo el mundo, merece especial atención: esos niños son extremadamente vulnerables a toda una serie de riesgos nutricionales, sanitarios, psicosociales y económicos.
- La urbanización acelerada del mundo en desarrollo está dando como resultado una proliferación de barrios marginales y altos índices de desempleo, suicidios y delincuencia entre la juventud (Blum, 1991).
- El tráfico de seres humanos, sobre todo para el comercio sexual y el servicio doméstico, está muy extendido.

***La adolescencia es un momento crucial para la intervención desde la perspectiva del hambre y la salud: un periodo durante el cual se pueden realizar importantes progresos en la mejora de la salud materna e infantil, y crear el marco para llevar una vida adulta sana.***

## Los ancianos

El siglo XX ha sido testigo de un proceso de cambios sin precedentes y de alcance global: el paso de un alto índice de natalidad y mortalidad a bajísimas tasas de fertilidad y fallecimientos. Aunque la gente vive más años, la reducción de su presencia en el mercado de trabajo coarta a los ancianos. Las limitaciones económicas pueden arrastrarles a obtener alimentos inadecuados y de mala calidad. Las personas que se hacen viejas sufren también un menoscabo de su prestigio social que influye en sus posibilidades de obtener una asistencia sanitaria oportuna, lo que puede ser perjudicial, ya que los ancianos tienen tendencia a presentar exigencias sanitarias más importantes y sistemas inmunológicos más débiles y, por lo tanto, son más propensos a sufrir infecciones nuevas.

En un trabajo de investigación que llevaron a cabo la Facultad de Higiene y Medicina Tropical de Londres y HelpAge International se descubrió una alta prevalencia de la desnutrición entre los adultos de más edad; y la más alta se daba entre las personas más ancianas de la India, Malawi y Rwanda (Ismail y Manandhar, 1999). Además, se sabe muy poco sobre el estado nutricional con respecto a la ingesta y absorción de micronutrientes en que se encuentran las personas más ancianas de los países en desarrollo. El tipo de problema nutricional que afecta a las personas mayores depende de la prosperidad relativa del país, de la distribución equitativa de los recursos económicos y de hasta qué punto se usen los recursos públicos para llevar a cabo programas de salud y de bienestar social, especialmente aquellos que contemplen la nutrición (Bermúdez y Dwyer, 1999).

El papel que desempeñan los abuelos está cambiando, y esta situación podría afectar a su salud y a su estado nutricional. En los hogares pobres, los abuelos suelen desviar los recursos que tienen adjudicados para sus necesidades personales y reasignarlos para satisfacer los requisitos básicos de sus nietos. Por consiguiente, los miembros más ancianos de la familia corren más riesgos de padecer una salud deficiente y de que su alimentación no sea la adecuada.

La idoneidad para cuidar de los niños y de una familia numerosa se ve reducida en el caso de las personas mayores. Y, sin embargo, el cuidado de los afectados por el VIH/SIDA suele corresponder a los ancianos, cuya capacidad para asumir más responsabilidades va menguando poco a poco. Especialmente las mujeres mayores desempeñan una labor fundamental en el cuidado de los huérfanos a causa del SIDA (UNICEF, 2004).

***No se debe olvidar a los ancianos a la hora de planificar intervenciones contra el hambre y sanitarias.***

## Poblaciones de refugiados y desplazados

Entre los años 2000 y 2007 se sucedieron unas 3.300 catástrofes naturales. Tan sólo en 2006, 426 desastres naturales afectaron a más de 143 millones de personas (CRED, 2007a). También los conflictos se cobran un alto precio: 20,8 millones de personas, predominantemente en África y Asia, siguen desplazadas. De los 10 países que poseen los índices más altos de mortalidad de menores de cinco años, siete están inmersos en conflictos o sufren sus repercusiones (UNICEF, 2006b). Las repercusiones reales y en potencia de las crisis son enormes; el sufrimiento humano es inmenso, y se produce un descenso del ingreso nacional bruto (INB).

Los conflictos y las catástrofes naturales ocasionan graves trastornos en el suministro de alimentos y en los servicios sanitarios y provocan el desmoronamiento de los sistemas de abastecimiento de agua y de los servicios de saneamiento. También provocan un alto grado de tensión en las familias y en las comunidades. Las poblaciones de refugiados y desplazados se cuentan entre las más vulnerables, porque estas personas han abandonado su tierra, su medio de vida y sus propiedades, y no disponen de recursos para satisfacer sus necesidades de alimentación o sanitarias.

**Figura 6 – Las catástrofes naturales en el mundo**

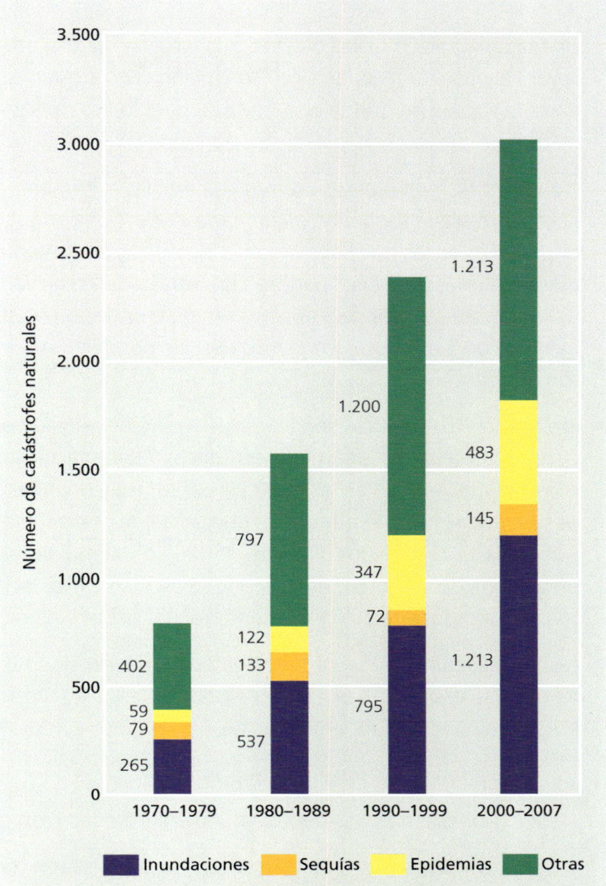


Fuente de los datos: CRED, 2007b

Incluso aquellas personas desplazadas internamente (PDI) y los refugiados que buscan cobijo en campamentos no tienen garantizados servicios completamente apropiados. En muchos casos, su estado de salud y nutricional decae como resultado de un alojamiento inadecuado, el hacinamiento, la escasez de medicinas y servicios de abastecimiento de agua y de saneamiento insuficientes.

En contadas ocasiones, los fallecimientos están directamente relacionados con la escasez de alimentos. Las causas más habituales hay que buscarlas en la interrelación entre enfermedades infecciosas y una desnutrición previa. En concreto, la falta de alimento contribuye a la mortalidad porque los nutrientes inadecuados hacen que las personas sean más

**Estudio exhaustivo en Liberia sobre seguridad alimentaria y nutrición**

Liberia, una nación maltrecha tras la guerra civil que la azotó desde 1989 a 2003, recorre actualmente el largo camino que llevará al país a la recuperación. Para planificar su restablecimiento total es fundamental comprender las condiciones de hambre y salud en que se encuentra su pueblo, las causas de su inseguridad alimentaria y desnutrición, los patrones de sus medios de subsistencia y las restricciones de su agricultura.

Para identificar a las personas más vulnerables al hambre, entre febrero y junio de 2006 se puso en marcha un *Estudio exhaustivo sobre seguridad alimentaria y nutrición* conjunto, que dirigió el Gobierno de Liberia, en colaboración con organismos de las Naciones Unidas y organizaciones no gubernamentales (ONG). El estudio descubrió que el 39% de los niños menores de 5 años padecen un retraso del crecimiento o tienen una estatura demasiado escasa para su edad; el 6,9% de los niños menores de 5 años sufren de emaciación o están demasiados delgados para su altura; y el 27% de los niños menores de 5 años presentan insuficiencia ponderal. Además, el 50% son muy vulnerables al hambre o a sufrir inseguridad alimentaria.

En 9 de las 15 comarcas sondeadas, el índice de retraso del crecimiento es superior al 40% (los índices superiores al 40% ponen de manifiesto una situación crítica), mientras que las zonas restantes presentan peligrosos niveles de malnutrición crónica (30%–40%). En las regiones del centro y del sureste del país, la tasa de emaciación entre los menores de cinco años es superior al 10%, lo que indica que existe una necesidad imperiosa de pasar inmediatamente a la acción. En todas las comarcas, el 12% de los niños de edades comprendidas entre 12 y 24 meses sufrían una malnutrición aguda y una elevada prevalencia de las enfermedades que se asocian a ella, incluida la diarrea, el paludismo y las infecciones respiratorias agudas. Los métodos incorrectos de alimentación de bebés y niños eran práctica habitual.

Las familias que regresan a sus hogares son especialmente vulnerables al hambre cuando comienzan a restablecer los medios de ganarse el sustento que la guerra había destruido. Entre los hogares que experimentan especiales dificultades para obtener alimentos suficientes, ya sea mediante su compra o por producción propia, se encuentran aquellos:

- que gobiernan mujeres y ancianos;
- cuyos miembros padecen alguna enfermedad crónica o están inválidos;
- muy numerosos, y en los que sus miembros viven hacinados;
- con medios de subsistencia vulnerables (incluidos los productores de aceite de palma y los braceros); y
- sin acceso a las tierras cultivables.

Las comunidades reciben prestaciones limitadas de servicios sanitarios. En total, el 90% de las comunidades informaron de que no poseían instalaciones de salud en su localidad. Las comunidades que no poseen instalaciones de salud en su localidad manifestaron que sus habitantes debían caminar durante una media de tres horas para llegar a las instalaciones más cercanas.

Aunque son propiedad del Gobierno, las instalaciones sanitarias están financiadas y gestionadas por organizaciones no gubernamentales; el 18% funcionan gracias a instituciones privadas o particulares, y el Gobierno dirige o financia el 14%. Los resultados del estudio no pueden sorprender a nadie, si se tiene en cuenta que los conflictos previos habían destruido buena parte de las infraestructuras rurales y habían reducido de forma considerable la capacidad que tenía el Gobierno de prestar una asistencia sanitaria adecuada.

Fuente: extracto del PMA, 2006a

propensas a sufrir recaídas periódicas y cada vez más graves de su enfermedad. Una concentración de gente, especialmente de extracción rural, expone a sus integrantes a una serie de enfermedades infecciosas contra las que no se han hecho inmunes. Impedir los desplazamientos de población a gran escala es fundamental para evitar el hambre, la enfermedad, la pérdida de los medios de subsistencia y el sufrimiento humano. Las causas principales de morbosidad y mortalidad entre los refugiados son el sarampión, las enfermedades diarreicas, las infecciones respiratorias agudas, el paludismo y la desnutrición (Mason, 2002). Juntas representan sistemáticamente entre el 60% y el 95% de todas las causas de fallecimientos certificadas entre los desplazados (Waldman, 2005).

Prestar más atención al problema del hambre como parte de las labores de alerta temprana, auxilio y reinserción puede contribuir a mejorar los resultados de la asistencia humanitaria. Los conocimientos de las condiciones nutricionales de partida que presentaba la población afectada son críticos para impedir la morbosidad y mortalidad relacionadas con el hambre, y las decisiones capaces de mejorar la cobertura de los servicios sanitarios y de nutrición pueden reducir la vulnerabilidad a la enfermedad y los fallecimientos en épocas de crisis.

***La vigilancia de la nutrición como parte de la prevención de crisis y la mitigación de catástrofes puede servir para establecer con exactitud cuáles son las zonas geográficas más vulnerables a las crisis y contribuir a concentrar eficientemente la ayuda en el momento en que alguna población quede afectada.***

## Pueblos autóctonos

Pese a que el estado nutricional y la esperanza de vida han experimentado una mejoría en los países en desarrollo, los grupos autóctonos no han progresado al mismo ritmo que el resto. La alta mortalidad de bebés y niños pequeños que registran revela injusticias en el acceso a alimentos adecuados y a la asistencia sanitaria para muchos de ellos.

Por ejemplo, la prevalencia nacional de la desnutrición crónica en Guatemala es del 46,4%, pero los índices varían espectacularmente en las diferentes zonas del país, donde resulta fácil localizar importantes focos de hambre. El porcentaje de retrasos del crecimiento (altura para la edad) entre los niños menores de 5 años alcanza el 94% en algunos departamentos distantes y, sin embargo, en las zonas metropolitanas, la cifra cae hasta el 35,7%, aunque sigue siendo alta. Las zonas que presentan las tasas más elevadas de desnutrición crónica suelen ser las más aisladas y también las más pobladas por grupos marginados o autóctonos.

Guatemala posee las brechas de ingresos más grandes del mundo: el 10% que integra la cima de la pirámide social de la población recibe el 50% de la renta nacional, mientras que el 50% de la población situado en la base recibe poco más del 10% (BID, 1999). Guatemala no lleva camino de alcanzar la meta fijada para el hambre en los ODM de reducir a la mitad la proporción de personas subalimentadas para el año 2015. Es también uno de los únicos cuatro países de la zona de América Latina y el Caribe que, con toda probabilidad, no van a conseguir el objetivo de reducir a la mitad el número de niños menores de 5 años que sufren insuficiencia ponderal. (Existían datos de 22 de los 33 países de la zona).

Otros ejemplos de poblaciones autóctonas que se están quedando rezagadas son (OPS, 2007):

- El Salvador: el 91,6% de la población autóctona obtiene el agua de los pozos, ríos o ambos. Sólo el 33% de los pueblos autóctonos cuentan con electricidad; el 64% emplea lámparas de aceite o velas para alumbrarse.
- México: la mortalidad infantil entre la población autóctona era de 59 por cada 1.000 nacidos vivos en 1997, dos veces superior a la tasa de mortalidad infantil nacional.
- Zona del Amazonas peruano: el 32% de la población de las comunidades autóctonas es analfabeta, contra el 7,3% de la población total.
- Estados Unidos de América: los miembros de los pueblos autóctonos tienen más probabilidades que la población general de fallecer como consecuencia de la diabetes mellitus relacionada con la obesidad y de enfermedades hepáticas provocadas por el alcoholismo.
- Australia: los pueblos aborígenes y de las islas del estrecho de Torres tienen una esperanza de vida

**Desnutrición crónica/retraso del crecimiento entre los grupos autóctonos de Guatemala**

| Departamento | Porcentaje de población autóctona | Porcentaje de retraso del crecimiento en niños menores de 5 anõs |
|---|---|---|
| Huehuetenango | 69,3 | 72,0 |
| Quiche | 64,5 | 80,0 |
| Totonicapán | 72,9 | 94,5 |
| Quetzaltenango | 60,0 | 68,2 |

Fuente de los datos: PMA, 2005

mucho más corta que la población australiana en general. Se calcula que los miembros de las poblaciones autóctonas de Australia nacidos entre 1996 y 2001 podrían vivir casi 20 años menos que el resto de la población (Instituto Australiano de Salud y Bienestar, 2007).

A los gobiernos se les presentan nuevas obligaciones relativas al reconocimiento, la promoción y la garantía de los derechos individuales y colectivos de los pueblos autóctonos que sigan la línea de los criterios internacionales.

***Para cerrar las brechas y alcanzar los ODM con equidad, se requiere una perspectiva intercultural que incremente la cobertura de todos los sistemas de asistencia sanitaria y respete los diferentes sistemas alimentarios de los pueblos del mundo.***

## Mapa 2 – El hambre y las catástrofes naturales

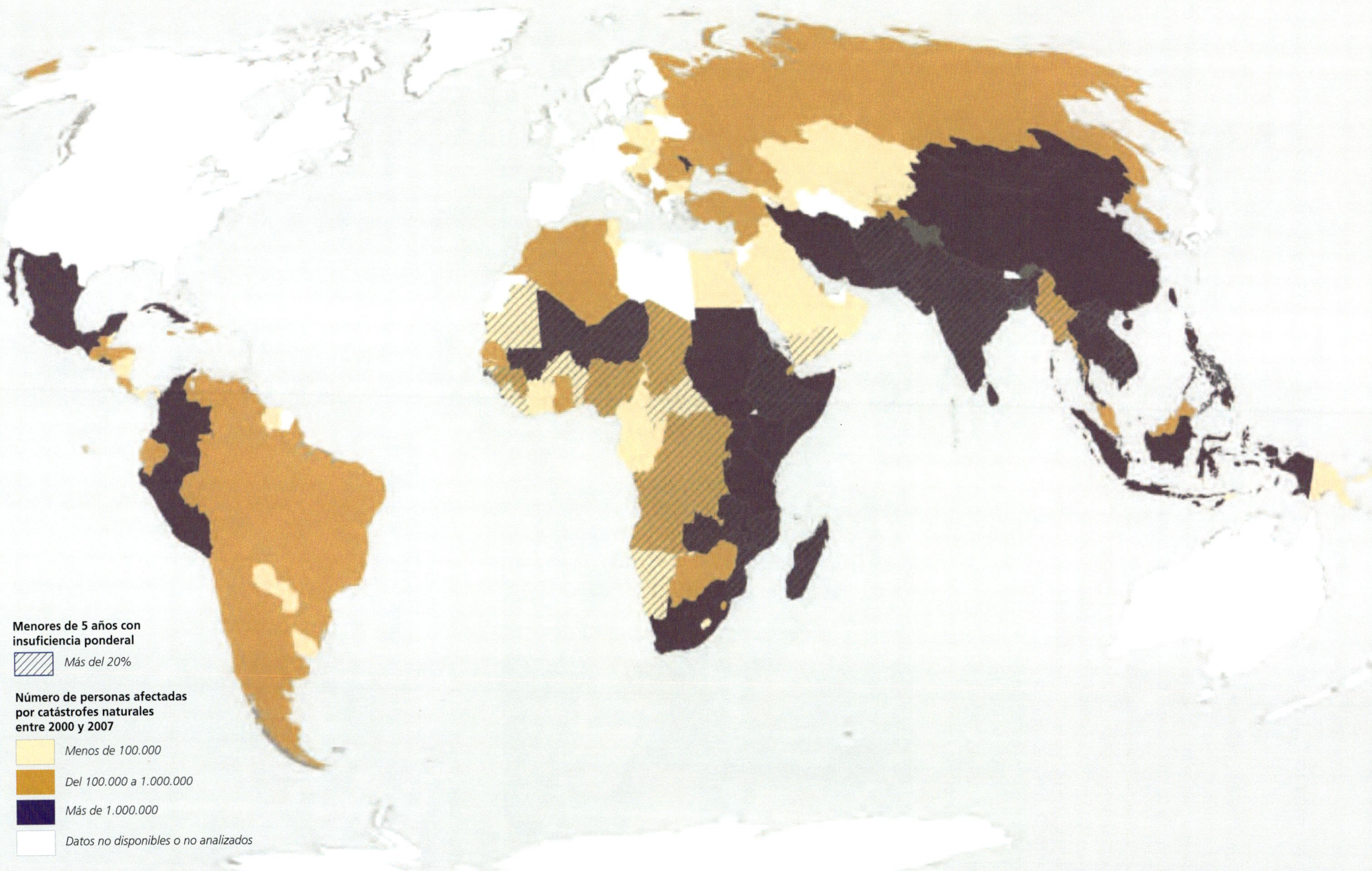


*Los límites y nombres indicados y las denominaciones empleadas en este mapa no entrañan, por parte de las Naciones Unidas, aprobación o aceptación oficial alguna.*
*Mapa elaborado por la Dependencia de VAM del PMA.*

wfp vam
vulnerability analysis and mapping

Fuentes de los datos: Centro para la Investigación sobre la Epidemiología de los Desastres, 2007; OMS, 2007

## *Intermezzo 2:* Las mujeres y la erradicación del hambre, un vínculo inextricable

El sometimiento, la marginalización y la pérdida de poder que sufren las mujeres son especialmente graves en aquellos países donde persiste al hambre. El vínculo es mucho más ostensible en el sur de Asia.

Actualmente, la India tiene almacenadas millones de toneladas de reservas de alimentos y, pese a todo, en ella habita el mayor número de personas que padecen hambre del mundo. De hecho, la India y Bangladesh representan casi un tercio de la restante población que padece hambre del mundo. El sur de Asia cuenta con el índice más alto de malnutrición infantil del mundo: casi un tercio de los bebés nacidos en la zona presentan insuficiencia ponderal y malnutrición, frente al 14% que registra el África subsahariana.

Para explicar esta anomalía, el Fondo de las Naciones Unidas para la Infancia (UNICEF) publicó en 1996 un estudio fundamental, obra del más destacado nutricionista de la India, titulado "El enigma asiático". El trabajo llega a la conclusión de que "...los índices excepcionalmente altos de malnutrición que presenta el sur de Asia hunden sus profundas raíces en la tierra abonada de la desigualdad entre hombres y mujeres".

El estudio descubrió que las niñas y las mujeres del sur de Asia reciben menos cuidados que las del África subsahariana. En el sur de Asia, las mujeres y las niñas son las últimas que comen y son las que comen menos: comen después de los hombres y los niños de la familia y únicamente las sobras que ellos les han dejado. A menudo, hombres y niños consumen el doble de calorías que las mujeres y niñas, aunque ellas se encargan de la mayor parte de los trabajos pesados. Es bien sabido que la salud y el estado nutricional de las gestantes influye enormemente en la salud de su bebé. Los nuevos datos científicos dejan claro que no sólo se trata de la salud de la madre durante el embarazo, ni siquiera durante toda su vida: se retrotrae a cuando ella misma estaba en el vientre de su madre. Es ya evidente que existe un insidioso "ciclo de la malnutrición" en las zonas donde persiste el hambre. Y esta situación se da especialmente en el sur de Asia.

Este ciclo de malnutrición comienza con el nacimiento de una niña de bajo peso y malnutrida. A ella se la amamanta durante menos tiempo que a su hermano y se le ofrecen alimentos menos nutritivos que a él. No suele recibir asistencia sanitaria ni educación. Está obligada a trabajar ya desde muy pequeña. Su carga laboral aumenta considerablemente conforme se hace mayor, aunque esté embarazada. Se casa y se queda encinta muy joven, a menudo cuando es todavía una jovencísima adolescente. Sufre insuficiencia ponderal y malnutrición al dar a luz a sus hijos, que nacen con bajo peso y también malnutridos. Y, de esta manera, el ciclo continúa.

Las privaciones que padecen las mujeres y las niñas repercuten profundamente en la sociedad. Cuando los bebés nacen malnutridos o con poco peso, todos los aspectos de su desarrollo personal, de su salud y de su capacidad cerebral corren un gran riesgo. Son débiles físicamente y carecen de resistencia a enfermedades como la tuberculosis o el paludismo. Les espera una vida de minusvalías, con una disminución de la capacidad de aprendizaje y una productividad limitada.

Las investigaciones más recientes demuestran que las privaciones que sufre la madre antes y durante la gestación también hacen que el organismo de esa mujer sea propenso a las enfermedades que asociamos con la prosperidad, por ejemplo la hipertensión, los trastornos cardiovasculares y la diabetes del tipo II. Las cifras actuales dejan bien clara la magnitud del problema: por ejemplo, el trastorno cardiovascular es la causa principal de mortalidad en la India; y, en los próximos 20 años, la India tendrá la mayor cantidad de pacientes diabéticos de todo el planeta: 79.440.000, casi el 22% del total de diabéticos del mundo.

La investigación sobre el sometimiento, la marginalización y la pérdida de poder que sufren las mujeres a lo largo de su vida pone de relieve el vínculo innegable que existe entre la falta de atención y la discriminación que se produce contra las mujeres y las niñas, y las consecuencias negativas que esto tiene en la salud y en la supervivencia de todos.

Está claro que las reacciones tradicionales ante la malnutrición infantil, como proporcionar complementos dietéticos a las embarazadas, no son las adecuadas. Para romper el ciclo de la malnutrición, hay que mejorar la salud y la nutrición de las mujeres a lo largo de toda su vida. Esto pasa por cambiar el trato que reciben mujeres y niñas en la familia y en el conjunto de la sociedad.

El vínculo que se establece entre la pertenencia a un género determinado y el hambre trasciende la nutrición. Las mujeres cargan con casi toda la responsabilidad de las labores relativas a la salud, la educación, la nutrición y, cada vez más, a los ingresos familiares. Y, sin embargo, a ellas se les niega sistemáticamente la educación, los recursos y la participación en las decisiones, que necesitan para cumplir con sus responsabilidades. Y, a la inversa, cuando las mujeres consiguen avances sociales, educativos y políticos, mejora el bienestar de toda la familia. Un estudio de los progresos efectuados en el campo de la nutrición durante los últimos 25 años demostró que la educación de las mujeres era el factor único más importante.

Hace mucho tiempo que la pertenencia a uno de los dos géneros se había reconocido como un factor importante en el problema del hambre. Pero ahora está claro que es la causa fundamental de la mayor parte del hambre que se padece todavía en el mundo.

*Colaboración de Joan Holmes, presidenta del Proyecto Hambre, a la* Serie de informes sobre el hambre en el mundo. *Fotografía de Andrea Booher, Programa de las Naciones Unidas para el Desarrollo (PNUD).*

# 1.3 Seguimiento de los ODM para el hambre y la salud

*"Conseguir los ODM para una nación no es lo mismo que conseguir los ODM para todos: la comunidad por el desarrollo mundial se ha centrado principalmente en los aspectos nacionales a la hora de informar de la situación mundial. Dentro de los países existe la necesidad imperiosa de encauzar los progresos por entre grupos y áreas concretos".*

Davidson R. Gwatkin, 2005

Los ODM son metas medibles para la lucha contra la pobreza en las varias formas que ésta adopta: hambre, ingresos, enfermedad y falta de vivienda, y la promoción de la igualdad entre los géneros, la educación y la sostenibilidad medioambiental. También comprenden los derechos humanos básicos a la alimentación, la salud, la educación, la vivienda y la seguridad. El primer ODM se refiere explícitamente a la disminución del hambre. Los beneficios que comporta la consecución de las reducciones del hambre que contempla el ODM 1 se dejarán sentir directamente en todos los demás, en especial en todos los relativos a la salud. En el cuadro que se incluye a continuación se ilustran las relaciones capitales que existen entre la erradicación del hambre y la consecución de los ODM.

## Progresos en el cumplimiento de los ODM

Los progresos que se están realizando actualmente en el cumplimiento de los ODM son desiguales e insuficientes. En todo el mundo hay países que se están quedando atrás, y en todas las naciones hay personas pobres y que pasan hambre: mujeres y niñas, refugiados, desplazados dentro del propio país y otros grupos vulnerables que viven en zonas olvidadas, que

**Los ODM y el hambre**

| ODM | Su relación con la salud y el hambre |
|---|---|
| 1. Erradicar la pobreza extrema y el hambre | El hambre debilita el capital humano, a menudo de forma irreversible, a lo largo de todo el ciclo vital. Daña la salud y reduce las posibilidades de ganarse el sustento. El hambre unida a la enfermedad es una causa importante de mortalidad y morbosidad durante los conflictos y las catástrofes naturales. |
| 2. Lograr la enseñanza primaria universal | El hambre influye en las posibilidades de que un niño vaya a la escuela, asista regularmente a clase y su rendimiento escolar sea óptimo. Son bien conocidas sus consecuencias a largo plazo y sus repercusiones intergeneracionales. |
| 3. Promover la igualdad entre los géneros y la autonomía de las mujeres | El hambre y la desnutrición afectan negativamente a la salud de las mujeres y a su capacidad para cuidar de sus hijos y de sus familias. Limita sus oportunidades de ganarse el sustento. Conseguir la autonomía de las mujeres es esencial para alcanzar los ODM. |
| 4. Reducir la mortalidad infantil | La malnutrición que resulta de la combinación del hambre con las enfermedades infecciosas es la causa principal de mortalidad infantil. |
| 5. Mejorar la salud materna | El hambre está relacionada con la mayoría de los factores de riesgo principales de la morbosidad y la mortalidad materna. Los retrasos del crecimiento y las carencias de micronutrientes comportan para las madres un alto riesgo de sufrir complicaciones durante el embarazo. |
| 6. Combatir el VIH/SIDA, el paludismo y otras enfermedades | El hambre aumenta el riesgo de transmisión del VIH, pone en peligro los tratamientos antirretrovirales y acelera la aparición del SIDA. Además, aumenta las posibilidades de padecer una infección de tuberculosis y rebaja los índices de supervivencia al paludismo. |
| 7. Garantizar la sostenibilidad del medio ambiente | La reducción del hambre y el aumento de la salud están ligados a un mejor acceso al agua potable y limpia y al saneamiento. Las personas que padecen hambre son menos capaces de proteger el medio ambiente de una forma sostenible. Posiblemente se vean obligadas a explotar al máximo sus recursos naturales para satisfacer su necesidad perentoria de obtener comida. |
| 8. Fomentar una asociación mundial para el desarrollo | Es preciso luchar sistemáticamente contra el hambre en el contexto de los demás ODM, en programas internacionales humanitarios y para el desarrollo y con respeto hacia el comercio internacional. |

Fuentes: información basada en el PMA, 2006b; la FAO, 2005; y el Banco Mundial, 2006

no pueden acceder adecuadamente a una alimentación, asistencia sanitaria, educación, agua e higiene apropiadas.

Si bien se llevan a cabo seguimientos de los progresos que consiguen las diferentes naciones de camino al cumplimiento de los ODM, no siempre resulta fácil controlar los avances conseguidos en las unidades subnacionales o los progresos que se han alcanzado para determinados grupos vulnerables. Los datos disponibles no se actualizan anualmente, ni siquiera los correspondientes al control nacional; por lo tanto, las evaluaciones de las unidades subnacionales se deben basar en los estudios disponibles sobre ese país en concreto. El ejemplo de Guatemala expuesto anteriormente demuestra a la perfección que las cifras nacionales tienden a encubrir las desigualdades que existen en el interior de los países, así como las tendencias y los cambios (tanto positivos como negativos) que existen dentro de las naciones y entre ellas. Además, las fuentes no permiten un desglose de los datos nacionales para analizar quién se está beneficiando de los programas sociales y quién se está quedando atrás.

El enfoque de "puntos conflictivos" que ha adoptado el Grupo de Acción contra el Hambre del Proyecto del Milenio de las Naciones Unidas constituye un método innovador para identificar las unidades subnacionales en las que más del 20% de los niños en edad preescolar presentan insuficiencia ponderal. Esta forma de abordar el tema confirma la premisa de que se debe medir y analizar el hambre en aquellas unidades subnacionales (estados, provincias o distritos) donde esté más profundamente arraigada (Proyecto del Milenio de las Naciones Unidas: Grupo de Acción contra el Hambre, 2005).

Otra herramienta útil para identificar las poblaciones vulnerables al hambre en el ámbito subnacional es el análisis y cartografía de la vulnerabilidad (VAM) del PMA. El VAM, a la vez que útil para centrarse en las poblaciones necesitadas y decidir cuáles son las intervenciones más apropiadas, también ofrece una base de referencia para el seguimiento de los indicadores de los ODM. El VAM contribuye a ampliar los análisis sobre el hambre en los ámbitos subnacionales y distingue cuáles están más necesitados de ayuda.

***"Entre 5 y 6 millones de niños mueren cada año víctimas de enfermedades infecciosas que no los habrían matado si hubieran estado bien nutridos. La cifra semanal de niños víctimas mortales del hambre y la desnutrición excede con mucho a la cantidad de muertes causadas por los desastres naturales más catastróficos... Se ha alcanzado el consenso político mundial de que la necesidad de luchar contra el hambre es fundamental para cumplir con los ODM".***

Iniciativa encaminada a poner fin al hambre y la desnutrición entre los niños, 2006

## Los progresos en la lucha contra el hambre: ¿en curso de cumplimiento?

Estamos a mitad del camino para el plazo de consecución de los ODM fijado para 2015, y ya se han realizado varias evaluaciones para comprobar si los progresos están al día. Los resultados varía según las fuentes de los datos y el contexto de preparación para la investigación efectuada, incluida la agrupación de países en zonas (FAO, 2006a; UNICEF, 2006a; OMS, 2005; y Banco Mundial, 2007).

Aunque en algunos países y en los grupos selectos, se aprecian muchas tendencias que muestran un avance de la disminución del hambre, estas evaluaciones indican que la consecución mundial de la meta 2 del ODM 1 no está al día. Más penoso todavía es el hecho de que, en algunas partes del mundo, se han dilapidado los progresos realizados en el pasado y falta todavía demasiado para que las soluciones sostenibles lleguen a las personas que padecen más hambre. El sur de Asia y el África subsahariana son las zonas que se han quedado más rezagadas en este camino.

Esta sección presenta un análisis actualizado de los progresos hacia el cumplimiento de la meta 2 del ODM 1 (en ocasiones llamada "la meta del hambre") y de un grupo de objetivos para la salud que entroncan directamente con la meta del hambre. El análisis, que maneja los datos de la Organización Mundial de la Salud (OMS) de 2007 y de la Organización de las Naciones Unidas para la Agricultura y la Alimentación

**ODM 1: Erradicar la pobreza extrema y el hambre**

**Meta 2:** Reducir a la mitad, entre 1990 y 2015, el porcentaje de personas que padecen hambre.

Dos indicadores permiten medir esta meta:

- La prevalencia de niños menores de 5 años que presentan insuficiencia ponderal.
- El porcentaje de población que se encuentra por debajo del nivel mínimo de consumo energético en la dieta (subalimentación).

(FAO) de 2006, presta especial atención a los PBIDA, debido a su alto grado de vulnerabilidad al hambre y a los problemas particulares a los que se enfrentan estos países para cumplir con el objetivo 1 de los ODM[4].

Los resultados, que están en completa consonancia con otras evaluaciones efectuadas, confirman que, en todo el mundo, existe una mezcla de distintas tendencias y que los avances siguen siendo insuficientes para cumplir con el plazo del año 2015 (véase el Cuadro 10 del Compendio de Recursos para consultar los datos específicos de cada país). En concreto, los PBIDA presentan una tendencia a ir a la zaga de los demás países en desarrollo en la erradicación de la insuficiencia ponderal y la subalimentación, los dos indicadores principales que se usan para controlar el progreso.

La prevalencia de la insuficiencia ponderal entre los niños menores de 5 años sigue en África un patrón parecido, y es en concreto la zona subsahariana la que presenta un mayor porcentaje. Sin embargo, en el sur de Asia, la insuficiencia ponderal es mucho peor que la subalimentación. Si bien las cifras que arrojan estos dos indicadores demuestran de forma abrumadora que los países más pobres se enfrentan a los mayores desafíos en la lucha contra el hambre, esta lacra persiste todavía en las naciones más ricas del mundo.

## Descensos por zonas de la insuficiencia ponderal en niños menores de 5 años

La prevalencia de la insuficiencia ponderal en los niños menores de 5 años se redujo del 33% al 27% en los países en desarrollo entre 1990 y 2005 (Naciones Unidas, 2007). Sin embargo, el progreso no es uniforme: la prevalencia de la insuficiencia ponderal infantil en los PBIDA sigue situada en torno al 30%, y 13 de los 54 PBIDA de los que se poseían datos presentan una regresión en este indicador en concreto. Los países que están realizando los progresos más importantes son Bhután y China; Albania y Yemen evidencian los progresos más lentos. La cantidad total de niños menores de 5 años con insuficiencia ponderal en los PBIDA es de 121 millones, en contraste con los 143 millones en el conjunto de países en desarrollo.

Existen variaciones importantes en el interior de las diferentes regiones, especialmente en Asia, donde la rapidez a la que avanza China para alcanzar el indicador compensa la lentitud de los progresos en la India y el resto de países. En los PBIDA del sudeste asiático, la insuficiencia ponderal en los niños menores de 5 años es casi del 45%, la más alta del mundo. La cifra absoluta de niños que la padecen sigue siendo también inaceptablemente elevada.

En los PBIDA africanos, la prevalencia de niños menores de 5 años que padecen insuficiencia ponderal grave o moderada es del 30%, muy por encima del objetivo del 10% o inferior. El 64% de los PBIDA africanos que han informado sobre el indicador de la insuficiencia ponderal no avanzan de acuerdo con lo previsto. En los PBIDA de América Latina, la prevalencia ha descendido hasta quedar en un 15%.

## Descensos de la subalimentación por regiones

Se calcula que hay 854 millones de personas cuya ingesta alimentaria no es suficiente para satisfacer sus requisitos de energía básicos: 820 millones en países en desarrollo, 25 millones en países en transición y 9 millones en países industrializados (FAO, 2006a). Más de la mitad de los adultos y niños subalimentados se encuentran en Asia y el Pacífico, mientras que el África subsahariana arroja el porcentaje más alto. Las tendencias a largo plazo registradas muestran que el porcentaje de personas subalimentadas ha descendido notablemente: del 37% del total de la población mundial en 1969–1971 hasta el 20% en 1990, y el 17% en 2001–2003 (FAO, 2006b). Sin embargo, el

**Figura 7 – Prevalencia de la insuficiencia ponderal infantil en los PBIDA por regiones**

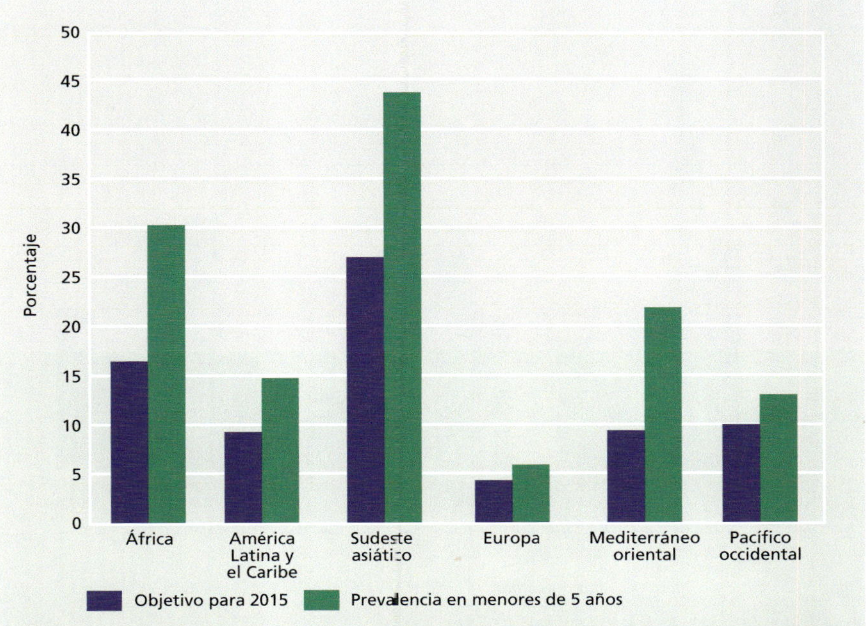


Fuentes de los datos: OMS, 2007e; División de Población de las Naciones Unidas, 2007

86% de la población subalimentada del planeta vive en los PBIDA, lo que se traduce en la existencia de 726 millones de personas subalimentadas en los países más inseguros del mundo desde el punto de vista alimentario.

Los progresos hacia este objetivo de los OMD son también desiguales. Se han producido avances en todas las zonas y en la mayoría de los países, pero varias naciones han registrado una regresión y algunas han sufrido graves reveses. Entre esas últimas PBIDA se encuentran: Burundi, la República Democrática del Congo, Gambia, Tanzanía y Yemen. Catorce PBIDA presentan cierto incremento del porcentaje de personas subalimentadas.

En el África subsahariana, el crecimiento de la población ha truncado los avances, lo que ha provocado un gran incremento en la cifra absoluta de personas subalimentadas y variaciones subregionales muy importantes. "Las tendencias totales zonales, sin embargo, oculta diferencias subregionales significativas. Dentro del África subsahariana, el África central registra los progresos más escasos en la reducción de la prevalencia de la subalimentación" (FAO, 2006b).

Según la FAO, los avances más importantes en la lucha contra la subalimentación se han producido en Asia y el Pacífico, que arrojan una reducción del 66%. Entre algunos de los factores que obstaculizan el progreso en los dos indicadores del hambre se cuentan la elevada tasa de infecciones de VIH/SIDA, la inestabilidad política, los conflictos armados y el aumento de las catástrofes naturales en los últimos años. Los conflictos y el forzoso desplazamiento de los refugiados o desplazados en el interior de sus propios países acrecientan la vulnerabilidad al hambre que tiene África.

Por el contrario, entre las características nacionales que estimulan el progreso hacia el cumplimiento del objetivo del hambre se cuentan el crecimiento del sector agrícola, la apertura al comercio equitativo y la estabilidad política.

## Progresos generales de la lucha contra el hambre

De los 70 países en desarrollo estudiados mediante los dos indicadores de control del cumplimiento del objetivo del hambre, 47 de los cuales son PBIDA:

- 19 países en desarrollo (10 de los cuales son PBIDA) están bien encaminados para cumplir con los dos indicadores del hambre;

**Figura 8 – Prevalencia de la subalimentación en los PBIDA por regiones**

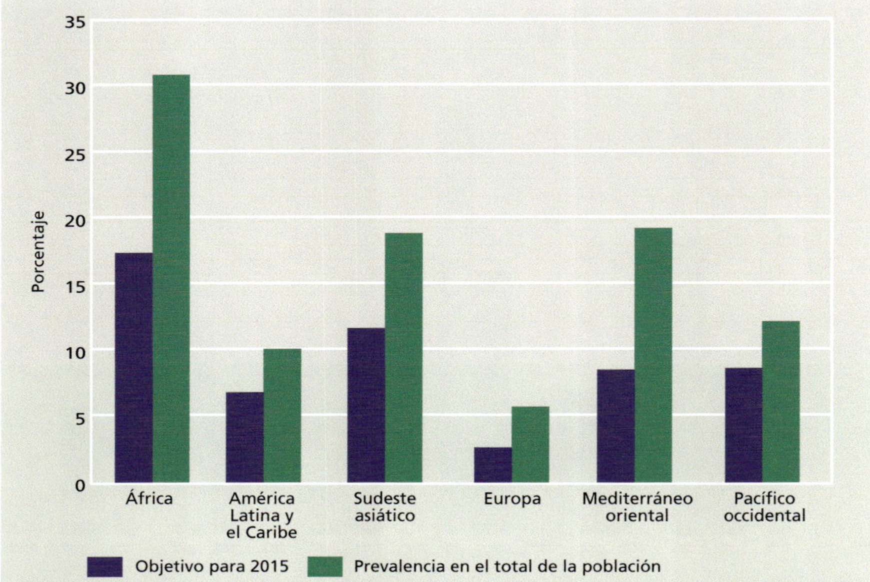


Fuentes de los datos: FAO, 2006a

- 2 PBIDA experimentan retrocesos en ambos indicadores: Burundi y Yemen;
- 7 países están quedándose retrasados en el camino hacia la meta de la subalimentación, y todos ellos son PBIDA; y
- 11 países experimentan un retroceso en la meta de la subalimentación; 7 de los cuales son PBIDA.

## Los progresos en el cumplimiento de los ODM relativos a la salud

Los últimos datos que ha facilitado la OMS demuestran que los progresos hacia el cumplimiento de los ODM relativos a la salud, al igual que los del hambre, son desiguales. Los países más favorecidos económicamente están mejorando su salud a mayor velocidad que los menos favorecidos.

**ODM 4: Reducir la mortalidad infantil.** Los progresos realizados en pos de este objetivo van a la zaga de los demás ODM. En 2005, sólo 84 de 163 países llevaban una buena marcha hacia el cumplimiento de las metas de reducción de la mortalidad infantil que establece el ODM 4, y avanzaban a la velocidad suficiente como para haber alcanzado una reducción del 67% hacia el año 2015.

Aquí también se observan grandes variaciones regionales:

- El 45% de todas las muertes infantiles se produjo en los países del África subsahariana. Cada año, 4,8 millones de niños mueren en el África subsahariana antes de haber cumplido los cinco años. Es la única zona del mundo donde está aumentando la cantidad de muertes infantiles (PNUD, 2005).
- La cifra de niños africanos en peligro de muerte es actualmente un 35% más elevada que hace 10 años (Gordon *et al.*, 2004).
- Entre los PBIDA de peor desempeño se encuentran Camboya, Côte d'Ivoire, Iraq, Swazilandia y Zimbabwe.
- Por el contrario, la supervivencia infantil ha aumentado en América Latina y el Caribe, el sudeste asiático y el norte de África, donde los índices de mortalidad infantil han descendido en más de un 3%. Albania, Egipto, Indonesia, Siria y Timor-Leste están haciendo rápidos progresos y avanzan por la ruta correcta para cumplir con el ODM 4.

***Se calcula que el 63% de las muertes infantiles se podrían haber evitado con asistencia y tratamientos sanitarios básicos (Banco Mundial, 2007).***

**Figura 9 – Indicadores del hambre por regiones**

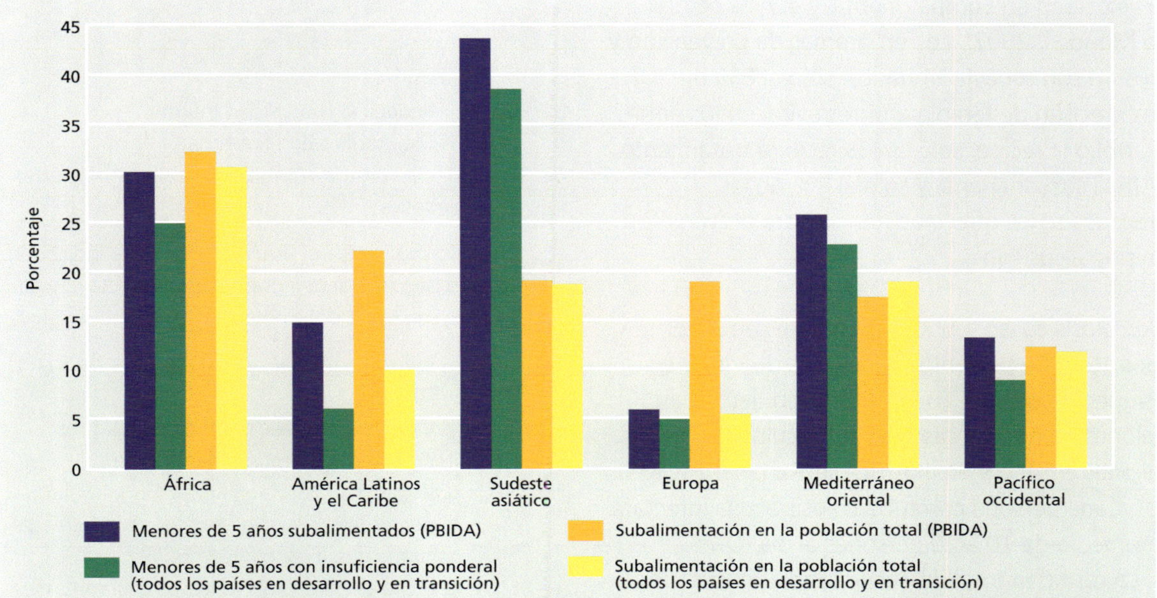


Fuentes de los datos: OMS, 2007e; FAO, 2006a

**ODM 5: Mejorar la salud materna.** Las tendencias indican mejoras generales en todas las regiones; no obstante, el 99% de las muertes maternas (500.000 al año) se producen en países en desarrollo (Banco Mundial, 2007). La recopilación de datos sobre la mortalidad materna es muy desigual, y ésta es la razón de que algunas veces se emplee el indicador sustitutivo "asistencia profesional cualificada durante el parto". Según el Banco Mundial, las brechas en el acceso a la asistencia profesional son mayores que para ningún otro servicio sanitario o educativo. Pocos países poseen suficientes datos para demostrar un progreso bien documentado.

No obstante, de los 136 países analizados, 91 presentan progresos, aunque están intensamente concentrados en las naciones y hogares más ricos. Entre los PBIDA, 24 países están experimentando retrocesos y 25 muestran progresos, aunque no están lo suficientemente bien encaminados para cumplir el ODM 5. Azerbaiyán, Malawi, Mongolia, Tanzanía y Zimbabwe se encuentran en el grupo de los que muestran peores resultados. Bhután, Indonesia, Marruecos, Papua Nueva Guinea y Vanuatu son los países que están avanzando a más velocidad, bien encaminados para cumplir con el ODM 5.

Tan sólo el 46% de los partos reciben asistencia de profesionales sanitarios en el África subsahariana, donde la cifra de muertes maternas constituye más del 50% de los casos mundiales (UNICEF, 2006a).

***Es imprescindible prestar más atención a los requisitos alimentarios y sanitarios de las mujeres: antes, durante e inmediatamente después de la gestación.***

**ODM 6: Combatir el VIH/SIDA, el paludismo y otras enfermedades.** A pesar del empeño internacional y nacional, la carga del VIH aumentó de 37,1 millones de personas en 2004 a 39,5 millones en 2006, en clara desviación del ODM 6. La situación del VIH/SIDA es demoledora: sólo en 2006, murieron 3 millones de personas, más que nunca antes y más que de cualquier otra enfermedad infecciosa. El virus infectó a otros 4,3 millones de personas en 2006 (ONUSIDA, 2006; OMS, 2007b).

La epidemia de VIH/SIDA está extremadamente concentrada en los países del África subsahariana; el 64% de todas las personas seropositivas y el 90% de los niños menores de 15 años portadores del VIH viven en el África subsahariana. Mientras que la propagación de la enfermedad ha disminuido en el África subsahariana, la epidemia de VIH/SIDA está creciendo a gran velocidad en Europa oriental y el Asia central (Banco Mundial, 2007). Los programas de prevención y tratamiento son todavía limitados: sólo el 8% de quienes precisan de terapia antirretroviral en los países en desarrollo la recibe; sólo el 4% recibirá tratamiento en el África subsahariana, y sólo al 8% de las embarazadas se les ofrece asistencia para prevenir la transmisión a sus hijos.

La tuberculosis causó 1.600.000 muertes en 2005, incluidos 195.000 pacientes infectados de VIH, y las cifras siguen creciendo. En 2005 se produjeron casi 8,8 millones de nuevos casos de tuberculosis, 7,4 millones en Asia y en el África subsahariana (OMS, 2007d). Cada persona con tuberculosis activa infectará a un promedio de 10 a 20 personas al día (OMS, 1997). La cantidad total de pacientes diagnosticados y en tratamiento en 2006 fue parecida a la de 2005 (OMS, 2007e). Aproximadamente un tercio de los 40 millones de personas que viven con VIH/SIDA también están infectadas de tuberculosis. Las personas con VIH tienen más de 50 veces más probabilidades de contraer tuberculosis activa en cualquier año (OMS, 2007c).

Pese a la incidencia de la tuberculosis, parece que su prevalencia e índices de mortalidad están descendiendo actualmente, aunque los porcentajes no se reducen a tanta velocidad como para que se alcancen las metas impuestas para 2015; en África, los porcentajes cayeron espectacularmente entre 1990 y 2005.

Aproximadamente el 40% de la población mundial, principalmente aquellas personas que viven en los países más pobres del mundo, corren el riesgo de contraer paludismo. Cada año, más de 500 millones de personas se enferman gravemente y más de 1 millón muere por culpa de esta enfermedad (también llamada malaria), principalmente bebés, niños pequeños y embarazadas del África subsahariana (UNICEF, 2007). Asia, América Latina, Oriente Medio y partes de Europa también están afectados. Las epidemias más devastadoras y de gran magnitud pueden surgir en aquellas zonas donde sus habitantes han estado escasamente en contacto con el parásito de la malaria y, por lo tanto, tienen muy poca o ninguna inmunidad. Determinadas condiciones climáticas pueden provocar dichas epidemias, que se pueden agravar todavía más por situaciones de emergencia complejas o catástrofes naturales.

Si bien se han incrementado la obtención de tratamientos eficaces y los métodos de prevención, las tendencias actuales de la morbosidad y mortalidad del paludismo no presentan suficientes progresos hacia la consecución de las metas para el año 2015.

***Es preciso intensificar la recopilación de datos para incrementar y rastrear los progresos de los indicadores de todos los ODM, especialmente de los ODM 5 y 6.***

**La Declaración del Milenio de las Naciones Unidas establece tres objetivos principales relativos a la salud:**

ODM 4: Reducir la mortalidad infantil.
ODM 5: Mejorar la salud materna.
ODM 6: Combatir el VIH/SIDA, el paludismo y otras enfermedades.

Este informe repasa el siguiente grupo de indicadores de la salud que mantienen una relación directa con el hambre y la salud deficiente:

- el índice de mortalidad de menores de 5 años (ODM 4);
- el índice de mortalidad infantil (ODM 4);
- la proporción de mortalidad materna (ODM 5);
- el porcentaje de partos asistidos por personal sanitario cualificado (ODM 5);
- la prevalencia del VIH entre las gestantes de edades comprendidas entre 15 y 24 años (ODM 6);
- la prevalencia e índices de mortalidad del paludismo (ODM 6); y
- la prevalencia e índices de mortalidad de la tuberculosis (ODM 6).

**Figura 10 – Progresos en la insuficiencia ponderal: ODM 1 para los PBIDA en desarrollo, 1990–2006[5]**

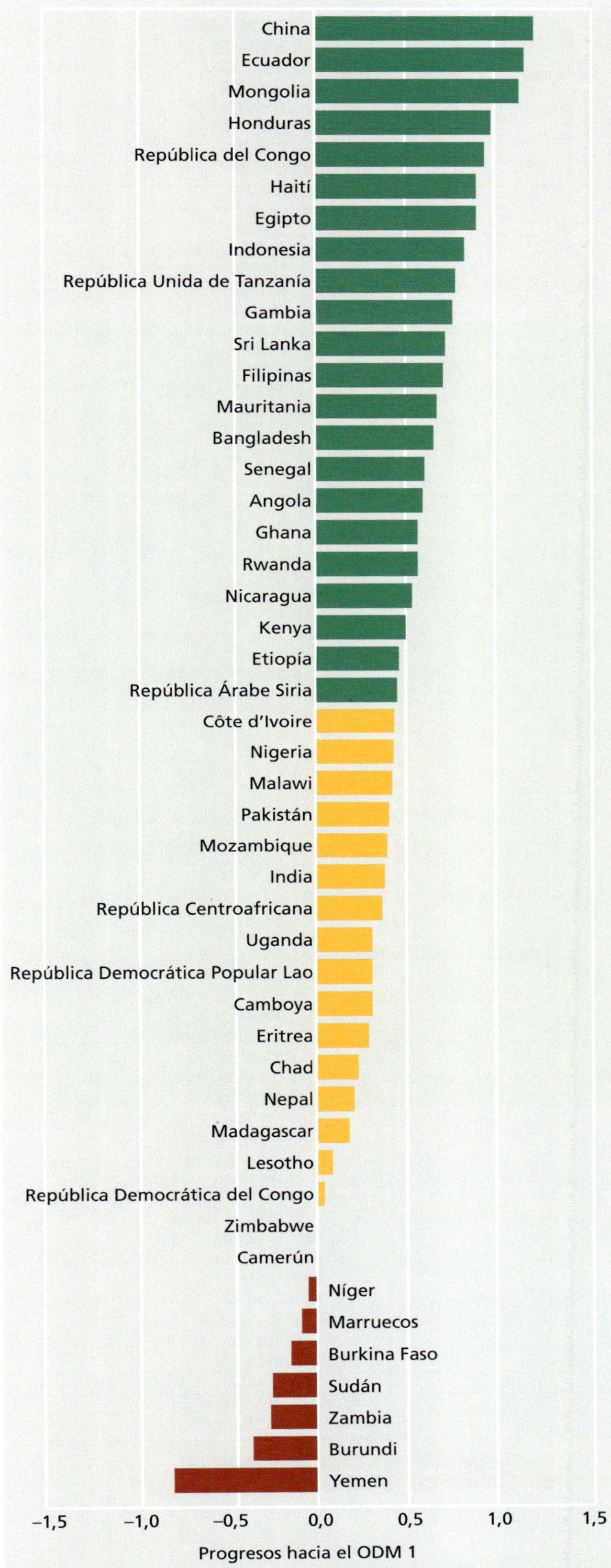


**Figura 11 – Progresos en la subalimentación: ODM 1 para los PBIDA en desarrollo, 1990–2003[5]**

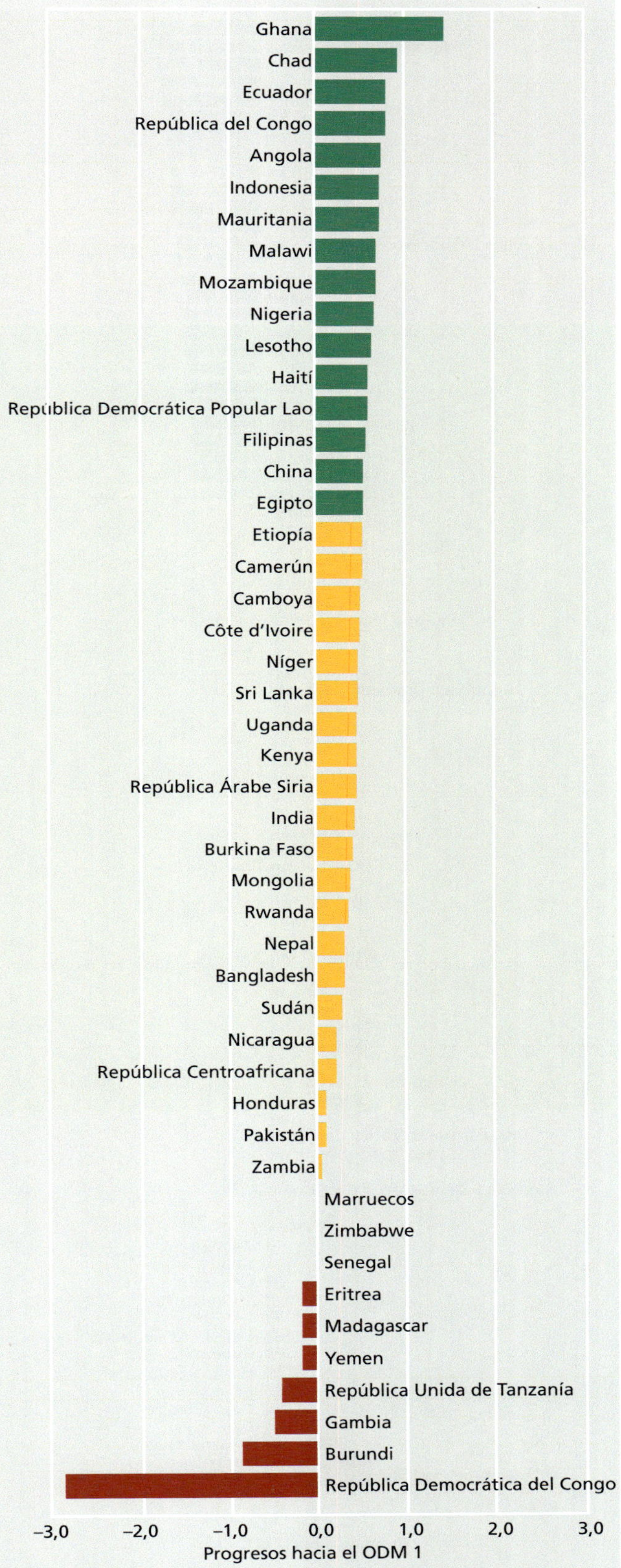


Progresando y en curso | Progresando, pero no en curso | Retrocediendo

Fuentes de los datos: FAO, 2006a; UNICEF, 2006b; División de Estadística de las Naciones Unidas, 2007; OMS, 2007e

**Figura 12 – Progresos en la mortalidad infantil: ODM 4 para los PBIDA en desarrollo y en transición, 1990–2005[5]**

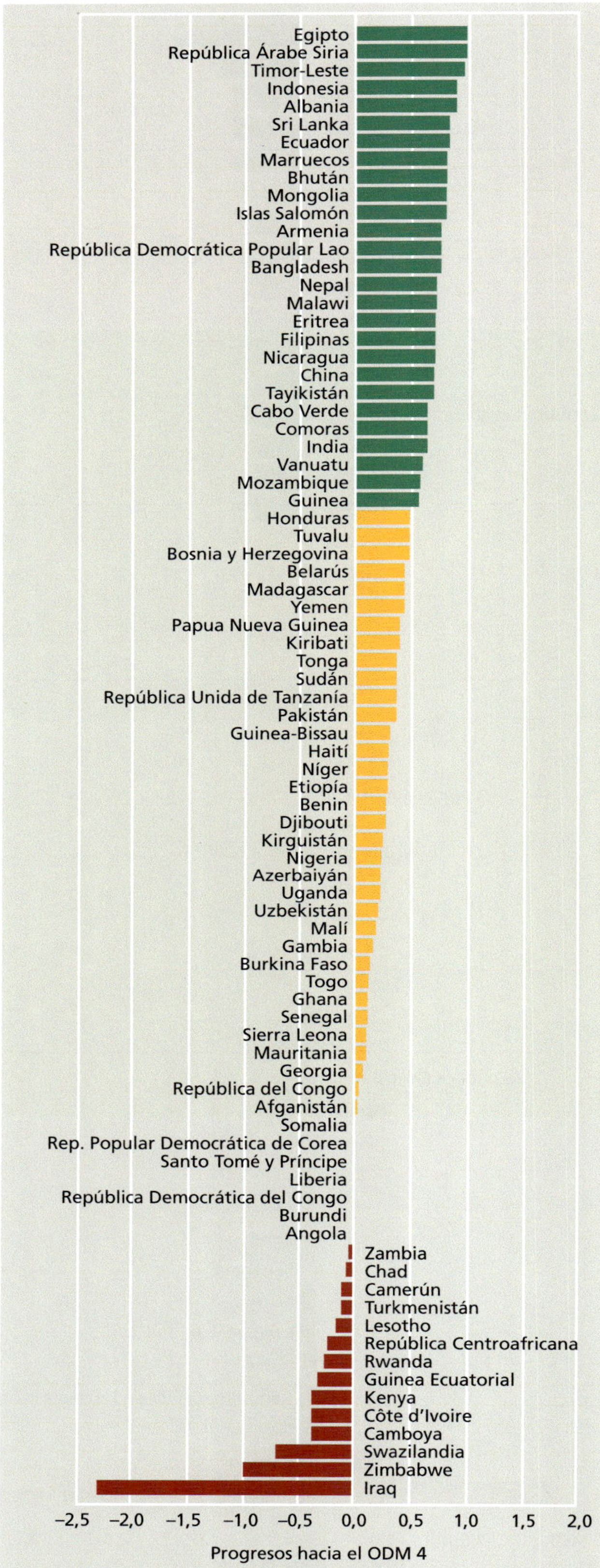


**Figura 13 – Progresos en mortalidad materna: ODM 5 para los PBIDA en desarrollo y en transición, 1990–2000[5]**

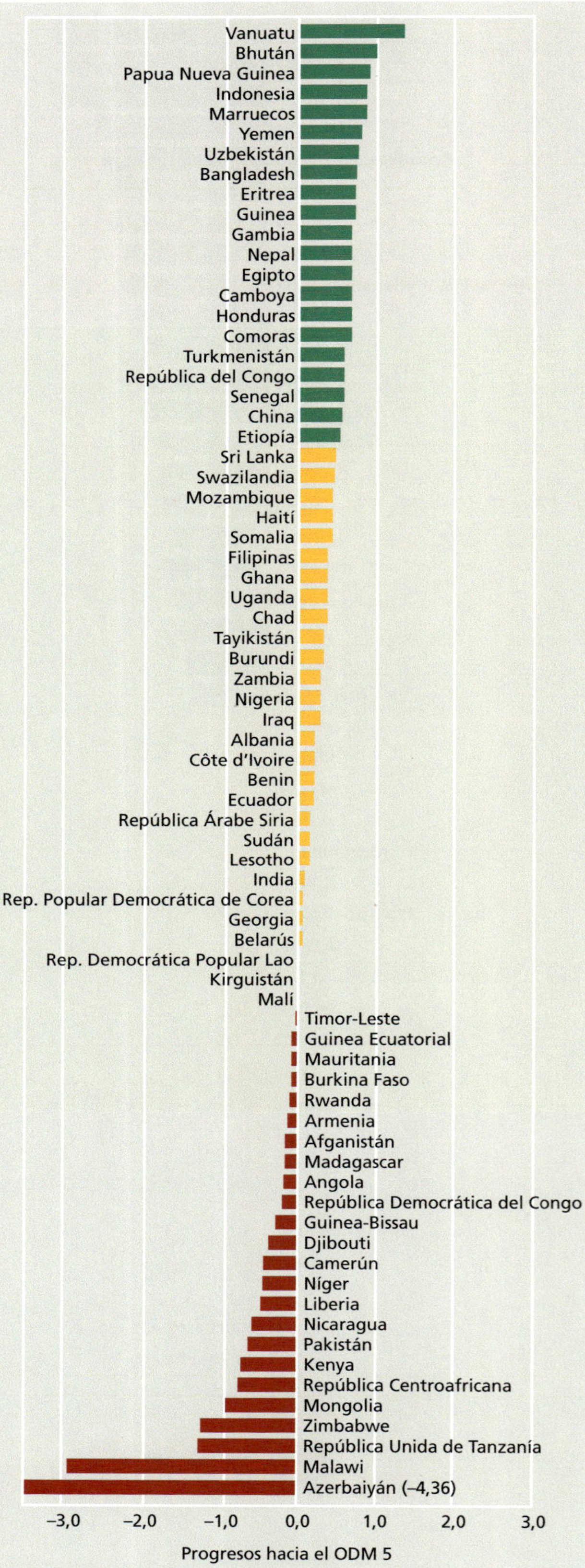


Progresando y en curso | Progresando, pero no en curso | Retrocediendo

Fuentes de los datos: FAO, 2006a; UNICEF, 2006b; División de Estadística de las Naciones Unidas, 2007; OMS, 2007e

# 1.4 Aceleración de los progresos: adopción de decisiones correctas

*"Los grupos más pobres se quedan rezagados incluso cuando sus países avanzan en general. ...Es preciso que todas las intervenciones lleguen a los pobres para reducir la brecha".*

Proyecto para las Prioridades en el Control de las Enfermedades, 2007

Los ODM han obligado al mundo a enfrentarse a algunos de los problemas más graves de nuestro tiempo. Nuestros hijos dependen de que las decisiones que adoptemos hoy les entreguen un mundo en el que tengan la posibilidad de convertirse en adultos sanos y productivos, donde puedan contribuir al desarrollo económico y social, y por el que puedan guiar a la generación siguiente hacia un futuro prometedor. Alcanzar los ODM, o progresos considerables en el camino hacia su consecución, serviría para poner los cimientos de ese mundo. Lamentablemente, los países más pobres se están quedando muy atrás en ese camino. Una de las cosas más importantes es asegurarse de que se cumplan en general todas las metas nacionales, pero nunca a costa de excluir más todavía a las personas más vulnerables. Además, si

**Figura 14 – Producto interno bruto (PIB), mortalidad infantil e insuficiencia ponderal en países en desarrollo y en transición**

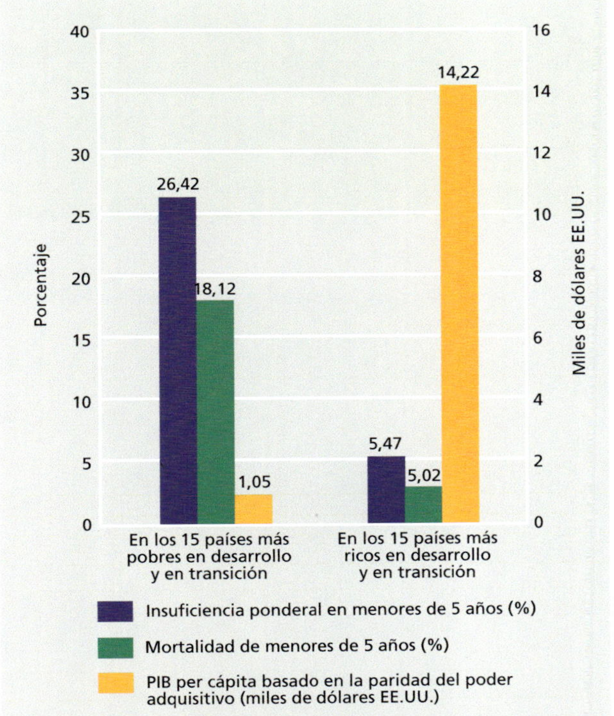


Fuentes de los datos: OMS, 2007e; OCDE, 2007

bien es importante aumentar y ampliar los servicios, es imprescindible que mejore su calidad, o como mínimo que no se deteriore, para mantenerse a la altura de las metas numéricas.

Para varios ODM, y para muchos países, la falta de datos dificulta la medición de los progresos en pos de la disminución del hambre y de la salud deficiente. Como no se dispone de datos anuales, es difícil establecer con certeza cuán lejos se debe llegar para cumplir con todos los ODM. Sin embargo, tan sólo para la meta del hambre, hay que acelerar la velocidad de reducción anual hasta alcanzar, al menos, los 26 millones de personas por año. Actualmente tan sólo una doceava parte, es decir 2,1 millones de personas, se zafa del hambre cada año (FAO, 2003).

Se han realizado algunos cálculos del costo que supondría no alcanzar los ODM para 2015, desde el punto de vista del crecimiento económico perdido, de las vidas que no se han podido salvar y de la insuficiente reducción de la desnutrición infantil. Si continúa la lentitud actual, cada año se perderán las vidas de 3,8 millones de niños que se podrían haber salvado. De aquí al año 2015, los 50 millones de niños que podrían escapar de las consecuencias demoledoras que acarrea la desnutrición, no lo conseguirán (UNICEF, 2006a).

Por el contrario, si nos ponemos manos a la obra, los beneficios serán inmensos. La reducción de la prevalencia de la anemia por carencia de hierro mediante complementos dietéticos tiene un cociente excepcionalmente alto de beneficios en términos de costos: un ahorro aproximado de 12.000 millones de dólares EE.UU. De la misma manera, el dinero que hay que invertir para impedir 30 millones de nuevas infecciones de VIH/SIDA es considerable: unos 27.000 millones de dólares. No obstante, el rendimiento posible de esta inversión es mucho mayor: prevenir el hundimiento de sociedades enteras (Mills y Shillcutt, 2004).

El cumplimiento de las metas de mortalidad infantil y materna supone un índice de reducción media anual del 4,3% y del 5,4% respectivamente (Proyecto para las Prioridades en el Control de las Enfermedades, 2007). Los avances siguen siendo muy lentos: no se han efectuado progresos considerables en la reducción de la mortalidad infantil en África, donde el índice ha descendido únicamente un 10% desde 1990. En las décadas de 1970 y 1980 se alcanzaron progresos mucho mayores.

Los objetivos tan elevados para paliar el hambre y la salud deficiente, o al menos conseguir uniformemente los ODM, sólo se pueden alcanzar con asociaciones más sólidas entre los gobiernos, las organizaciones y los donantes internacionales, la sociedad civil, el sector privado y, quizás lo más importante, las propias personas que pasan hambre. Para que los diferentes países cumplan con los ODM, se precisa una mezcla de asignaciones presupuestarias de mayor cuantía por parte de los gobiernos con la contribución de los donantes. Sabemos cuáles son las soluciones que podrían servir para conseguir todos los ODM, pero no se emplean con la debida eficacia, ni los gobiernos son siempre capaces de aplicar programas con la amplitud requerida.

Es importante que, en el seno de estas alianzas cada vez mayores, los donantes financien a los países y colaboren con ellos en la reasignación de fondos para reducir el hambre, mejorar la salud y afianzar políticas y programas que sirvan para alcanzar de forma sostenible los ODM. Sólo si se da prioridad a la lucha contra el hambre, y muy especialmente de mujeres y niños, y se protegen los principios de inclusión, igualdad, facilidad de acceso y transparencia, las personas que padecen hambre podrán beneficiarse de las innovaciones tecnológicas que están transformando el mundo.

## Mapa 3 – La desigualdad del hambre en el mundo

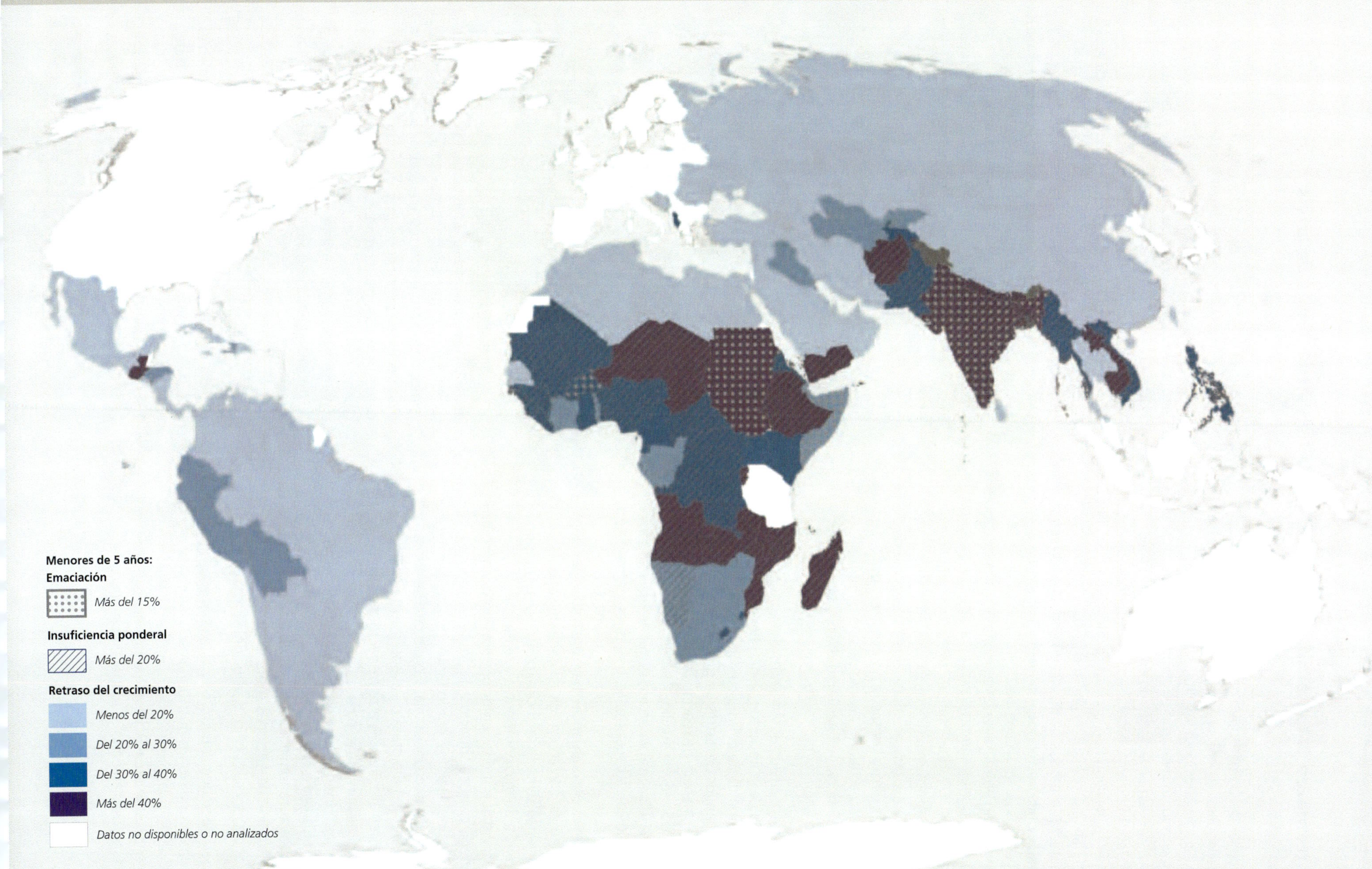


*Los límites y nombres indicados y las denominaciones empleadas en este mapa no entrañan, por parte de las Naciones Unidas, aprobación o aceptación oficial alguna.*
*Mapa elaborado por la Dependencia de VAM del PMA.*

Fuentes de los datos: OMS, 2007; UNICEF, 2006

wfp vam
vulnerability analysis and mapping

## *Intermezzo 3:* El hambre y la enfermedad en situaciones de crisis

A pesar del aumento, en cantidad y en escala, de la mayor parte de crisis humanitarias de todo tipo que se han producido en los últimos años, se ha registrado un descenso paulatino de la "mortalidad excesiva" en situaciones de emergencia[6]. Entre 1900 y 1960, hubo una década en la que el total de muertes relacionadas con catástrofes superó la cifra del millón de personas por año (CRED, 2005). Los conflictos armados de Bosnia y Timor-Leste crearon condiciones que condujeron a una hambruna a mediados de la década de 1990, pero se evitó la mortalidad en masa de las personas no combatientes (aunque no se evitaron las otras catástrofes militares y morales). De igual manera, las graves sequías que asolaron África meridional en 1991–1992 y 2001–2002 provocaron una carestía enorme de alimentos, pero el desastre no produjo muertes que se pudieran achacar claramente a la hambruna, gracias a intervenciones rápidas, con un objetivo definido y multisectoriales.

Estos éxitos se sustentan sobre el reconocimiento paulatino de la importancia que tienen los micronutrientes a la hora de establecer cómo se desarrollan los desastres de gran magnitud, y cuál es la mejor manera de reaccionar ante ellos con intervenciones de auxilio. Cuando hay vidas en peligro, se necesitan acciones que tengan objetivos definidos para hacer frente lo más rápidamente que sea posible a los síntomas más graves. En una intervención de urgencia, hay que solucionar dos problemas: cómo corregir en cada persona individualmente la aparición de un trastorno por carencia de micronutrientes y reducir así la mortalidad entre los enfermos más graves; y cómo impedir que esa situación siga deteriorándose en toda la población y, por lo tanto, evitar una infección epidémica a mayor escala. Con lo cual se habrán vinculado las mejoras con avances sostenibles ulteriores a la crisis. A este respecto, hay dos enfoques principales para tratar las situaciones relativas a los micronutrientes: la administración de micronutrientes a las personas que los necesiten, y otorgar autonomía a la comunidad mediante la transmisión de nociones sobre los trastornos carenciales y sus posibles soluciones.

Tener "algo que comer" no basta para conseguir buenas condiciones nutricionales, ni tampoco es suficiente para prevenir la malnutrición. Por ejemplo, en épocas de escasez de alimentos generalizada, se recurre invariablemente a buscar comida en las basuras y al consumo de productos que no forman parte de una dieta convencional. Durante la hambruna que padeció Europa en 1817, los alemanes y suizos, desesperados, comían aserrín horneado en el pan, carroña, hierbas, raíces e incluso se comieron a sus perros (Webb, 2002). Durante la hambruna que azotó el sur de África en 1896–1897, los funcionarios coloniales informaron de que la gente "... sufría enfermedades, causadas, estoy seguro, por comer... pellejos podridos y raíces salvajes, que tenían considerables efectos purgantes..." (Iliffe, 1990). Esos purgantes provocaban a menudo una muerte más rápida que la que se buscaba evitar con el consumo de esas "comidas".

Incluso en aquellos lugares donde se consumen alimentos convencionales, la dependencia de una dieta indebidamente equilibrada puede establecer las bases de la morbosidad y la mortalidad. Sin embargo, una suficiencia dietética de energía y proteínas no garantiza el consumo suficiente de las cantidades recomendadas de vitaminas y minerales. Por lo tanto, si bien el consumo de maíz y cacahuetes llenará el vientre y mitigará el hambre, una dieta de ese tipo no es suficiente para satisfacer todo el espectro de requisitos mínimos diarios de nutrientes.

Las carencias de micronutrientes suscitan nuevas e importantes cuestiones sobre las características de los derechos a los alimentos. El "hambre oculta", un carencia que pasa desapercibida a las personas que la sufren, pero que conocen muy bien todos los que participan en intervenciones públicas, cuestiona el sencillo concepto de derecho, porque el "acceso" en su sentido estricto está relacionado con nociones inmateriales, como el conocimiento, el cambio de comportamiento y aportes microscópicos, todas ellas necesarias para conseguir una nutrición plena, pero que no solicitan quienes más las necesitan. Cuando se satisfacen, como en el caso de emergencias, forman parte de una campaña general de abastecimiento, no se entregan a petición de los interesados.

La intervención pública para remediar y prevenir la aparición de trastornos de carencias de micronutrientes no es fundamental únicamente en el caso de emergencias: constituye el cumplimiento de uno de los "derechos morales del hambre" (Sen, 1997). Los derechos quedan garantizados cuando las personas que padecen hambre se imponen como propietarias de una cantidad adecuada de alimentos, o cuando su derecho moral a la comida se traduce en un "derecho práctico". La acción humanitaria representa precisamente eso: hacer que se cumpla en la práctica el derecho moral a no morir por falta de alimentos. El imperativo humanitario exige que se proporcione una ayuda incondicional a todos los que sufren, sean quienes sean y dondequiera que estén (Webb, 2003).

Dicho esto, imponer el derecho a la comida significa cada vez más entregar en circunstancias extremadamente difíciles no sólo la cantidad adecuada de alimentos, sino también la calidad adecuada de alimentos. Buscar solución a las carencias de vitaminas y minerales es un aspecto básico de la ayuda humanitaria. La comunidad internacional se ha comprometido a respetar y defender el derecho moral de las personas que padecen hambre no sólo a sobrevivir, sino a hacerlo con los nutrientes necesarios y con dignidad. Pero esto plantea interrogantes acerca de los límites actuales de las actividades públicas en situaciones de emergencia. La entrega de alimentos terapéuticos que lleva a cabo el personal de asistencia humanitaria en situaciones de emergencia salva vidas, y de ahí que se pueda calificar de "imposición" del derecho moral a la comida del que hablaba Sen, pero se hace de una forma confinada en el tiempo. El acceso a los alimentos enriquecidos con micronutrientes suele terminar una vez que la persona deja de recibir la alimentación terapéutica o bien cuando se termina una actividad de socorro de urgencia. Por lo tanto, este uso novedoso de los micronutrientes para salvar vidas contribuye muy poco a otorgar autonomía para el futuro a la persona cuya vida se ha salvado. Normalmente, esa persona no adquiere ni conocimientos acerca de los

**Hitos en la evolución del interés por la nutrición en situaciones de emergencia**

| | |
|---|---|
| Década de 1960 | • Respuestas basadas en alimentos disponibles<br>• La oferta más que la idoneidad nutricional decidía qué alimentos se donaban<br>• Reconocimiento limitado de la importancia del contenido nutricional en las raciones |
| Década de 1970 | • Atención centrada en la carencia de proteínas (en la malnutrición por energía proteínica)<br>• Más variedad de alimentos; se incluyen frijoles y aceite vegetal<br>• Mezcla de alimentos enriquecidos, usados únicamente en la alimentación con complementos |
| Década de 1980 | • Las principales organizaciones aumentan la cifra de planificación de raciones de 1.500 a 1.900 kilocalorías por persona y día<br>• La mezcla de alimentos enriquecidos se incluye en la mayoría de raciones para las poblaciones totalmente dependientes de la ayuda alimentaria<br>• Las canastas de alimentos se basan cada vez más en seis artículos principales: cereales, legumbres secas, aceite, azúcar, sal y mezclas de alimentos enriquecidos |
| Década de 1990 | • Algunas organizaciones (incluido el PMA) aumentan la cifra de planificación de raciones para todas las poblaciones completamente dependientes de la ayuda alimentaria, de 1.900 a 2.100 kilocalorías<br>• Los avances científicos desembocan en la producción de alimentos terapéuticos para tratar la malnutrición aguda (F100, F75)<br>• Limitaciones más estrictas del uso de productos lácteos y preparados para biberones durante las crisis<br>• Exigencia de que el aceite, la sal y la harina que se repartan internacionalmente deben estar enriquecidos<br>• La producción nacional de alimentos compuestos enriquecidos se amplía a algunos países en desarrollo<br>• Amplio uso de las galletas de alto valor energético, enriquecidas con proteínas de gran energía |
| Década de 2000 | • Mayor uso de los medios nacionales de molienda y del enriquecimiento de cereales para la distribución de ayuda<br>• El propio país en desarrollo procura las mezclas de alimentos enriquecidos para su uso en terceros países<br>• Creación de alimentos terapéuticos listos para usar en el tratamiento "en los hogares" de la malnutrición aguda<br>• Más atención a los vínculos entre el tratamiento de la malnutrición aguda y la prevención de la malnutrición crónica |

Fuente: adaptación de Toole y Waldman, 1988

micronutrientes y la salud, necesarios para solicitar eficazmente los nutrientes que precisa; ni alimentos, o la capacidad de asegurarse el acceso sistemático a los alimentos ricos en micronutrientes en el mercado o a través de otros canales cuando la crisis haya terminado.

Se precisan nuevos enfoques para definir las formas éticamente aceptables de la intervención humanitaria, que no sólo salven vidas, sino que también incrementen la demanda de acceso a la nutrición, no sólo a los alimentos. La defensa de los derechos de las personas que padecen hambre no se puede conformar con asegurar el acceso a la comida, puesto que la adecuación a los micronutrientes exige un acceso a los alimentos apropiados y el derecho al conocimiento, lo que comporta cambios de conducta en los hogares, no solamente un mayor acceso a los mercados o más poder adquisitivo. Las soluciones al fracaso en la adjudicación de derechos deberán ocuparse, por lo tanto, de los precios y los mercados, y actuar de la misma manera en el ámbito de la salud y la nutrición pública. Las soluciones centradas exclusivamente en la cantidad de alimentos y no en su calidad dietética tienen muchas probabilidades de fallar en el intento y de no estar a la altura de nuestras responsabilidades más importantes.

*Colaboración a la* Serie de informes sobre el hambre en el mundo *de Patrick Webb, decano para asuntos académicos de la Facultad Friedman de Ciencias y Políticas de la Nutrición, Universidad de Tufts, y Andrew Thorne-Lyman, Oficial de Nutrición de la Sanidad Pública, PMA.*

# Parte II: Desnutrición y enfermedad – Sus repercusiones a lo largo del ciclo vital

## El hambre, una dieta deficiente, el agua no apta para el consumo, la falta de higiene y de salubridad, la predisposición a enfermedades resistentes a los medicamentos y el acceso limitado a los servicios sanitarios siguen obstaculizando el progreso en el control de la desnutrición y de las enfermedades infecciosas, a pesar de los avances tecnológicos.

En el **Capítulo 1** se analizan en más detalle las relaciones que se establecen entre el hambre y la salud, y en concreto la interacción entre la desnutrición y la enfermedad. En el **Capítulo 2** se sigue el rastro de esta reciprocidad a lo largo del ciclo vital, en concreto en aquellas enfermedades infecciosas cuyas consecuencias son especialmente gravosas, y se examina cómo la desnutrición en los primeros años de vida tiene repercusiones a largo plazo, que se traducen en enfermedades crónicas y obesidad. En el **Capítulo 3** se contemplan las nuevas amenazas para la humanidad desde la perspectiva del hambre y la salud, y se explica cómo esas amenazas pueden aumentar la vulnerabilidad al hambre y a la salud deficiente, en especial entre las personas más susceptibles.

# 2.1 Desnutrición y enfermedad: una relación íntima

***"Es necesario mejorar la nutrición para reducir los efectos demoledores de las enfermedades que impiden a las personas afectadas por el hambre y malnutridas convertirse en miembros productivos de la sociedad".***

La declaración de Des Moines, 2004[7]

A lo largo de la historia, la presencia o ausencia del hambre y la enfermedad ha contribuido a marcar el curso de los acontecimientos. Por ejemplo, entre 1150 y 1200, un importante calentamiento climático en toda Europa, unido al surgimiento de una clase media, propició mejoras en la dieta. A mediados del siglo XIV, Europa presentaba una superpoblación considerable; pero otro cambio (la llamada Pequeña Edad de Hielo) trajo consigo un clima más frío y húmedo de lo normal, que provocó un descenso de la producción agrícola y redujo drásticamente la ingesta calórica per cápita. La salud general decayó, y la cantidad de roedores y otras plagas aumentó, una mezcla de circunstancias que dio pábulo a una epidemia de enormes proporciones. La peste bubónica, la Peste Negra, arrasó Europa y exterminó una porción importante de la población en brotes periódicos, que se sucedieron hasta el siglo XVIII (Scott y Duncan, 2001).

**Habituales factores desencadenantes de la desnutrición y la enfermedad**

| | |
|---|---|
| Asistencia sanitaria | • Falta de vacunación y de medidas preventivas como mosquiteros en las camas.<br>• Uso limitado de sistemas de quimioterapia, terapia antirretroviral.<br>• Conductas arriesgadas. |
| Medio ambiente | • Agua en malas condiciones, salubridad e higiene personal.<br>• Hacinamiento y poco espacio en las viviendas.<br>• Infestación de insectos y otras plagas. |
| Acceso a alimentos de buena calidad | • Escasa diversidad en la dieta y escasa ingesta de energía y micronutrientes.<br>• Restricciones en la producción y oferta de alimentos.<br>• Deficiente absorción de nutrientes. |
| Métodos de cuidado infantil | • Métodos de lactancia inadecuados.<br>• Falta de métodos adecuados de rehidratación por vía oral.<br>• Dieta pobre para la realimentación después de una enfermedad.<br>• Demasiadas comidas o comidas demasiado escasas para los niños pequeños. |

Fuente: Comité Permanente de Nutrición, 2004a

En los últimos 200 años, las enfermedades infecciosas, como la peste, y la mortalidad que éstas causan han ido disminuyendo paulatinamente en los países desarrollados. Pero los que están en desarrollo siguen enfrentándose a lacras de ingentes proporciones: enfermedades infecciosas, como el paludismo o la tuberculosis; enfermedades infantiles, como la diarrea o la neumonía, y las carencias nutricionales son las causas principales de mortalidad y morbosidad. El hambre, una dieta deficiente, el agua no apta para el consumo, la falta de higiene y de salubridad, junto con la predisposición a enfermedades resistentes a los medicamentos y el acceso limitado a los servicios sanitarios, siguen obstaculizando el progreso en el control de la desnutrición y de las enfermedades infecciosas, a pesar de los avances tecnológicos.

## Las repercusiones de la desnutrición en la enfermedad

La desnutrición y la enfermedad, al igual que el hambre y la salud, también están íntimamente relacionadas. De la misma manera, la relación que se establece entre la desnutrición y la enfermedad es también recíproca, y ambas se refuerzan mutuamente. La desnutrición conduce a un estado de salud deficiente que conlleva para quien la padece el peligro de sufrir afecciones infecciosas y crónicas. Dicha reciprocidad se hace también extensible a las principales enfermedades mortales de nuestra época (VIH/SIDA, tuberculosis, paludismo, infecciones respiratorias agudas y enfermedades diarreicas), especialmente en las zonas menos desarrolladas del mundo.

***La desnutrición es la manifestación física del hambre, de igual manera que la enfermedad lo es de la salud deficiente.***

Las personas que pasan hambre disponen de menos recursos para luchar contra la enfermedad que las bien alimentadas. La desnutrición favorece directamente la enfermedad porque tiene un efecto depresivo sobre el sistema inmunológico y, por lo tanto, facilita que los agentes patógenos colonicen el organismo y consuman aún más sus nutrientes esenciales. La falta de energía o micronutrientes pone en peligro el sistema

**Figura 15 – Factores desencadenantes de la desnutrición y la enfermedad**

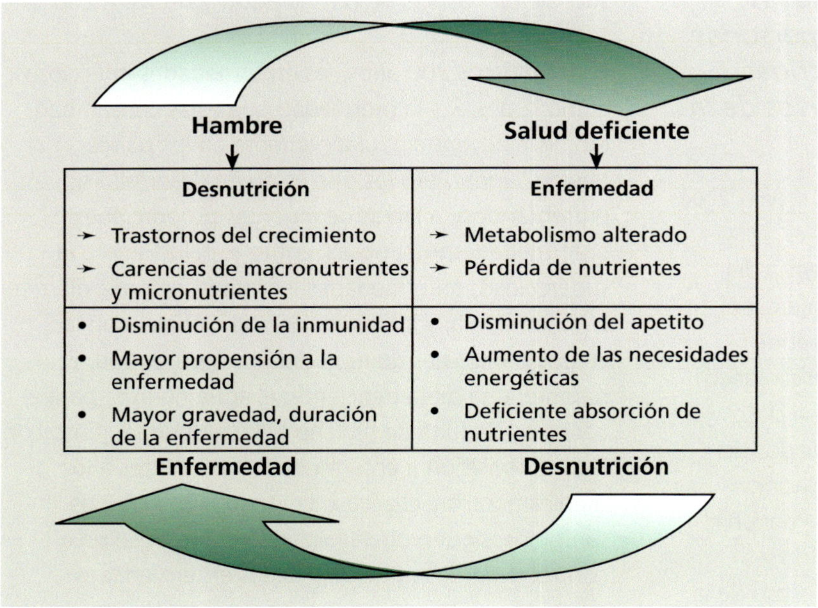


inmunológico, lo que a su vez aumenta la propensión a sufrir enfermedades infecciosas y crónicas.

La desnutrición causa un debilitamiento general del organismo, que puede acarrear una mayor incidencia de las enfermedades infecciosas o un incremento de la gravedad y duración de la afección. Las pruebas sugieren que incluso las formas de desnutrición más leves producen repercusiones adversas en el sistema inmunológico, especialmente en los niños y las gestantes. Como consecuencia, el estado nutricional deficiente intensifica los avances de la infección y aumenta los efectos y la duración de la enfermedad (Tomkins y Watson, 1989).

Sencillamente, un niño desnutrido suele estar enfermo más días que otro bien alimentado. Varios estudios han confirmado una marcada relación entre el estado nutricional inicial y la gravedad de la enfermedad infecciosa (Pelletier *et al.*, 1995; Schorling *et al.*, 1990).

**Enfermedades nutricionales**

Los trastornos del crecimiento físico como resultado de la desnutrición se pueden captar gracias a varias medidas antropométricas, por ejemplo el retraso del crecimiento y la insuficiencia ponderal (SCN, 1990). La desnutrición puede hacerse patente en enfermedades nutricionales, como el kwashiorkor y el marasmo (Williams *et al.*, 2003).

Los tipos de desnutrición moderados y graves también debilitan la capacidad de oponer resistencia a las enfermedades infecciosas y recuperarse de ellas. En el caso de un niño pequeño que sufra desnutrición, una enfermedad prolongada puede acarrear trastornos del crecimiento e incluso la muerte. Hasta hace poco tiempo, la causa de la mortalidad infantil se atribuía principalmente a la enfermedad, y se prestaba poca atención a su relación con la desnutrición. Cuando aparecen simultáneamente, la desnutrición y la infección producen una interacción de por sí más grave que si una de las dos actuara de forma independiente. En los países en desarrollo, mueren más niños por culpa de la coexistencia de desnutrición y enfermedad que del hambre o la enfermedad por separado (Tomkins y Watson, 1989).

***Lamentablemente, y a pesar de que está ampliamente aceptada la relación de causa y efecto que existe entre la desnutrición, la enfermedad y la mortalidad infantil, los programas y recursos se han orientado de forma desproporcionada al control y tratamiento de las enfermedades infecciosas, en lugar de a prevenir el hambre y la desnutrición (Schroeder, 2001).***

## Las secuelas de la enfermedad en la desnutrición

"Las infecciones, por muy leves que sean, tienen consecuencias adversas en el estado nutricional. La importancia de estas secuelas depende del estado nutricional previo de la persona, del carácter y la duración de la infección, y de la dieta durante el periodo de recuperación. Y, a la inversa, prácticamente cualquier carencia de nutrientes, si es lo suficientemente grave, afectará a la resistencia a la infección" (Scrimshaw y San Giovanni, 1997).

Las infecciones agudas y crónicas pueden dejar graves secuelas en el estado nutricional, pues desencadenan

## Enfermedad y desnutrición: resultados del estudio efectuado en Liberia

- Un porcentaje alarmante de niños liberianos no puede desarrollar plenamente su potencial por culpa de la desnutrición. El paludismo y la diarrea son las causas más habituales de morbosidad y mortalidad infantil. En general, el 36% de las muertes de niños menores de 5 años se atribuyeron al paludismo; el 19%, a la diarrea.
- La insuficiencia ponderal se presenta fundamentalmente asociada a un escaso tamaño al nacer y a los accesos de una dolencia, en particular la fiebre y la diarrea. Es muchísimo más probable que presenten una insuficiencia ponderal aquellos niños que al nacer eran más pequeños de lo normal y que han padecido un acceso reciente de fiebre o diarrea.
- Los grados de emaciación están relacionados con los indicadores de asistencia sanitaria y salud; los niños que presentaban una emaciación mucho mayor eran aquellos que no habían recibido vacunación contra el sarampión o tratamiento antiparasitario o que habían sufrido hacía poco tiempo fiebres, toses con respiraciones superficiales o diarrea.
- El bajo peso al nacer está asociado al estado nutricional de las mujeres. Las madres subalimentadas tenían un 31% más de probabilidades que las mujeres bien alimentadas de dar a luz a bebés con bajo peso. Las mujeres subalimentadas tenían menos probabilidades de dar a luz a bebés de un peso superior al normal que las bien alimentadas.

Nota: véase el recuadro de la página 38 para consultar los antecedentes de este estudio.

Fuente: PMA, 2006

varios tipos de reacciones, incluida la disminución del apetito y una deficiente absorción de nutrientes. Además, aunque se absorban correctamente, puede ocurrir que los nutrientes se pierdan como resultado de la infección. La magnitud de esta pérdida suele estar en relación con la gravedad de la infección, y asociada con:

- una incorrecta absorción de nutrientes;
- un aumento de las necesidades energéticas; y
- una disminución del apetito, que provoca adelgazamiento o bien incapacidad para engordar.

Estas condiciones son especialmente habituales y problemáticas entre los niños enfermos y pueden acarrear trastornos del crecimiento. La pérdida de peso y la insuficiencia ponderal están consideradas precursoras de la emaciación y de la desnutrición aguda.

La enfermedad se agrava conforme los efectos de la desnutrición y la enfermedad se van repitiendo en un círculo vicioso. Los resultados de estudios realizados entre algunas comunidades de Guatemala, por ejemplo, indican que los niños que padecen infecciones agudas de las vías respiratorias o diarrea consumen menos calorías al día que aquellos que no sufren dichos trastornos. Además, las infecciones más graves pueden acarrear insuficiencias mayores en la ingesta alimentaria y calórica. Los niños africanos que se sometieron a reconocimiento médico durante la fase más aguda de sarampión consumían un 75% menos del total de calorías que una vez recuperados de la enfermedad (Stephensen, 1999). Las familias pobres disfrutan de menos oportunidades de obtener acceso a alimentos de buena calidad, servicios sanitarios y medicinas; por lo tanto, las enfermedades de sus integrantes pueden durar mucho más tiempo. Es importante subrayar que, siempre que se disponga de la suficiente cantidad de alimentos de buena calidad, las enfermedades no comportan una alta prevalencia de desnutrición en la población infantil (Lutter *et al.*, 1992). No obstante, la enfermedad agrava la desnutrición de aquellos niños que no están suficientemente nutridos, y cuanto peor sea su dieta más desnutrido deviene el niño.

***En muchos hogares pobres e inseguros desde el punto de vista alimentario, donde el ciclo de enfermedad y desnutrición se repite a menudo durante mucho tiempo, las secuelas resultan insuperables y pasan de una generación a la siguiente.***

*"Estamos cobrando impulso, pero la enfermedad nos lleva la delantera por un buen trecho. Las cifras son tan elevadas que pueden aturdirnos hasta dejarnos indiferentes: 5.000 personas mueren cada día de tuberculosis, 1 millón muere cada año de paludismo. Detrás de cada una de estas estadísticas hay una hija, un hijo, una madre, un padre, una hermana, un hermano".*

Paul David Hewson (Bono), 2005

**Figura 16 – Principales causas de mortalidad entre los niños menores de 5 años en todo el mundo**

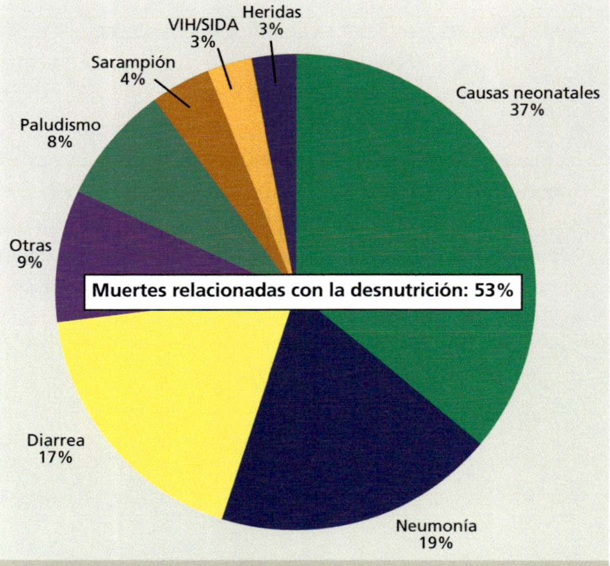


Fuente de los datos: Bryce *et al.*, 2005

## Enfermedades infecciosas en la infancia

Cada año mueren casi 10 millones de niños que no han cumplido todavía cinco años. La mayor parte de esta mortalidad se puede atribuir a tres tipos de enfermedades: enfermedades diarreicas, infecciones agudas de las vías respiratorias (incluida la neumonía) y paludismo. La desnutrición agrava la duración y la gravedad de estas enfermedades infecciosas.

Aproximadamente la mitad de todas las muertes de niños menores de 5 años son consecuencia directa del hambre. La víctimas de estos 5,6 millones de muertes anuales son niños con enfermedades infecciosas frecuentes, en especial diarrea, infecciones agudas de las vías respiratorias y sarampión, que normalmente no son mortales en el caso de niños bien alimentados (Bryce *et al.*, 2005). Casi 800.000 de esas muertes se deben a una carencia simultánea de vitamina A en zonas donde existe una prevalencia de dicha insuficiencia (Rice *et al.*, 2004).

Los porcentajes aproximados de muertes en las que la desnutrición es la causa sinérgica son bastante parecidos en los casos atribuidos a la diarrea (61%), al paludismo (57%), a la neumonía (52%) y al sarampión (45%). Estas muertes por causas sinérgicas no se producen a menos que los dos trastornos, la desnutrición y la enfermedad infecciosa, estén presentes (Bryce *et al.*, 2005). Ambos son las causas principales de muerte entre la población infantil.

Los niños recurren a una reducción de su actividad física para adaptar su organismo a la ingesta escasa de macronutrientes y micronutrientes; y, a la vez, su crecimiento se ralentiza. Si la ingesta inadecuada de alimentos persiste, su sistema inmunológico se resiente y los hace más vulnerables a enfermedades e infecciones. Varios estudios han establecido una correspondencia muy estrecha entre la desnutrición y el incremento de la morbosidad y la mortalidad en una amplia serie de enfermedades infantiles más habituales, entre ellas las infecciones agudas de las vías respiratorias y las enfermedades diarreicas.

**El costo humano de las enfermedades infantiles**

| Enfermedades diarreicas | Infecciones agudas de las vías respiratorias |
|---|---|
| **6.000** niños mueren cada día víctimas de enfermedades relacionadas con el estado del agua.<br>Más de **4.000 millones** de casos de enfermedades diarreicas que resultan en **2,2 millones** de muertes cada año, y la mayoría de ellas son de niños menores de 5 años. | La neumonía (una infección respiratoria muy grave) supone el **19%** de todas las muertes de niños menores de 5 años, y el **26%** de las muertes neonatales. |
| Fuente: UNICEF, 2007a | Fuentes: UNICEF y OMS, 2006 |

| Enfermedad infantil | Riesgos y consecuencias | Factores que contribuyen a la enfermedad |
|---|---|---|
| Enfermedades diarreicas | • Menor absorción intestinal<br>• Carencias de vitamina A y cinc | • Desnutrición que incluye carencias de micronutrientes<br>• Acceso limitado al agua limpia<br>• Mala salubridad<br>• Biberones contaminados<br>• Introducción muy temprana de comidas sólidas<br>• Almacenamiento inadecuado de los alimentos |
| Infecciones agudas de las vías respiratorias | • Bajo peso al nacer<br>• Carencias de vitamina A, cinc, vitamina D y calcio<br>• Más propensión a contraer otras enfermedades | • Desnutrición que incluye carencias de micronutrientes<br>• Infecciones respiratorias previas<br>• Falta de vacunación<br>• Presencia de VIH/SIDA<br>• Humo de tabaco; contaminación del aire |

Fuente: adaptación del texto de la UNICEF, 2002

**Enfermedades diarreicas.** Las enfermedades diarreicas son la causa principal de morbosidad y mortalidad durante la infancia en muchos países en desarrollo. En el caso de los niños, los accesos de diarrea pueden provocar desnutrición, escaso crecimiento, menor inmunidad y, en muchas ocasiones, la muerte. En el caso de niños subalimentados, los accesos de diarrea suelen ser más graves y durar más tiempo, lo que sugiere que se produce un círculo vicioso de diarrea y desnutrición. Los niños que padecen una enfermedad diarreica pueden llegar a reducir su consumo energético en un 15%–20% como consecuencia de ella.

El mal estado nutricional, incluidas las carencias de vitamina A y cinc, puede agravar las enfermedades diarreicas. Diversos estudios han demostrado que la diarrea en los niños pequeños provoca consecuencias muy negativas para su crecimiento (Checkley *et al.*, 2003; Assis *et al.*, 2005).

**Las pruebas que aporta Brasil**

En un estudio llevado a cabo durante nueve años en el noreste de Brasil se analizaron la magnitud y duración de la asociación de las infecciones diarreicas en los primeros años de vida con los trastornos del crecimiento durante la infancia. Las pruebas demostraron que la diarrea y sus correspondientes infecciones intestinales en la primera infancia afectaban al crecimiento cognitivo y físico de los niños (Moore *et al.*, 2001).

***Los niños de las comunidades pobres están subalimentados porque no reciben suficientes alimentos, y no porque sufran diarrea. Garantizar que los niños que pasan privaciones tengan bastante comida sigue siendo la mejor forma de abordar la cuestión para paliar el problema de la subalimentación (Briend* et al.*, 1989).***

**Infecciones agudas de las vías respiratorias.** Estas infecciones se cuentan entre las enfermedades más habituales que sufren los bebés y niños pequeños en los países en desarrollo. Un factor importante que contribuye a las muertes atribuidas a las infecciones agudas de las vías respiratorias es la desnutrición. En los países en desarrollo, la cantidad de niños menores de 5 años que se han visto afectados por alguna de estas infecciones respiratorias ha aumentado del 16% en 1990 al 54% en 2005 (UNICEF, 2006b). Este incremento tiene que ver con una serie de factores: desnutrición grave, enfermedades oportunistas, como el VIH/SIDA, y factores medioambientales, entre los que se incluyen el humo de tabaco y la contaminación del aire en ambientes interiores. Los niños menores de dos años presentan la incidencia más alta de infecciones agudas de las vías respiratorias.

Se ha señalado el estado relativo a los micronutrientes como un factor de riesgo en las infecciones agudas de las vías respiratorias. Por ejemplo, las enfermedades respiratorias están asociadas al peligro creciente de desarrollar una carencia de vitamina A; a su vez, se ha demostrado que la carencia de vitamina A agrava las

## Mapa 4 – Mortalidad y enfermedades de la infancia

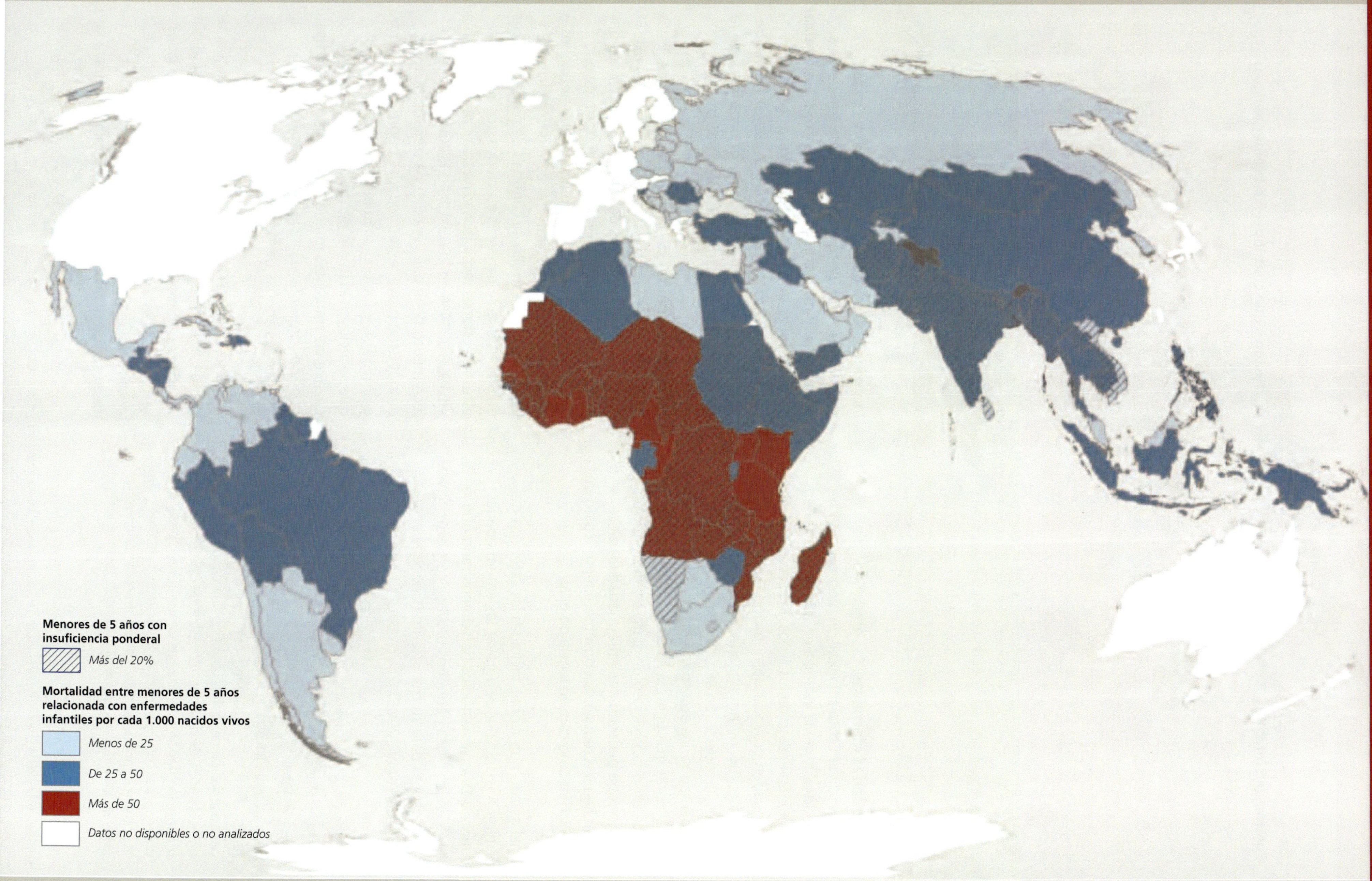


*Los límites y nombres indicados y las denominaciones empleadas en este mapa no entrañan, por parte de las Naciones Unidas, aprobación o aceptación oficial alguna.*
*Mapa elaborado por la Dependencia de VAM del PMA.*
*Fuentes de los datos: OMS, 2007*

wfp vam
vulnerability analysis and mapping

### Infecciones respiratorias agudas y carencia de micronutrientes

Los niños subalimentados tienen el doble de probabilidades de contraer infecciones agudas de las vías respiratorias, especialmente cuando no los amamantan y sufren las consecuencias propias de una posición socioeconómica baja (Deb, 1998). Las pruebas muestran que las infecciones agudas de las vías respiratorias interfieren en el proceso de absorción de micronutrientes esenciales, incluida la vitamina A. Varios estudios informan de que un gran porcentaje de niños pequeños siguen presentando una carencia de vitamina A incluso después de que se les haya administrado una dosis considerable de complemento dietético de vitamina A, debido a infecciones de las vías respiratorias frecuentes y recurrentes, en especial si estaban acompañadas de fiebre (Rahman *et al.*, 1996).

enfermedades respiratorias, especialmente entre los niños en edad escolar. La administración de complementos nutricionales y la lactancia prolongada parecen reducir las infecciones agudas de las vías respiratorias. La administración de complementos dietéticos de cinc también parece potenciar las disminuciones de la morbosidad y la mortalidad relacionadas con las infecciones agudas de las vías respiratorias.

## Lagunas en los conocimientos: nutrición y enfermedades infantiles

En general, se detectan impresionantes lagunas en la información referente al costo humano de las enfermedades infantiles, especialmente en los países más pobres con los índices de mortalidad más altos. La duración de un acceso de diarrea y sus consecuencias nutricionales no se han registrado bien en las fichas de crecimiento de los niños.

Las carencias de micronutrientes están relacionadas estrechamente con las infecciones respiratorias agudas y las enfermedades diarreicas. Es preciso llevar a cabo más estudios para perfilar las interacciones potencialmente beneficiosas y posiblemente perjudiciales entre el estado nutricional y la administración de complementos dietéticos de micronutrientes en los niños que sufren esas enfermedades.

# Enfermedades infecciosas que trascienden el ciclo vital

El **paludismo** y la desnutrición interaccionan considerablemente; casi el 57% de las muertes por paludismo son imputables a la desnutrición (Comité Permanente de Nutrición, 2004b).

### Las pérdidas humanas del paludismo

- **Más de 500 millones** de personas se infectan cada año.
- **1 millón** de niños muere cada año de paludismo, principalmente en África.
- El **90%** de la mortalidad se da en África.

Fuente: UNICEF, 2007b

El paludismo sigue siendo un problema de salud pública generalizado y constante en los trópicos y afecta a niños, adolescentes, adultos y ancianos en más de 100 países y territorios. Más del 40% de la población mundial corre peligro de contraer la enfermedad. Las peores consecuencias del paludismo se registran en los niños menores de 5 años y en las gestantes. Se ha descubierto que, cuando una persona, por regla general un niño, se encuentra subalimentada y contrae paludismo, el riesgo de muerte es mucho mayor.

El paludismo es uno de los factores que contribuye de forma muy importante al ciclo vicioso de inseguridad alimentaria, hambre crónica y salud deficiente. El paludismo menoscaba sistemáticamente los avances en la seguridad alimentaria de las familias, pues reduce la productividad de quienes ganan el sustento, obliga a invertir el sueldo y los ahorros en tratamientos médicos y, por último, se cobra vidas, especialmente las de los niños pequeños, pero también las de los miembros más productivos del grupo familiar.

## Desnutrición y paludismo: una estrecha relación

Abundantes, aunque complejas, pruebas demuestran la estrecha relación que existe entre la desnutrición y el paludismo. En varios estudios han analizado la correspondencia (ya sea antagónica, sinérgica o neutral) que se establece entre los diferentes tipos de desnutrición (incluidas las carencias proteico-

**Paludismo**

| Etapa del ciclo vital | Hambre/riesgos para la salud |
|---|---|
| Embarazo | • Mayor riesgo de morbosidad, anemia, nacimientos de niños muertos e infecciones congénitas.<br>• Mayor riesgo de complicaciones durante el embarazo. |
| Bebés y niños pequeños | • Bebés de bajo peso al nacer. La ingesta de hierro peligra, lo que aumenta más todavía el riesgo de padecer anemia. |
| Niños en edad escolar, adolescentes, adultos y ancianos | • Las personas contagiadas de paludismo tienen más riesgos de padecer una anemia grave. |

energéticas), el retraso del crecimiento y la insuficiencia ponderal. Además, varios estudios presentan pruebas concluyentes de la interacción que se establece entre la desnutrición y el *Plasmodium falciparum* (Shankar, 2000).

En general, dichos estudios indican que el paludismo parece agravar la desnutrición. Las personas contagiadas sufren pérdidas de peso, desnutrición y trastornos del crecimiento.

Mediante diversos trabajos realizados en África se ha constatado una pérdida de peso en niños pequeños después de un ataque palúdico (Shankar, 2000):

- Gambia: en un estudio se informa de que el paludismo estaba muy relacionado con un menor aumento de peso y de crecimiento en niños menores de tres años.
- Chad: los enfermos de paludismo tenían 0,57 probabilidades más de estar subalimentados, y las personas que padecían paludismo y estaban subalimentadas tenían 1,5 probabilidades más de fallecer.
- Burkina Faso: los niños con insuficiencia ponderal eran 0,9 veces más propensos a sufrir el contagio.
- Zambia: los niños con insuficiencia ponderal eran 1,27 veces más propensos a sufrir el contagio.

**Paludismo y desnutrición: una relación compleja**

- En dos estudios realizados en Brasil y en la antigua Unión de Repúblicas Socialistas Soviéticas se informó de una mayor frecuencia de casos de paludismo más grave en las personas que estaban subalimentadas (Shankar, 2000).
- En un estudio llevado a cabo a pequeña escala en la India se informó de un incremento de la densidad parasitaria con un estado nutricional mejorado, lo que indica que la desnutrición ejercía una función de protección.

- Sudán: los niños con retraso del crecimiento presentaban 1,4 probabilidades más de haber padecido paludismo en un pasado reciente.

Posiblemente estos datos tan resumidos no permitan hacerse una idea del panorama general, pero ponen de manifiesto una compleja interrelación entre el paludismo y la desnutrición: ambos se agravan mutuamente y aumentan las probabilidades de muerte.

Probablemente una mejora general de la ingesta alimentaria, resultado de un mejor acceso a alimentos de calidad, en especial en el caso de los niños pequeños, contribuiría enormemente a reducir el alto precio que se cobra esta enfermedad.

## Paludismo y carencias de micronutrientes

Las personas que padecen paludismo poseen concentraciones más bajas de varios micronutrientes que aquéllas que no están infectadas. Por consiguiente, la prevención y el tratamiento del paludismo están vinculados estrechamente con la interacción que se establece entre algunos micronutrientes en concreto y los ataques de la enfermedad. Las carencias de micronutrientes también desempeñan una labor concreta en el control de la morbosidad y mortalidad que produce el paludismo. Los análisis muestran los resultados prometedores que ha tenido la administración de complementos dietéticos de micronutrientes (especialmente de vitamina A y cinc) en la reducción de la morbosidad entre los niños que viven en zonas donde el paludismo es endémico.

**Figura 17 – Una relación recíproca: paludismo y carencias de micronutrientes**

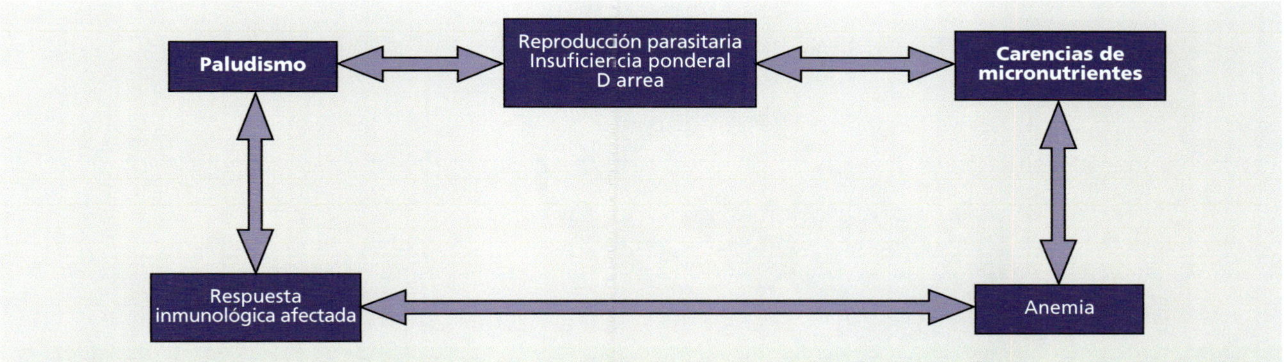


Fuente de los datos: adaptación de Nussenblatt y Semba, 2002

## Lagunas en los conocimientos: nutrición y paludismo

Hay que realizar investigaciones más minuciosas para arrojar luz sobre las conexiones que se establecen entre algunos nutrientes específicos y la morbosidad que provoca el paludismo, y en especial los efectos que tienen algunas vitaminas y minerales: la vitamina A, el cinc y el hierro. En los estudios realizados se puso de manifiesto una reducción de la morbosidad que produce el paludismo, asociada con la administración de complementos dietéticos de vitamina A y cinc a niños en edad preescolar. Sin embargo, no se observaron esos mismos efectos en otros grupos pertenecientes a zonas donde el paludismo es endémico.

Se precisan más estudios todavía sobre las consecuencias positivas y negativas de la administración de complementos dietéticos de hierro en las zonas con paludismo endémico.

**VIH/SIDA: un costo humano excesivo.** El doble gravamen del VIH/SIDA y el hambre supone una amenaza para la agricultura y el desarrollo rural, reduce la productividad y los ingresos e incrementa los gastos en tratamiento médico. También crece en las familias la relación de dependencia, como consecuencia de un aumento de la cifra de personas que dependen de una cantidad cada vez menor de miembros familiares que trabajan y ganan un sueldo. La enfermedad precipita la pérdida de los métodos tradicionales de labranza, de los conocimientos y las técnicas especializadas que se transmiten de una generación a otra, prácticas y costumbres (FAO, 2003). Y de este modo, el hambre y el VIH/SIDA se dan la mano.

El hambre contribuye al VIH porque:

- aumenta la migración en busca de alimento e ingresos;
- aumenta los riesgos que se corren para procurarse comida e ingresos; y
- agrava la desigualdad de los sexos: cuando una familia tiene poca comida, las mujeres suelen ser las primeras que sufren y deben buscar alimentos en otra parte.

## Aumento de las necesidades energéticas y VIH

Las personas que viven con el VIH tienen necesidades nutricionales especiales, aunque el cuadro clínico de la infección de VIH sea extremadamente variable. La relación entre el VIH y la desnutrición queda patente en los primeros indicios de la enfermedad. El tracto intestinal queda afectado y, como resultado, se produce una mala absorción y la pérdida del apetito, con la consiguiente disminución de la cantidad de alimentos consumida.

**El costo humano del VIH/SIDA**

Número de personas que vivían con VIH en 2006:
Adultos: **37,2 millones**
Mujeres: **17,7 millones**
Niños: **2,3 millones**

Número de muertes por SIDA en 2006:
Adultos: **2,6 millones**
Niños menores de 15 años: **380.000**

Fuente: ONUSIDA, 2006

**Mapa 5 – La carga del paludismo en el mundo**

*Los límites y nombres indicados y las denominaciones empleadas en este mapa no entrañan, por parte de las Naciones Unidas, aprobación o aceptación oficial alguna.*
*Mapa elaborado por la Dependencia de VAM del PMA.*
*Fuentes de los datos: OCDE, 2006; OMS, 2007.*

wfp vam
vulnerability analysis and mapping

**VIH/SIDA**

| Etapa del ciclo vital | Hambre/riesgos para la salud |
|---|---|
| Embarazo | • Menores reservas de nutrientes y mala absorción de nutrientes.<br>• Mayor riesgo de desnutrición debido a las infecciones recurrentes. |
| Bebés y niños pequeños | • Bajo peso al nacer; trastornos del crecimiento importantes.<br>• Mayor riesgo de transmisión maternoinfantil durante la lactancia. |
| Niños en edad escolar y adolescentes | • Mayor riesgo de retraso del crecimiento y emaciación.<br>• Más necesidades energéticas como resultado de la mala absorción.<br>• Mayor riesgo de transmisión e infección por actividad sexual. |
| Adultos y ancianos | • Mayor riesgo de emaciación.<br>• Más requisitos energéticos. Mala absorción de nutrientes. |

Fuente: Fawzi y Mehta, 2007

Sobre todo la emaciación en adultos y los trastornos del crecimiento en los niños, características distintivas del SIDA, son los indicios que sirven para pronosticar la morbosidad y la mortalidad de las personas infectadas. Los estudios han demostrado que los requisitos energéticos son mayores en las personas que viven con el VIH: en los pacientes de VIH se ha observado un aumento del gasto de energía en reposo. Se pone en peligro la ingesta alimentaria como resultado de la falta de apetito, y el hecho de no tener acceso a alimentos de suficiente calidad puede causar un mayor declive nutricional.

El objetivo es mantener el crecimiento en el caso de los niños y el peso en los adultos. La OMS recomienda que adultos y niños seropositivos asintomáticos aumenten su ingesta energética en un 10% para mantener el peso y garantizar el crecimiento. Entre los adultos con VIH sintomáticos, el aumento de energía debe ser de un 20%–30%; los niños que vivan con el VIH y experimenten una pérdida de peso requieren un aumento de energía del 50%–100% (OMS, 2003).

## Las carencias de micronutrientes y el VIH

Se sabe que las carencias de micronutrientes perjudican la función inmunológica, lo que puede incrementar el riego de transmisión y progresión de la enfermedad (Villamor *et al.*, 2004; Fawzi *et al.*, 2005 Kupka *et al.*, 2005). Al igual que en el caso de los macronutrientes, lo más probable es que la infección de VIH por sí sola afecte a la absorción de nutrientes y favorezca las carencias de micronutrientes.

Los estudios han demostrado sistemáticamente que la administración de complementos dietéticos multivitamínicos (vitaminas B, C y E) a las gestantes contagiadas de VIH redunda en una disminución de la incidencia de resultados adversos del embarazo, como bebés de bajo peso al nacer y partos prematuros. Estas vitaminas son también beneficiosas para hombres y mujeres infectados de VIH antes de empezar el tratamiento antirretroviral, pues podrían ralentizar el avance de la enfermedad y reducir la mortalidad (Fawzi y Mehta, 2007).

Una estrategia para el tratamiento consiste en concentrarse en mejorar el estado nutricional de aquellas personas que ya han sufrido el contagio de la enfermedad. Otra sería garantizar la seguridad alimentaria entre las poblaciones que corren peligro de contagio. La comprensión de estas correspondencias facilita la atención y el tratamiento una vez que la enfermedad ha hecho acto de presencia; también es fundamental para su prevención y atenuación.

En general se acepta que la forma más apropiada de administrar el tratamiento antirretroviral es como parte de una estrategia integrada y coordinada. La nutrición adecuada contribuye a reducir los efectos secundarios y mejora la tolerancia a los medicamentos, en especial durante las primeras etapas del tratamiento. Los médicos empiezan a reconocer la importancia que tiene la provisión de alimentos/nutrición durante breve espacio de tiempo durante los primeros 6-12 meses de tratamiento: el abastecimiento ayuda a los pacientes a adaptarse a la medicación y a contrarrestar la emaciación (Greenblott, 2007). La ayuda alimentaria

## Mapa 6 – Mortalidad a causa del VIH/SIDA entre los niños menores de 5 años

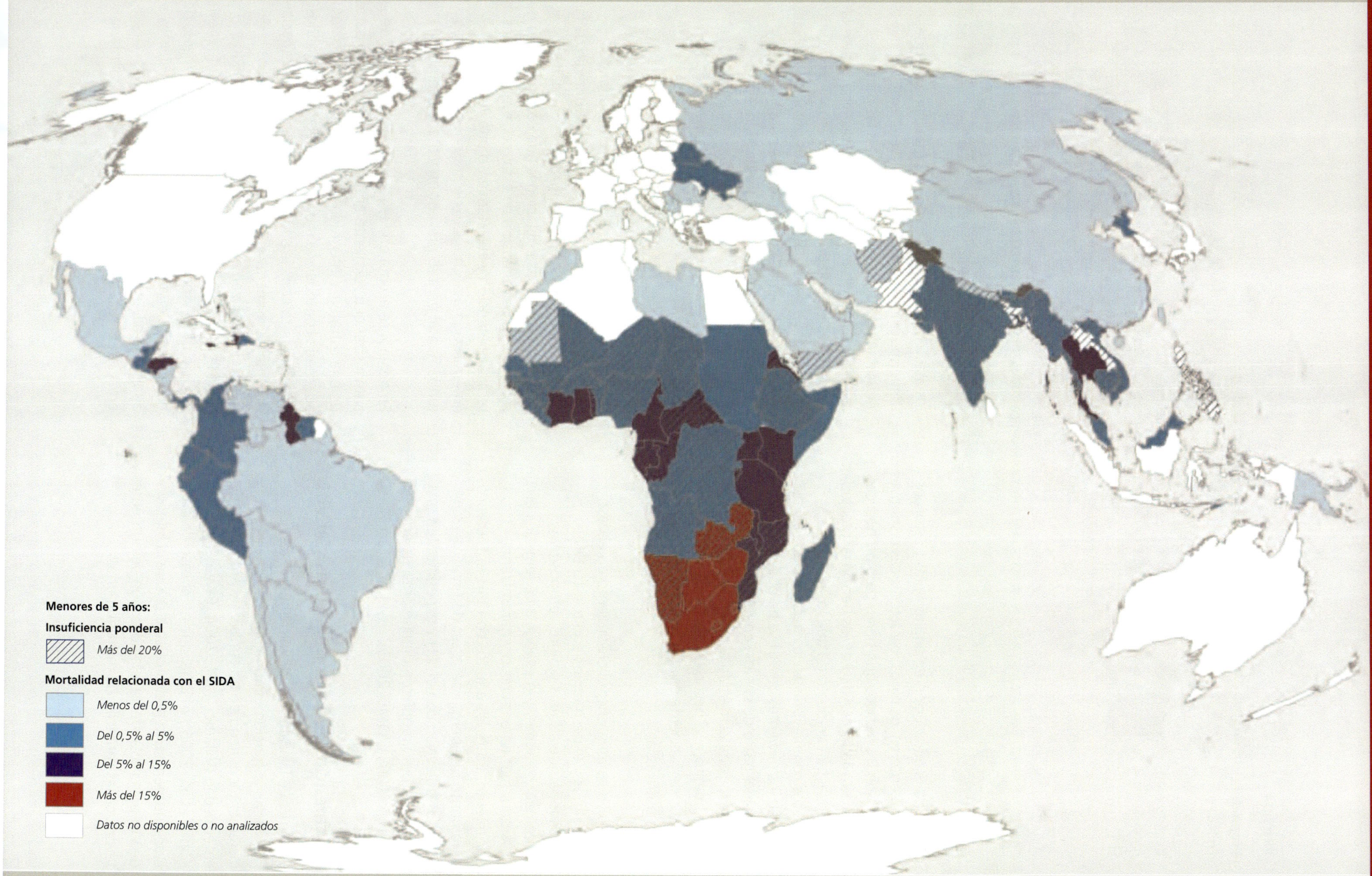


*Los límites y nombres indicados y las denominaciones empleadas en este mapa no entrañan, por parte de las Naciones Unidas, aprobación o aceptación oficial alguna.*
*Mapa elaborado por la Dependencia de VAM del PMA.*
*Fuente de los datos: OMS, 2007*

wfp vam
vulnerability analysis and mapping

que mejore la ingesta dietética de una persona sirve para reducir al mínimo los efectos secundarios del tratamiento antirretroviral y mejora la observancia del tratamiento y la eficacia de éste. Y lo fundamental es que las personas bien alimentadas tienen, durante un periodo determinado, muchas menos probabilidades de fallecer.

***Hay que fomentar además planteamientos basados en la alimentación, que tengan como objetivo aumentar la ingesta de energía y diversificar las dietas, para satisfacer el incremento de los requisitos energéticos, aumentar el apetito y reducir el riesgo de carencias de micronutrientes, muy especialmente en las poblaciones vulnerables.***

**El caso de Zambia**

Un estudio reciente llevado a cabo en Zambia analizó los efectos que produjo administrar alimentos enriquecidos con micronutrientes a personas seropositivas cuyos hogares recibían mensualmente raciones de alimentos del PMA. Los resultados han indicado que la ración mensual de comida enviada a los hogares con inseguridad alimentaria mejoraba la observancia del tratamiento antirretroviral de aquellos pacientes que comenzaban a someterse a él (Megazzini *et al.*, 2006).

## Lactancia y VIH

En el África subsahariana, la lactancia es el origen de más de un tercio de las transmisiones de madre a hijo del VIH. El índice de contagios oscila entre el 15% y el 40% en los casos que no reciben tratamiento, pero se puede contener en el bajísimo nivel de hasta un 2% siempre que se adopten medidas preventivas. Por ejemplo, los métodos de nutrición, incluida la lactancia exclusiva, son factores con una importancia decisiva para la supervivencia infantil (Coutsoudis *et al.*, 2001).

El Programa Conjunto de las Naciones Unidas sobre el VIH/SIDA (ONUSIDA) recomienda que las mujeres contagiadas de VIH eviten amamantar a sus hijos siempre que la alimentación sustitutoria sea aceptable, factible, asequible, sostenible y segura. Sin embargo, casi nunca se cumplen estas condiciones en las zonas menos desarrolladas del mundo. La opción de evitar completamente la lactancia no se suele ni siquiera contemplar debido al alto precio de la leche para biberones, a las malas condiciones higiénicas, al mayor riesgo de morbosidad que corren los niños a los que no se ha alimentado con leche materna y a la falta de aceptación social de los demás métodos de lactancia infantil.

Si no fuera posible echar mano a la alimentación sustitutoria que propone el ONUSIDA, se recomienda a las madres contagiadas de VIH que amamanten exclusivamente a sus hijos durante los primeros meses y que interrumpan completamente la lactancia materna lo antes posible: el riesgo de transmisión del VIH es mucho mayor en el caso de los bebés amamantados parcialmente que en aquellos que se han alimentado exclusivamente de leche materna.

## Lagunas en los conocimientos: nutrición y VIH

La conexión que existe entre la infección de VIH y la necesidad de ingerir macronutrientes requiere urgentemente una investigación más profunda. Las pruebas actuales son insuficientes para recomendar cambios en la composición de la típica dieta equilibrada, por ejemplo, aumentar la porción de proteínas en la dieta de las personas que viven con el VIH.

Existen cada vez más pruebas de que la administración de compuestos de algunos micronutrientes, especialmente de la vitamina A-beta caroteno, puede tener repercusiones negativas en las personas que viven con el VIH, especialmente en las embarazadas. Es recomendable efectuar una evaluación de base sobre el estado nutricional respecto a tales nutrientes antes de prescribir su administración por encima de las cantidades recomendadas para la dieta.

No obstante, cuando se administran periódicamente suplementos dietéticos de vitaminas tanto a los niños con VIH como a la población seronegativa, los beneficios reportados parecen ser similares (por ejemplo, la reducción de la mortalidad y la morbosidad de enfermedades como la diarrea), y está recomendada para los niños menores de seis meses.

## *Intermezzo 4:* El SIDA y el hambre – Problemas y respuestas

Mientras las repercusiones polifacéticas de la pandemia de SIDA siguen intensificándose a lo largo y ancho de África meridional, el mundo está asistiendo al avance de nuevas y peligrosas interacciones que amenazan el desarrollo social y económico de las naciones. El reconocimiento de la complejidad y dimensiones de la epidemia de SIDA (y de cómo está movida fundamentalmente por las estrategias, limitaciones y oportunidades que tienen las personas para ganarse la vida) se ha producido muy lentamente.

Al examinar la interacción que se produce entre el SIDA y el hambre, podemos apreciar varios círculos viciosos. Uno de ellos, el de la desnutrición y la enfermedad, comienza a operar en el cuerpo humano inmediatamente después de que la persona se haya contagiado de VIH. Otro círculo vicioso gira en torno al grado de acceso de una familia a la comida que necesita. En el curso ascendente de la transmisión viral, es muy probable que la inseguridad alimentaria haga correr a la gente más pobre un mayor riego de exposición al VIH, por ejemplo por culpa de la migración forzosa en busca de trabajo o por la aceptación, debida a la pobreza, de transacciones sexuales como estrategia de supervivencia. En el curso descendente, están bien documentadas las diversas repercusiones que acarrean la enfermedad crónica y la mortalidad prematura en los bienes y recursos domésticos. Durante todo este proceso son los pobres, y muy especialmente las mujeres pobres, quienes peor pueden defenderse.

El principal medio de vida de la mayoría de las personas infectadas de VIH/SIDA es la agricultura. En África oriental y meridional, la epidemia de SIDA ya está teniendo graves consecuencias para la agricultura, pues afecta a adultos que se encuentran en los mejores años de su vida productiva, lo que dificulta que los pobres (y, como hemos dicho, especialmente las mujeres pobres) puedan suministrar alimentos a sus familias. La restricción más importante, sin embargo, no suele darse en el trabajo en sí mismo: podría ser más bien la falta de liquidez económica como resultado de las nuevas exigencias financieras que impone la propia enfermedad. Algunos estudios muestran una repercusión relativamente moderada en la agricultura, aunque es importante darse cuenta de que esta situación podría cambiar cuando los adultos más jóvenes, que corren un riesgo desproporcionado de contraer VIH, se conviertan en cabezas de familia. Sabemos muy poco de las repercusiones que tendrá el SIDA a largo plazo en la posible ruptura de la transmisión de conocimientos y técnicas de los agricultores a sus hijos.

La crisis del SIDA es fundamentalmente multisectorial en sus causas y consecuencias. Las respuestas que están a la altura de la magnitud del problema son sectoriales y verticales en su inmensa mayoría, con pocas innovaciones, la mayor parte de ellas en pequeña escala. Abunda la retórica, pero la mayor parte de las organizaciones para el desarrollo siguen aferradas a sistemas y calendarios cómodos, que sencillamente no se corresponden con la dinámica del SIDA. Ante la situación de la epidemia, es fácil sucumbir a la comodidad de un estado de perpetua negación o a la sensación creciente de parálisis profesional.

Para el profesional de la agricultura que pregunta: "¿Por qué tiene que preocuparme el SIDA?", la respuesta es sencilla: si el sector agrícola de África no tiene en cuenta el VIH/SIDA y no toma medidas ya, no conseguirá su principal objetivo: mejorar la producción y oferta de alimentos. Del mismo modo, las organizaciones agrícolas internacionales que prestan su apoyo a países africanos deben colocar el SIDA en el punto de mira si desean que su labor siga teniendo sentido; de lo contrario, el primer ODM (erradicar la pobreza extrema y el hambre) se quedará tan sólo en un bonito sueño.

Sin embargo, hay una señal de esperanza: las comunidades están respondiendo, las organizaciones no gubernamentales que trabajan en el seno de las comunidades están realizando una labor innovadora y activa, y los gobiernos empiezan a alejarse de las declaraciones teóricas y a poner en marcha programas de respuesta contra el SIDA. El congreso que se celebró en Durban en 2005, con la organización del Instituto Internacional de Investigaciones sobre Políticas Alimentarias, y el Foro Africano que organizó el Proyecto Preocupación Internacional en 2006 en Lusaka dejaron claro que existe una demanda de conocimientos creciente y que se ha producido una plétora de innovaciones en el seno de las comunidades de base, que persiguen el objetivo de contener la "doble epidemia" de SIDA y hambre.

Con sólo aplicar una "perspectiva basada en el VIH" específica al contexto de la programación para la alimentación y la nutrición, suelen hacerse visibles las modificaciones sencillas que se pueden introducir en los programas para mejorar sus efectos en el hambre y el SIDA. Es posible interrumpir los ciclos viciosos y transformarlos en ciclos ejemplares. La mejora de los medios de subsistencia rurales y de la producción agrícola puede servir para reducir la propagación del VIH y las secuelas del SIDA. Los programas que reducen la necesidad que tienen los más pobres de emigrar en busca de trabajo (por ejemplo, de recuperación de las tierras degradadas) pueden disminuir el peligro de exposición al virus.

Si se aplica una perspectiva basada en los aspectos alimentarios y nutricionales a las estrategias de prevención, atención y tratamiento de los programas contra el SIDA, también se distinguen posibles sinergias. Por ejemplo, las personas que están subalimentadas cuando empiezan el tratamiento antirretroviral tienen seis veces más probabilidades de morir en un periodo determinado que la gente bien alimentada que vive con VIH. Sabemos que la buena nutrición potencia la eficacia de los medicamentos, reduce al mínimo los efectos secundarios y aumenta la observancia del tratamiento. Estas consecuencias generarán beneficios a corto plazo para los pacientes e importantes ventajas a largo plazo, ya que la constancia ralentiza la aparición de la propensión a una resistencia a los medicamentos. Sin embargo, las respuestas tienen que abarcar mucho más que las ayudas alimentarias a corto plazo: deben cimentarse en la conexión entre agricultura y programación sanitaria, con medios de subsistencia asegurados como punto de contacto fundamental.

No obstante, el aspecto primordial de esta nueva actividad es la necesidad clara y presente de ampliar el alcance de las respuestas eficaces hasta ajustarlo al alcance de la epidemia, con el objetivo de que tenga un efecto auténtico y prolongado. A la vez, es importante enterarse bien de qué respuestas están funcionando en el seno de las comunidades antes de contemplar la forma de mejorarlas y de proporcionar ayuda nutricional extra allí donde se haya superado la capacidad de respuesta local. Los gobiernos y las organizaciones internacionales deben trabajar juntos para elaborar estrategias que, simultáneamente, refuercen la resistencia y capacidad de recuperación de la comunidad y creen formas sinérgicas de protección social estatal.

"Se aprende con la práctica" es una frase muy común, pero una respuesta útil cuando el tiempo es muy limitado. No obstante, para que una "práctica" venga acompañada de un aprendizaje auténtico, es preciso poner en marcha sistemas de procesos sencillos de control y evaluación (por desgracia, descuidados en el pasado). Para que los conocimientos adquiridos en dicho aprendizaje se trasmitan de una forma eficaz, los participantes deben estar mejor interconectados. En los últimos años han surgido redes, como RENEWAL, para catalizar y ampliar esos conocimientos al tiempo que se produzcan.

En 2003, las Naciones Unidas reconocieron la "triple amenaza", que conforman el SIDA, la inseguridad alimentaria y la disminución de la capacidad en África; en junio de 2006, se acordó el artículo 28 de la Declaración Política de la Asamblea General de las Naciones Unidas sobre el SIDA, en que explícitamente se exige que "todas las personas tengan en todo momento acceso a suficientes alimentos, inocuos y nutritivos... como parte de una respuesta global contra el VIH/SIDA". Ya tenemos las pruebas y también el mandato, lo que ahora necesitamos es una acción más eficaz.

*Una colaboración a la* Serie de informes sobre el hambre en el mundo *de Stuart Gillespie, investigador superior del Instituto Internacional de Investigaciones sobre Políticas Alimentarias y Director de la Red regional sobre el VIH/SIDA, los medios de subsistencia rurales y la seguridad alimentaria (RENEWAL).*

**El precio en vidas humanas de la tuberculosis (en 2005)**

- **8,8 millones** de casos nuevos
- **1,6 millones** de fallecimientos
- **195.000** casos de tuberculosis asociados a la infección de VIH

Fuente: OMS, 2007a,b

La administración de suplementos de hierro ha despertado cierta inquietud. No obstante, los datos de que se dispone son limitados y, hasta que haya disponibles nuevas pruebas, no se recomienda efectuar cambios en la rutina de suministrar suplementos de hierro y folatos que propone la OMS para las mujeres gestantes de poblaciones con contagio de VIH.

**Tuberculosis: una enfermedad que sigue cobrando un alto precio.** Al igual que el VIH/SIDA, la tuberculosis acarrea todavía consecuencias funestas para los medios de subsistencia y la seguridad alimentaria, en parte porque una gran cantidad de personas que la padecen también están contagiadas de VIH.

La tuberculosis es una enfermedad infecciosa muy corriente: en todo el mundo se producen anualmente casi 9 millones de casos nuevos. Un tercio de la población mundial está infectada del *Mycobacterium tuberculosis*, y un gran porcentaje de ellas corren el peligro de desarrollar la enfermedad. Cuando una persona queda infectada, la bacteria suele quedarse en una fase latente, con un peligro del 10% durante toda la vida de que se desarrolle la enfermedad. El peligro es más alto en los niños, las personas que viven con el VIH, enfermos de cáncer, personas subalimentadas y ancianos (Shah *et al.*, 2001).

La interrelación que existe entre el hambre y la tuberculosis está bien reconocida: la mala nutrición aumenta el riesgo de contraer tuberculosis y el desarrollo de la tuberculosis comporta normalmente un mal estado nutricional (Cegielski y McMurray, 2004).

Por medio de varios estudios se ha descubierto una correlación entre la desnutrición y la tuberculosis (Chatterjee *et al.*, 1968; Harries *et al.*, 1985, 1988; Onwubalili, 1988; Scalcini *et al.*, 1991; Cegielski y McMurray, 2004). Sin embargo, resulta difícil establecer la relación de causa y efecto: el papel que desempeña la nutrición en la tuberculosis no se puede aislar de posibles factores que se confunden con ella, por ejemplo, la falta de higiene, la falta de atención médica adecuada, el hacinamiento en el hogar y malas condiciones en la vivienda. Es también plausible que la tuberculosis cause desnutrición en lugar de que la desnutrición comporte un mayor riesgo de padecer la enfermedad o que ésta revista mayor gravedad. Es

**Figura 18 – Cálculos del costo humano de la tuberculosis, 1990 y 2005**

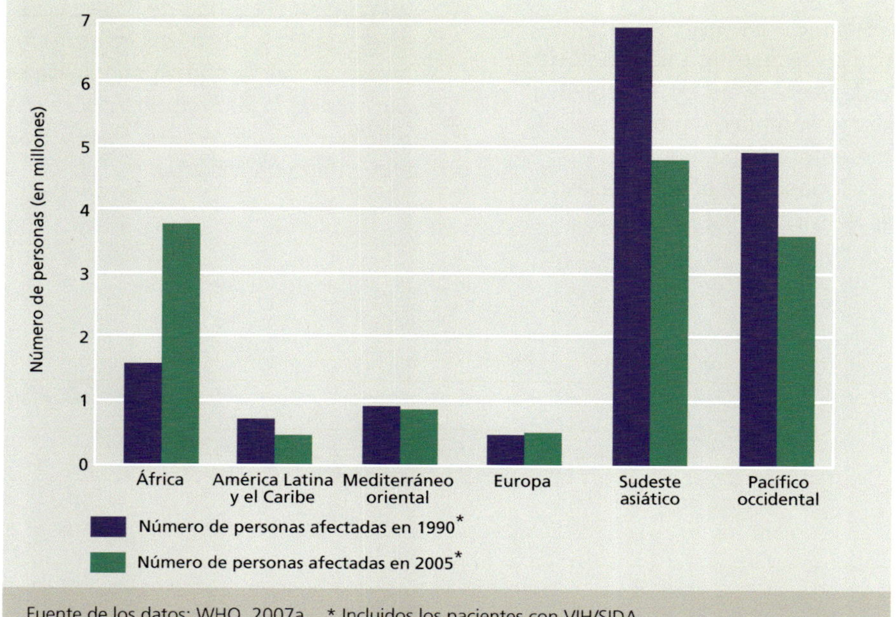


Fuente de los datos: WHO, 2007a * Incluidos los pacientes con VIH/SIDA

## Primeras pruebas

Durante la II Guerra Mundial se llevó a cabo un famoso estudio entre los prisioneros de guerra británicos y rusos confinados en campos de concentración alemanes. Todos los prisioneros sufrían las mismas condiciones de cautiverio, pero los británicos recibían de la Cruz Roja provisiones de alimentos que aportaban 30 gramos de proteínas y 1.000 kilocalorías diarias. Se comprobó que el porcentaje de tuberculosis entre los prisioneros británicos era enormemente menor, un 1,2% contra el 15%–19% registrado entre los prisioneros rusos (Leyton, 1946).

preciso disponer de más estudios clínicos para comprender más profundamente las posibles repercusiones de las intervenciones alimentarias y nutricionales en el riesgo de contagio de tuberculosis y en los resultados de su tratamiento.

## La tuberculosis y el incremento de los requisitos nutricionales

Sean cuales sean las razones, desnutrición y tuberculosis están íntimamente relacionadas. Al igual que ocurre con el VIH/SIDA, la tuberculosis lleva asociada una emaciación grave, que probablemente se deba a factores como el descenso del apetito y el aumento de la pérdida de nutrientes, alteraciones del metabolismo y menor absorción de nutrientes (Macallan *et al.*, 1998; Paton *et al.*, 1999, 2003). La pérdida de peso entre los enfermos de tuberculosis es uno de los indicadores más importantes que sirven para predecir la muerte del paciente (Mitnick *et al.*, 2003; Zachariah *et al.*, 2002).

En un ensayo clínico, los pacientes que en las dos semanas previas habían empezado un tratamiento contra la tuberculosis se dividieron de forma aleatoria en dos grupos: los que recibían asesoría nutricional normal o bien asesoría nutricional junto con complementos de alta potencia energética durante seis semanas. Los pacientes que recibieron los suplementos energéticos experimentaron un aumento muy superior de peso corporal, de la masa muscular total y de fuerza de agarre al final del estudio (Paton *et al.*, 2004).

## Lagunas en los conocimientos: nutrición y tuberculosis

Aunque parece que el estado nutricional tiene relación con el riesgo a desarrollar tuberculosis activa en aquellas personas que llevan la infección en fase latente, no está todavía claro si una intervención nutricional de cualquier tipo contribuiría a impedir que los infectados desarrollaran la forma activa de la enfermedad. Es preciso disponer de más estudios que amplíen el conocimiento de la relación entre los macronutrientes y la tuberculosis. Además, es importante conocer las repercusiones que tienen las intervenciones nutricionales (macronutrientes y micronutrientes) en el resultado del tratamiento de la tuberculosis, y comprender más claramente cómo pueden colaborar los sectores de la salud y la nutrición para rellenar las lagunas que existen en los conocimientos.

Hasta la fecha, los beneficios de la administración de suplementos dietéticos de vitamina A, cinc o multivitamínicos a enfermos de tuberculosis han sido ambiguos. Es posible que los suplementos con vitamina D aumenten los índices de curación de la tuberculosis y reduzcan la vulnerabilidad a la infección, pero hay que investigarlo más profundamente. Por esta razón, no se recomienda la administración de suplementos de ningún micronutriente superior a los límites dietéticos permitidos en los enfermos de tuberculosis. Es preciso que se lleven a cabo más ensayos clínicos aleatorios con abundante muestreo, dosis de micronutrientes estandarizadas y un seguimiento más prolongado para determinar con más exactitud la labor que desempeñan los micronutrientes en el tratamiento de la tuberculosis.

***Aunque no se ha refutado la asociación que se establece entre la desnutrición y la tuberculosis, llenar esas grandes lagunas en los conocimientos debería ser una prioridad para la sanidad pública. Además, es necesario disponer de mejores pruebas para establecer cómo pueden mejorarse los resultados de las intervenciones nutricionales en la salud de los enfermos de tuberculosis.***

## *Intermezzo 5:* Ayuda alimentaria y tratamiento de la tuberculosis

La pobreza y el hambre suelen agravar la tuberculosis, especialmente en países que atraviesan situaciones de emergencia complejas. Por ejemplo, el Afganistán y Somalia llevan mucho tiempo sufriendo luchas intestinas y una altísima incidencia de tuberculosis. En el Afganistán, un país que tiene una población de 30 millones de habitantes, 50.000 personas desarrollan la enfermedad y 10.000 mueren de ella cada año. En Somalia, con una población de 9 millones de habitantes, 20.000 personas enferman de tuberculosis y 4.000 mueren de esta enfermedad. Éstos son dos de los índices más altos de incidencia de tuberculosis en países a los que la pandemia del VIH/SIDA no ha afectado gravemente todavía.

La buena nueva es que la asistencia al tuberculoso está bastante bien implantada técnicamente. La OMS creó una estrategia de control de la tuberculosis llamada DOTS (tratamiento breve bajo observación directa) en la década de 1990 (OMS, 2007). La estrategia DOTS se compone de diagnóstico eficaz y métodos de tratamiento: diagnosis y tratamiento de seis a ocho meses de quimioterapia con múltiples medicamentos específicos contra la tuberculosis. El DOTS se ha ampliado recientemente para que abarque la asistencia sanitaria global a la tuberculosis, y actualmente se llama estrategia "Alto a la Tuberculosis". La eficacia del DOTS y de la estrategia "Alto a la Tuberculosis" está ampliamente corroborada. La meta mundial con respecto a la tuberculosis es curar al 85% de pacientes tuberculosos que están recibiendo tratamiento.

No obstante, en países como el Afganistán y Somalia, proporcionar asistencia contra la tuberculosis supone una tarea de enormes proporciones. Las luchas intestinas han dañado gravemente la infraestructura sanitaria y, por consiguiente, la asistencia médica a la tuberculosis. Los enfermos de tuberculosis suelen provenir de los sectores más pobres de las comunidades más empobrecidas, y no les resulta fácil acceder a los servicios sanitarios ni a la asistencia médica para la tuberculosis. Además, el tratamiento dura mucho tiempo: de seis a ocho meses. Si los pacientes no siguen regularmente el tratamiento, pueden desarrollar resistencia a los medicamentos contra la tuberculosis, especialmente en forma de tuberculosis multirresistente. La tuberculosis multirresistente se define como una forma de tuberculosis resistente a, por lo menos, dos de los medicamentos de primera línea más eficaces, la isoniazida y la rifampicina; y es muy difícil de tratar. Los pacientes también pueden desarrollar resistencia a los medicamentos de segunda línea, precisamente los que usan para tratar la tuberculosis multirresistente. Esta última forma se llama tuberculosis con resistencia extendida a fármacos y prácticamente no se puede tratar.

El tratamiento con alimentos de los enfermos de tuberculosis constituye una manera innovadora de enfrentarse a estos problemas. En el Afganistán y Somalia, a través de un proyecto de cooperación entre el PMA, la OMS y los gobiernos municipales y nacionales, los pacientes reciben ayuda alimentaria durante la duración del tratamiento. No cabe duda de que esta ayuda mejora el estado nutricional de los enfermos de tuberculosis. Y lo que es igual de importante, si no más, los alimentos sirven de incentivo para que los pacientes sigan con el tratamiento durante la totalidad de los seis a ocho meses que éste dura.

### Afganistán

El Afganistán ha conseguido prestar una buena asistencia sanitaria a los pacientes de tuberculosis y a sus familias. En 2006, se diagnosticaron 25.475 enfermos de tuberculosis; el 89% de ellos completó el tratamiento de ocho meses y se curó de la enfermedad. Se trata de un resultado extremadamente alentador. El Afganistán ha alcanzado la meta establecida mundialmente para el tratamiento de la tuberculosis. La ayuda alimentaria que el PMA, la OMS y el Programa Nacional contra la Tuberculosis del Ministerio de la Salud Pública están suministrando a todos los pacientes de tuberculosis y que han ampliado a sus familias. Significa que el total de las aproximadamente 180.000 personas que sufren directa o indirectamente la tuberculosis han recibido ayuda alimentaria en el Afganistán durante el año 2006.

Los alimentos se suministran cada mes o cada dos meses en el curso del tratamiento. Resulta difícil medir la contribución directa de la ayuda alimentaria en el alto porcentaje de éxito registrado (89%) porque, en el Afganistán, todos los pacientes de tuberculosis y sus familias han recibido ayuda alimentaria. No es ético llevar a cabo un estudio de control de casos con dos grupos, uno de los cuales no reciba ayuda alimentaria. Pese a todo, los casos conocidos indican que la ayuda alimentaria ha contribuido de forma muy importante a ese éxito.

### Somalia

En Somalia, la asistencia sanitaria a la tuberculosis basada en el DOTS comenzó en 1995. Gracias a la colaboración entre las ONG y las autoridades nacionales, existe al menos un centro para la tuberculosis en cada una de las 18 regiones somalíes. En 2006, en esos centros se diagnosticaron 11.945 casos de tuberculosis, el 89% de los cuales completó el tratamiento y se curó de la enfermedad.

Esta buena asistencia para la tuberculosis se ha proporcionado junto con ayuda alimentaria, que ha contribuido a la mejora del tratamiento contra la tuberculosis en el Afganistán y en Somalia, y que ha sido fundamental para que los pacientes y sus familias completen el largo tratamiento. Incluso en medio de circunstancias sumamente difíciles, el Afganistán y Somalia han alcanzado la meta establecida mundialmente para los resultados del tratamiento de la enfermedad.

A menudo, se conoce la tuberculosis como la enfermedad de los pobres, especialmente en países como el Afganistán y Somalia. Quienes la padecen tiene que luchar contra la enfermedad, pero también deben luchar contra el hambre. Los problemas de salud que tienen relación con el hambre se solucionan cuando la voluntad política y la acción humanitaria convergen en forma de asociaciones eficientes entre gobiernos nacionales y municipales, ONG y entidades de las Naciones Unidas, como la OMS y el PMA.

*Una colaboración a la* Serie de informes sobre el hambre en el mundo *de la Oficina Regional de la OMS para el Mediterráneo Oriental.*

*"Quien desee investigar bien la medicina, debería proceder como sigue: en primer lugar, tener en consideración las estaciones del año y los efectos que cada una de ellas produce... Debe tener en cuenta además las calidades de las aguas... y la forma en la que viven los habitantes, y cuáles son sus metas, si se complacen en beber y comer en exceso, si se entregan a la indolencia, o bien gustan del ejercicio y el trabajo...".*

Hipócrates, 460-380 aC

## Relación entre desnutrición infantil y enfermedades crónicas en la edad adulta

La enfermedades crónicas son, con mucho, la principal causa de mortalidad en el mundo, responsables del 60% de todas las defunciones (OMS, 2005). Los orígenes fundamentales de las enfermedades crónicas son bien conocidos: dieta poco saludable, falta de actividad física y consumo de tabaco. Estas causas están asociadas con una subida de la presión sanguínea y de los niveles de glucosa, niveles anormales de lípidos en la sangre, sobrepeso y obesidad.

Una opinión muy extendida es que buena parte la población mundial está sobrealimentada, lo que acarreará a largo plazo consecuencias gravemente perjudiciales. Lo que ya no se reconoce tan ampliamente es la relación que existe entre la subalimentación actual que sufra un niño y la incidencia en años venideros de la obesidad y enfermedades crónicas, como las dolencias cardiacas, la apoplejía, el cáncer, enfermedades respiratorias crónicas y diabetes de tipo II.

Se está produciendo cada vez con mayor frecuencia la coexistencia de la desnutrición y la hipernutrición, especialmente en países en transición y de ingresos medianos. Este "proceso de transición nutricional", como se ha llegado a conocer al peligro doble de la desnutrición temprana y la hipernutrición tardía, resulta especialmente evidente en aquellos países que se ven sometidos a procesos de transición económica muy veloces, y siempre va acompañado de aumentos alarmantes de los índices de enfermedades crónicas. La cantidad de personas con sobrepeso está aumentando en todo el mundo. En América Latina, la India y China, la relación entre desnutrición e hipernutrición provoca una preocupación que crece a la misma velocidad que la transformación vertiginosa de sus economías y sociedades (OMS, 2005).

**El costo humano de las enfermedades crónicas**

- **35 millones** de personas murieron de enfermedades crónicas en 2005, la mitad de ellas eran menores de 70 años.
- El **80%** de las muertes por enfermedades crónicas se produjeron en países de ingresos medianos y bajos.
- **1.000 millones** de personas en todo el mundo tienen sobrepeso.
- Hacia 2010, habrá **más personas obesas** en los países en desarrollo que en los países desarrollados.
- Desnutrición, hipernutrición y enfermedades crónicas relacionadas con la dieta representan **más de la mitad** de las enfermedades del mundo y cientos de millones de dólares en gasto público.

Fuentes: OMS, 2005, 2006a

Este proceso de transición nutricional presenta un desafío singular a los países que se enfrentan a una prevalencia alta de enfermedades infecciosas y desnutrición y, al mismo tiempo, sobrepeso y enfermedades crónicas. Las tendencias mundiales indican que, si bien la obesidad es un problema predominante en países que disfrutan de ingresos elevados, su prevalencia está aumentando actualmente entre los niños y adolescentes que viven en zonas urbanas de bajos ingresos y en países con ingresos medianos (Schneider, 2000). El precio que se cobran las enfermedades relacionadas con la obesidad es muy alto, especialmente en el caso de los adultos; no obstante, es fundamental su prevención durante la infancia y la adolescencia (Delisle *et al.*, 2000).

***La convergencia de desnutrición e hipernutrición y su vinculación directa con el hambre en las primeras etapas de la vida.***

Existen cada vez más pruebas que demuestran que la desnutrición durante la infancia está relacionada con la

**Figura 19 – La malnutrición entre los niños menores de 5 años en los PBIDA**

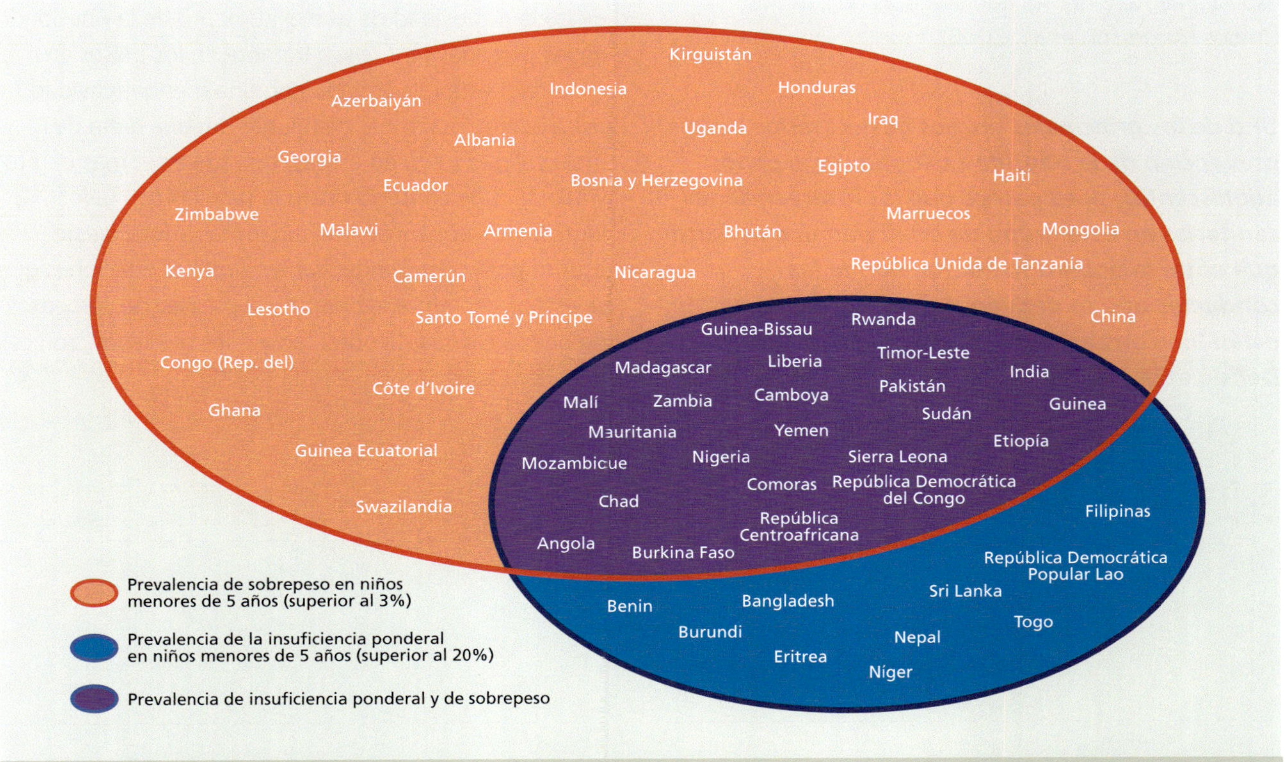


Fuente: OMS, 2007d

hipernutrición en etapas posteriores de la vida. Las abundantes pruebas procedentes de muchos países también dejan claro que las condiciones imperantes antes del nacimiento y en la primera infancia tienen repercusiones en la salud durante la vida adulta. Por ejemplo, actualmente se sabe que el bajo peso al nacer está relacionado con el aumento de los índices de hipertensión, enfermedades cardiacas, apoplejías y diabetes. Hay indicios que sugieren una conexión entre la desnutrición de la madre durante el embarazo, un aumento rápido de peso entre los 2 y los 10 años de edad, el sobrepeso en los niños pequeños y un mayor riesgo de padecer enfermedades crónicas durante la edad adulta (Michels, 2003). Está claro que lo que sucede en una etapa del ciclo vital acarrea consecuencias en etapas posteriores.

Las primeras pruebas de que el mal estado nutricional durante la infancia es un factor que predispone a la aparición de enfermedades crónicas en años posteriores surgieron de varios estudios realizados durante la hambruna que azotó los Países Bajos en 1944. Un estudio analizó los casos de las gestantes que se vieron expuestas a la escasez de alimentos y, años más tarde, empezaron a presentar una intolerancia a la glucosa (Godfrey y Barker, 2001). Otro estudio examinó las relaciones entre las enfermedades coronarias y el peso al nacer (Roseboom *et al.*, 2000a, b, 2001). Aquellos primeros análisis y sus conclusiones, a los que, con el tiempo, se han ido añadiendo más pruebas, demuestran que existe una relación entre el bajo peso al nacer y las enfermedades coronarias, la hipertensión y la diabetes de tipo II.

A través de un estudio llevado a cabo en los Estados Unidos de América se concluyó que las niñas de edades comprendidas entre los 8 y los 16 años que pertenecían a familias con insuficiencia alimentaria tenían 3,5 más probabilidades de sufrir sobrepeso que las niñas de hogares con suficientes alimentos (Alaimo *et al.*, 2001). Esta contradicción aparente se explica por el hecho de que los alimentos más baratos suelen contener más energía, sobre todo en forma de grasa y azúcar, que los alimentos más caros y de mejor calidad. Los niños y adolescentes obesos tienen más probabilidades de seguir siéndolo de adultos, lo que comporta un riesgo mayor de discapacidad y mortalidad prematura (Sorenson *et al.*, 1992; OMS, 2007c).

Además, la obesidad guarda relación con la depresión, especialmente entre las adolescentes de Estados Unidos (Anderson *et al.*, 2006).

***Uno de los principales grupos destinatarios de la prevención de la obesidad debería ser el de los adolescentes, pues parece que las intervenciones sanitarias en este grupo de edad tienen más éxito que entre la población adulta, donde las conductas que se derivan del estilo de vida ya están bien arraigadas (Gortmaker* et al.*, 1993; Delisle* et al.*, 2000).***

## Lagunas en los conocimientos

Existe la posibilidad de que el aumento de la obesidad en las personas que pasan hambre en los países en desarrollo esté relacionado con una menor actividad física acompañada de, o en lugar de, una dieta de mala calidad y rica en grasas, que suele ser más barata y más fácil de conseguir para la familias con bajos ingresos. Es imperioso investigar más a fondo este asunto para comprender cabalmente las relaciones que se establecen entre el hambre, la escasez de alimentos de buena calidad, la obesidad y enfermedades crónicas muy concretas.

## *Intermezzo 6:* El proceso de transición nutricional en América Latina – La experiencia del programa de la Junta Nacional de Jardines Infantiles de Chile

María está preocupada porque, desde que dio a luz a Pedrito (el más pequeño de sus hijos), no deja de engordar. Además, le gustaría ser un par de centímetros más alta.

Muchas otras mujeres de América Latina comparten las preocupaciones de María. En los últimos 20 años, la región se ha visto sometida a varios cambios económicos, demográficos y medioambientales, como la globalización de los mercados, la urbanización y una mejora higiénica, que han modificado los modelos de complexión corporal, dietéticos y de la actividad física. Los altos niveles de desnutrición, las dietas poco energéticas basadas en verduras y la intensa actividad física están siendo reemplazados paulatinamente por índices elevados de obesidad y de enfermedades crónicas relacionadas con la nutrición, un gran consumo de alimentos sometidos a procesos de conservación y productos animales, y actividades sedentarias, precisamente el proceso denominado "de transición nutricional". Lamentablemente, dada la enorme velocidad a la que se suceden estos cambios, las enfermedades crónicas relacionadas con la nutrición han agravado los problemas de carencias nutricionales, en lugar de sustituirlos, por lo que han generado dolencias por partida doble. Por ejemplo, en México y en Brasil, se ha observado la coincidencia de obesidad en adultos y retrasos del crecimiento. Además, en la mayoría de los países, los niños con retraso del crecimiento sufren de sobrepeso, en lugar de estar por debajo o a la par del peso normal para su altura.

Sin embargo, lo que resulta incluso más preocupante es el hecho que, al parecer, una desnutrición sufrida en edad más temprana amplifica la reacción a este proceso de transición nutricional. Cada vez más indicios apuntan a que haber padecido desnutrición durante periodos críticos de edades muy tempranas (la fase fetal y los dos primeros años de vida independiente) predispone a las personas a sufrir obesidad y a enfermedades relacionadas con ella en años posteriores. Múltiples estudios han demostrado que los bebés delgados y los niños bajitos y de constitución pequeña corren un riesgo más alto de padecer obesidad, diabetes, problemas cardiovasculares y otras enfermedades crónicas en la edad adulta. Luchar contra la desnutrición supone enfrentarse simultáneamente a problemas relacionados tanto con la desnutrición como con la hipernutrición, y con las perspectivas del ciclo vital.

Las deficiencias nutricionales y la obesidad suelen hundir sus raíces en la pobreza. Las personas pobres que viven en países en desarrollo siguen enfrentándose a infecciones y desnutrición durante la infancia y, aun así, si llegan a la edad adulta, tendrán problemas para conseguir una dieta saludable y dispondrán de pocas oportunidades para seguir una actividad física, por lo que se verán expuestas a un mayor riesgo de sufrir obesidad y enfermedades relacionadas con ella. En algunos países latinoamericanos, por ejemplo en Brasil, Chile y México, los índices de obesidad son actualmente más altos entre las personas de ingresos bajos, y las previsiones económicas sugieren que eso mismo sucederá en la mayoría de países de la región.

Ayer, a María la llamaron de la guardería de Pedrito, porque el niño pesa más de la cuenta. La maestra le explicó los peligros que conlleva la obesidad infantil y le recomendó que redujera la cantidad de refrescos, patatas fritas y galletas que Pedrito toma en casa. Además, pidió a María que llevara a Pedrito a la escuela andando. La maestra insistió en que era muy importante que se hiciera algo por solucionar el problema ya, antes de que Pedrito se hiciera más mayor y fuera demasiado tarde. María, sin embargo, no está muy segura: Pedrito está igual que muchos otros niños de la guardería...

El programa de la Junta Nacional de Jardines Infantiles de Chile (JUNJI) es un programa nacional que ofrece asistencia a la infancia además de alimentación complementaria a los bebés y niños en edad preescolar de familias de pocos recursos económicos. En 1970, año en el que se fundó el programa, la insuficiencia ponderal y el retraso del crecimiento eran los problemas nutricionales más acuciantes que sufrían los niños chilenos; por lo tanto, el programa se orientó hacia la reducción de las carencias nutricionales. En los años siguientes (probablemente gracias a la contribución de muchos programas de ayuda, como el de la JUNJI), la insuficiencia ponderal disminuyó en Chile del 16% en 1975 al 9% en 1986; el retraso del crecimiento (5% en 1987) sigue siendo un tema pendiente. Como consecuencia, en 1990 el programa dejó de usar únicamente indicadores de peso para la edad e incorporar medidas de longitud/altura en las evaluaciones nutricionales periódicas.

En la década siguiente, disminuyó la prevalencia del retraso de crecimiento, a la vez que aumentaba la obesidad. Los responsables de la JUNJI comprendieron que los problemas nutricionales de los niños del programa de la JUNJI ya no estaban relacionados con la "cantidad" sino con la "calidad" de los alimentos que ingerían. Por lo tanto, decidieron rebajar la cantidad de calorías de las comidas proporcionadas por la JUNJI. Los informes elaborados sobre la base del programa de la JUNJI indican que los índices de obesidad se estabilizaron tras la aplicación de estos cambios. Ahora se espera que los ajustes introducidos posteriormente en el programa, como talleres y formación para los padres puedan contribuir al descenso de la obesidad en este grupo de alto riesgo.

En América Latina opera una red de programas de ayuda nutricional que lleva décadas luchando con éxito contra la desnutrición; como ejemplos podemos citar Progresa, de México, y la Red de Protección Social, de Nicaragua. Sin embargo, América Latina se enfrenta ahora a los retos que trae consigo el proceso de transición nutricional. La experiencia de la JUNJI deja claro que la adaptación de los programas de nutrición ya existentes y el uso de los recursos disponibles pueden ofrecer una oportunidad extraordinaria para reaccionar ante dichos retos. Los países, en su avance hacia fases posteriores del proceso de transición nutricional, deberían concentrarse en adaptar nuevas estrategias para garantizar que los alimentos contengan sus componentes nutritivos (la energía y los micronutrientes), en lugar de recortar los programas de ayuda nutricional.

Los datos que se recopilan rutinariamente, en el marco de estos programas, se deberían usar para observar las tendencias y el estado nutricional real de los beneficiarios, con el propósito de redefinir sus objetivos y prioridades. Será la única forma de seguir garantizando una nutrición adecuada para tantas y tantas Marías y Pedritos.

*Colaboración a la* Serie de informes sobre el hambre en el mundo *de la doctora Camila Corvalán, Universidad Emory, Universidad de Chile.*

# 2.3 Nuevas amenazas

*"Para reducir el hambre y la pobreza e incrementar las posibilidades de conseguir agua limpia e higiene, necesitamos contar con una base sólida de sostenibilidad medioambiental, que está proporcionando esos servicios de los que dependen las personas para su bienestar".*

Neville Ash, 2005

El cambio climático mundial, la gripe aviar y la urbanización se cuentan entre los procesos de transición actuales que podrían alterar de forma radica los intentos de eliminar el hambre y la salud deficiente. Como ya ocurrió en los procesos de cambio y en amenazas anteriores, las personas marginadas y que padecen hambre serán las más afectadas.

## Cambio climático mundial

En las últimas dos décadas, en los países desarrollados y en desarrollo se han dejado sentir las consecuencias del cambio climático con la sucesión cada vez más frecuente de catástrofes naturales de enormes consecuencias (Guha-Sapir *et al.*, 2004). Otras inquietantes amenazas, aparte de la frecuencia y gravedad crecientes de los desastres naturales, que también podrían desbaratar las estrategias encaminadas a la disminución del hambre son la dificultad creciente de encontrar agua limpia y tierras cultivables, y la disminución de la biodiversidad.

Los cambios climáticos alterarán la pluviosidad y la posibilidad de disponer del agua procedente de los glaciares y las nieves. Los pronósticos indican que la disponibilidad y la calidad del agua disminuirán de forma particular en las zonas afectadas por seguías. Hacia 2020, entre 75 y 250 millones de personas en toda África deberán luchar contra la escasez del agua (IPCC, 2007). Los cambios del estado climático, las catástrofes naturales cada vez más frecuentes y la explotación desmedida de la biodiversidad mundial podrían hacer peligrar la capacidad de adaptación de los ecosistemas.

### Biodiversidad menguante

La biodiversidad y el ser humano van inextricablemente unidos. Al igual que nuestros antepasados dependían de una variedad de especies, el mundo moderno depende y se beneficia de todo lo que le ofrecen los ecosistemas. Antes de la aparición de asentamientos estables, los primeros humanos podían elegir entre unas 250 especies botánicas diferentes para mantener la dieta diversificada que tan positivamente contribuyó a su salud. No obstante, hacia el tercer milenio aC, la oferta de especies de plantas consumibles se había reducido a 56. En la actualidad, aproximadamente el 75% de nuestras calorías proceden de no más de 12 tipos de plantas en todo el planeta (Barnes, 2007).

En algunas zonas, el mantenimiento de la diversidad dietética puede llegar a constituir un problema apremiante. "Es muy probable que, aproximadamente, el 20%–30% de las especies corra un gran peligro de *extinción irreversible* si la temperatura media mundial aumenta entre 1,5 y 2,5 °C por encima de los niveles de 1990. Un incremento de la temperatura media mundial superior a los 1,5 –2,5 °C podría provocar cambios radicales en los ecosistemas, que acarrearán consecuencias muy negativas a los bienes y servicios medioambientales que usamos los humanos" (IPCC, 2007).

### Repercusiones en la oferta de alimentos

La subida de la temperatura, los cambios de la pluviosidad y la disponibilidad del agua afectan a la producción mundial y regional de alimentos. Probablemente, aumentarán las cosechas a mayor latitud si las temperaturas suben entre 1 y 3 °C. Y a la inversa, se supone que las cosechas disminuirán a menor latitud, especialmente en la temporada seca tropical (IPCC, 2007). El cambio de las pautas agrícolas, combinado con un posible aumento de catástrofes naturales y los daños que éstas puedan ocasionar a la producción agrícola, podría acarrear un incremento de la escasez de alimentos y del hambre (Pimentel, 1993).

Los cambios de los ecosistemas que provoca el cambio climático podrían también alterar la prevalencia de las plagas e incidir muy negativamente en la producción de alimentos. Es posible que el cambio climático modifique la temperatura del suelo y los niveles de

**Pérdidas y seguridad alimentaria**

Los insectos pueden causar una destrucción devastadora de la producción agrícola. Por ejemplo, una plaga de langosta invadió África occidental en 2004 y arrasó cosechas, árboles frutales y vegetación (FAO, 2006). Los países desarrollados no son inmunes a las pérdidas en la agricultura como consecuencia de las plagas: un estudio calcula que los agricultores de Estados Unidos sufrirán un aumento del 25% al 100% de pérdidas, dependiendo del tipo de cosecha (Pimentel, 1993).

humedad, y modifique los efectos positivos de organismos y parásitos beneficiosos. Un aumento de la temperatura prolongará la época de cría y los índices de reproducción, con un incremento de la población de insectos. El cambio climático podría ampliar la variedad de insectos y parásitos y crear nuevos ecosistemas, lo que tendría consecuencias en la propagación de las enfermedades infecciosas y en la agricultura.

## Otra amenaza para la disponibilidad de alimentos

La inquietud por los altos precios y el suministro inestable del petróleo, la preocupación por las tensiones geopolíticas y una mayor sensibilización por el medio ambiente han provocado un mayor interés en la producción de biocombustibles. Si bien el crecimiento de la industria bioenergética es bueno para quienes viven de la agricultura, incluidos los agricultores de los países en desarrollo, la subida de los precios de los alimentos y la dedicación de las cosechas a la producción de energía podría disminuir la disponibilidad global de alimentos. Además, podría hacer que la gente más pobre se quedara sin la posibilidad de acceder a alimentos de calidad y empeorar la situación económica de los países de bajos ingresos que realizan importaciones netas de alimentos. De hecho, muchos pequeños agricultores de países en desarrollo efectúan compras netas de alimentos, y los altos precios podrían afectarles muy negativamente.

En los países en desarrollo, la producción de biocombustibles podría convertirse en un incentivo para realizar cambios substanciales en la producción de las cosechas, principalmente a expensas de la alimentación humana y animal. La producción de biocombustibles también podría repercutir de forma importante en las tierras usadas y en las economías dependientes de la agricultura.

**Figura 20 – Relación histórica entre el precio de los cereales y el volumen de ayuda alimentaria**

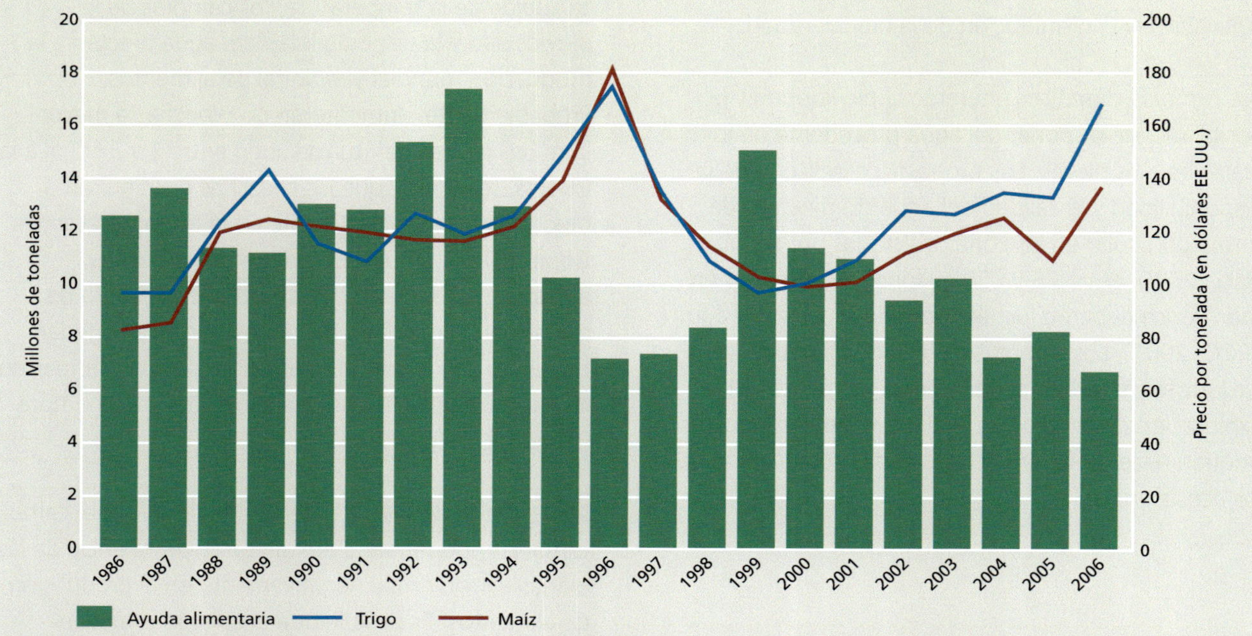


Fuentes de los datos: PMA, 2007

Los envíos de ayuda alimentaria están muy influenciados por los precios del petróleo y de los cereales. Si los presupuestos para ayuda alimentaria de los donantes se fijan en términos monetarios, el precio más elevado de la energía y de los alimentos podría traducirse en cantidades menores de ayuda alimentaria, lo que posiblemente tenga repercusiones (al menos, a corto plazo) en la obtención y la dotación de alimentos. Como resultado, se produciría un descenso de la ayuda y, por lo tanto, un aumento de la inseguridad alimentaria entre las personas más vulnerables y que padecen hambre (PMA, 2007).

### Exposición a nuevas enfermedades

El cambio climático podría tener como consecuencia temperaturas más altas a mayor altitud y latitud que, a su vez, alteraría la exposición media de la población a las enfermedades. Por ejemplo, los modelos climáticos están relacionados muy estrechamente con el ciclo vital del parásito del paludismo: el macro entorno determina el tipo de transmisión de paludismo, que tiene repercusiones en la vulnerabilidad de una comunidad a la infección palúdica. Los países limítrofes con zonas en las que es endémica, como la periferia de los desiertos y las zonas más elevadas de las tierras altas, podrían ser más proclives a las epidemias de paludismo (Bates *et al.*, 2004).

## Gripe aviar

A pesar de las medidas de control, la gripe aviar sigue propagándose entre las aves lo que, desde el punto de vista de la sanidad pública y la seguridad alimentaria, suscita una inquietud importante por la insalubridad de la coexistencia de personas y animales (FAO y OIE, 2005).

No parece probable que la deficiente infraestructura sanitaria de muchos países en desarrollo, combinada con la desnutrición, sea capaz de hacer frente convenientemente al problema de una enfermedad que aparece y reaparece, y en algunos casos podría suceder que la reaparición de la enfermedad tuviera más prevalencia.

El contagio a los humanos supondría una serie de dificultades totalmente nuevas para los sistemas y servicios sanitarios, especialmente en África, donde la sanidad ya debe hacer frente a las obligaciones que le imponen el SIDA, la tuberculosis y el paludismo (OMS, 2006b).

**Casos de gripe aviar en seres humanos**

| País | Casos | Muertes |
|---|---|---|
| Azerbaiyán | 8 | 5 |
| Camboya | 7 | 7 |
| China | 25 | 16 |
| Djibouti | 1 | 0 |
| Egipto | 36 | 15 |
| Indonesia | 100 | 80 |
| Iraq | 3 | 2 |
| República Democrática Popular Lao | 2 | 2 |
| Nigeria | 1 | 1 |
| Tailandia | 25 | 17 |
| Turquía | 12 | 4 |
| Viet Nam | 93 | 42 |
| **Total** | **313** | **191** |

Cifra acumulativa de casos en seres humanos confirmados de 2003 a 2007, al 15 de junio de 2007.
Fuente: OMS, 2007e

La inseguridad alimentaria y la pobreza convierten en mucho más plausibles los métodos peligrosos de manipulación en la producción y consumo de carne de ave. Para los hogares más pobres, la carne de ave y los huevos son fuentes de proteínas muy económicas y también un medio de creación de ingresos que no requiere una gran inversión de capital; millones de personas conviven con aves, lo que aumenta la probabilidades de que el virus se contagie a los humanos (FAO y OIE, 2005). Un brote de gripe aviar entre las aves de corral arramblaría los medios de subsistencia y aumentaría el hambre.

## Urbanización y suburbios

El año 2007 señala un proceso de transición histórico: la cantidad de personas que viven en comunidades urbanas es superior a la cifra de las que habitan en zonas rurales. Más de 3.000 millones de personas viven actualmente en aglomeraciones urbanas (ONU-Hábitat, 2006). En Asia, América Latina y África se ha asistido al surgimiento rápido y sin planificar de las llamadas "megaciudades", con más de 20 millones de personas. Los pronósticos para esta tendencia indican que las megaciudades y las metrópolis de tamaño mediano de los países en desarrollo absorberán el 95% del crecimiento urbano en las dos próximas décadas; hacia 2030, tales metrópolis albergarán el 80% de la población urbana mundial.

**Figura 21 – Número de habitantes de los suburbios (real y previsto, 1990–2020)**

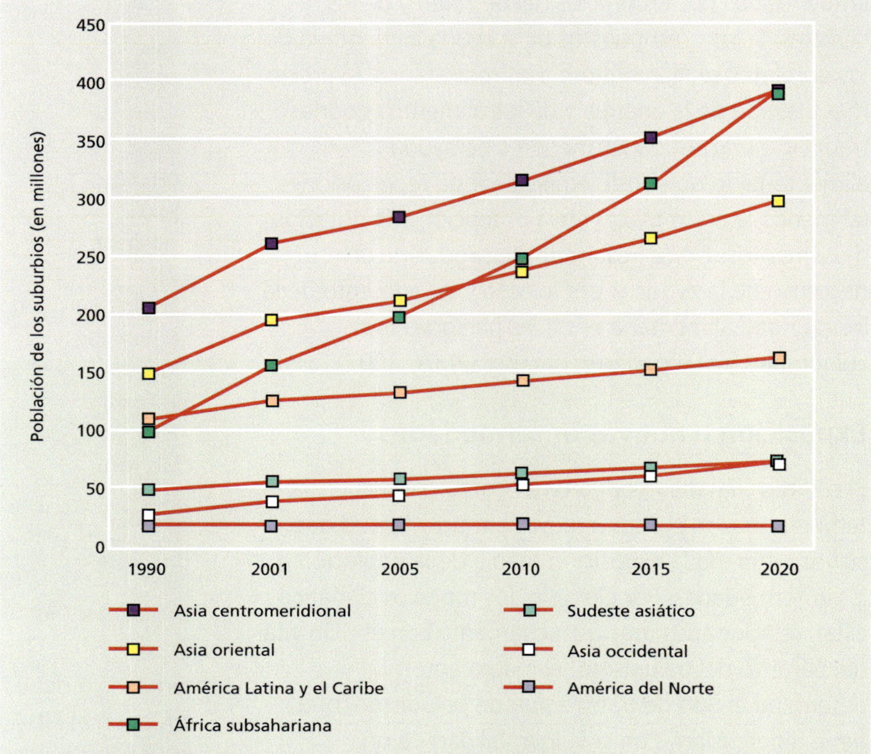


Fuente: ONU-Hábitat, 2007

Desplazamientos de población obligados, poblaciones engrandecidas, crecimiento económico rápido y migraciones del campo a la ciudad desempeñan un papel decisivo en el crecimiento urbano, en el aumento de la pobreza en las ciudades y en la formación de barrios pobres. La interrelación entre el hambre y la salud deficiente deviene una realidad muy cruda para quienes no poseen medios para producir alimentos, oportunidades de empleo ni acceso a una atención sanitaria de calidad. La falta de salubridad e higiene, la desnutrición, el hacinamiento y la falta de instalaciones sanitarias apropiadas se aúnan para crear el caldo de cultivo más propicio para las enfermedades infecciosas, que representan un peligro todavía mayor para el estadio nutricional.

Los niños que viven en los barrios pobres corren el riesgo de contraer enfermedades transmitidas a través del agua y respiratorias. En Etiopía, la desnutrición entre los niños menores de 5 años que viven en barrios pobres es del 47%, contra el 27% registrado en otro tipo de zonas urbanas. En Brasil y Côte d'Ivoire, la prevalencia de la desnutrición infantil es de tres a cuatro veces superior en las barrios pobres que en las zonas que no lo son (ONU-Hábitat, 2006).

Parece que el tipo de barrio en el que viven las personas puede restringir también su abanico de opciones para ganarse el sustento. Un estudio llevado a cabo en Francia demostró que los solicitantes de empleo que residían en barrios pobres tenían menos probabilidades de recibir una cita para una entrevista que quienes vivían en barrios más ricos. Otro estudio, en esta ocasión de Río de Janeiro, concluyó que vivir en un barrio representaba un obstáculo mucho mayor para conseguir un empleo que tener la piel oscura o ser mujer, un descubrimiento que confirma la gran importancia que tiene el lugar en el que vivimos cuando se trata de tener acceso a alimentos, atención sanitaria básica, educación y empleo (ONU-Hábitat, 2006).

## Dificultades a superar en el futuro

En la Parte II se han expuesto las relaciones que unen directamente el hambre y la salud, y la desnutrición y la enfermedad, y se han mostrado las pruebas de varios peligros que amenazan al mundo hoy en día. A lo largo de la historia, los seres humanos han seguido avanzando y se han enfrentado constantemente a nuevos procesos de transición. Actualmente, las consecuencias conjuntas de la desnutrición, la hipernutrición y la enfermedad, junto con el calentamiento global y la urbanización, exigen que los líderes afronten estos problemas, ¡ya mismo!

# Parte III: Desarrollo nacional – Compromiso y decisión política

## El reto consiste, por lo tanto, en que todas aquellas personas que se ocupan de la nutrición y la salud saquen el máximo rendimiento de los recursos con el fin de eliminar el hambre de la humanidad…

En la **Parte III** se profundiza en el debate sobre las consecuencias del hambre y la salud deficiente con una descripción de cómo estos flagelos repercuten en el desarrollo de las naciones. En el **Capítulo 1** se expone el precio que se cobra el hambre como factor debilitador de la economía, especialmente la pérdida de capital humano, y el freno que esto representa para el desarrollo de las naciones. En el **Capítulo 2** se ponen de relieve aquellas actividades rentables y de eficacia probada (las "soluciones básicas") que sirven para hacer frente a los problemas del hambre y la salud deficiente, que están íntimamente relacionados entre sí. En el **Capítulo 3** se describen algunas de las alternativas que se les presentan a los gobernantes y las obligaciones y compromisos que, si se toman con seriedad, pueden conducir a pasos agigantados a la erradicación del hambre.

# 3.1 El hambre repercute en el desarrollo humano

*"Los problemas a los que nos enfrentamos hoy en día (conflictos violentos, destrucción de la naturaleza, pobreza, hambre, etc.) son problemas que ha creado el hombre y que se pueden resolver con el esfuerzo humano, mediante la comprensión y el perfeccionamiento de la noción de hermandad entre hombres y mujeres. Necesitamos fomentar una responsabilidad universal para con nuestros semejantes y con el planeta que compartimos".*

XIV Dalai Lama (1935)

## El alto precio del hambre

El hambre y la salud deficiente, la desnutrición y la enfermedad se abaten continuamente con su pesada carga sobre los más pobres. Afectan a individuos, familias, comunidades y, en última instancia, al desarrollo y al crecimiento de las naciones. El resultado es una ingente pérdida del capital humano, generación tras generación. Los elevados costos que conllevan el tratamiento de las enfermedades y la desnutrición constituyen graves trabas al desarrollo.

Por primera vez en la historia, el mundo puede dedicar ingentes recursos a ganarle la batalla al hambre y a la salud deficiente. Cada vez está más admitida la idea de que cruzarse de brazos conlleva unos costos económicos, políticos y, lo que es más importante, morales demasiado elevados; en comparación, el precio que hay que pagar por ponerse manos a la obra es realmente módico. Existen varias soluciones asequibles y de eficacia probada, pero es preciso ampliarlas para que lleguen hasta las personas más vulnerables y marginadas del mundo. Es fundamental la existencia de un contexto que permita transformar los conceptos en acciones viables y eliminar los impedimentos institucionales; de lo contrario, va a resultar difícil potenciar al máximo los posibles beneficios de los cada vez más abundantes recursos públicos y privados para abordar los problemas del hambre y la salud deficiente. Se imponen planteamientos sinérgicos, que permitan usar estos abundantes recursos de la mejor manera posible en la aplicación de soluciones de eficacia probada. Y es preciso que los gobernantes adopten las decisiones políticas apropiadas.

### El hambre y la pérdida de productividad están íntimamente relacionadas

El hambre y la salud deficiente influyen directamente en la formación del capital humano y social y en el crecimiento económico. Como quedó demostrado en la *Serie de informes sobre el hambre en el mundo 2006 – El hambre y el aprendizaje*, lo más probable es que los niños que sufren de malnutrición reciban una escolarización menor y, por lo tanto, ganen menos dinero durante el resto de sus vidas. Esta situación acarrea consecuencias duraderas, que se perpetúan de una generación a otra, y sus importantes repercusiones dificultan la consecución de otros objetivos sociales en todo el mundo (Fernholz *et al.*, 2007). La disminución del hambre incrementa la productividad porque mejora el aprendizaje, el desarrollo cognitivo y la capacidad de trabajo, y reduce el impacto de la enfermedad y de la mortalidad prematura.

La insuficiencia ponderal es el factor de riesgo con más peso en la carga que suponen las enfermedades para los países en desarrollo. Varios estudios han demostrado que el hambre y la salud deficiente se cobran un precio muy alto en la economía y que ambas están irrefutablemente relacionadas con la productividad y el rendimiento económico (Hall y Jones, 1998; Behrman *et al.*, 2004; Edwards, 1998; Barro, 1990). Por ejemplo, la carencia de hierro acarrea una pérdida de productividad en el trabajo manual del 17%, como muestra la Figura 22.

La prueba más sólida de la relación que existe entre el hambre y la productividad tiene que ver con el crecimiento en las primeras etapas de la vida. Está demostrado que estatura (o altura) y productividad guardan relación: una reducción del 1% de la estatura de un adulto como resultado de un retraso del crecimiento está asociada a una pérdida de productividad del 1,4% (Bloom *et al.*, 2001).

**La estatura y su relación con los ingresos**

La estatura de los adultos como indicador del retraso del crecimiento se ha puesto en relación con el nivel de ingresos y, en líneas generales, ha quedado demostrado que, en hombres y mujeres empleados en el sector comercial (en las zonas urbanas de Brasil), el aumento del 1% de altura comporta un aumento de los ingresos de entre el 2% y el 2,4% (Thomas y Strauss, 1997).

**Figura 22 – Desnutrición y pérdida permanente de la productividad individual**

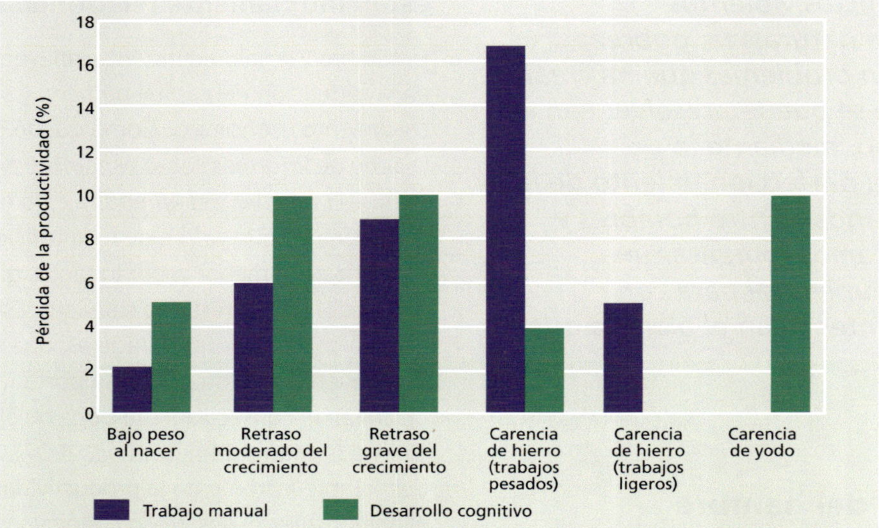


Fuentes de los datos: Horton, 1999; Alderman y Behrman, 2004; Banco Mundial, 2004

Además, se calcula que la desnutrición causa pérdidas superiores al 10% en los ingresos que una persona podría obtener a lo largo de su vida, como resultado de que la productividad se haya visto disminuida por una merma física o cognitiva (Banco Mundial, 2006). Un ejemplo es la anemia, que está relacionada con bajos niveles de productividad, incluso en tareas que requieren un esfuerzo moderado. En Asia meridional, por ejemplo, tan sólo las pérdidas de productividad como consecuencia de la carencia de hierro se asocian con la pérdida de unos 4.200 millones de dólares EE.UU. anuales (Horton y Ross, 2003). Esta cifra se puede traducir en pérdidas de hasta el 3% del producto interno bruto (PIB), dependiendo del tamaño de la economía en cuestión.

En la India, un análisis ha calculado que el costo de las pérdidas de productividad, consecuencia de las enfermedades y las muertes que provoca la malnutrición, se situaba entre los 10.000 millones y los 28.000 millones de dólares anuales, o lo que es lo mismo, entre un 1% y un 3,6% de su PIB (Chatterjee y Measham, 1999).

Si bien la valoración resulta reveladora, no puede dar cuenta de la totalidad de impactos multidimensionales del hambre y la malnutrición, presente y futura. Por tanto, es probable que subestime las consecuencias de la falta de acción y las ventajas de la acción.

En un estudio de 12 países, los datos recabados en los hogares se usaron como modelo para predecir el efecto que el crecimiento per cápita del PIB tendría en la prevalencia de la desnutrición entre los niños en edad preescolar durante un período de 20 años (Alderman *et al.*, 2001). El análisis demostró que, incluso con un optimista crecimiento sostenido per cápita del PIB desde 2000 hasta 2020, y una vez excluidos todos los demás factores, el descenso de la desnutrición al actual ritmo de progreso no será suficiente para cumplir con los objetivos de desarrollo del Milenio.

***Esos análisis ponen de relieve que el crecimiento económico es necesario, pero no basta. La inercia tomará la delantera a la disminución del hambre si el crecimiento económico sigue siendo la estrategia predominante.***

## La mejora de la nutrición también supone un ahorro

Los beneficios económicos que generan las actuaciones para reducir el hambre y mejorar la nutrición se pueden considerar también un ahorro. Los países salen ganando por el incremento de la productividad que esto supone y porque no tienen que incurrir en ciertos gastos como, por ejemplo, los de la atención sanitaria. La desnutrición de niños y adultos puede generar costos sanitarios debido a la mayor frecuencia de los tratamientos médicos dispensados y de los ingresos hospitalarios. Sin embargo, las implicaciones trascienden la productividad y los costos: el hambre y la salud deficiente hacen que las personas sean incapaces de defenderse por sí mismas de las adversidades repentinas procedentes del mundo exterior, como las catástrofes naturales.

En colaboración con los gobiernos de América Latina y el Caribe, el PMA y la Comisión Económica para América Latina y el Caribe (CEPAL) crearon conjuntamente un método para calcular el impacto económico de la desnutrición infantil en un año determinado. Las pérdidas, basadas en los datos nacionales, superaron un total de 6.600 millones de dólares en 2004 en los siete países que se incluyeron en el estudio (CEPAL y PMA, 2007).

Las pérdidas de productividad constituyen el 93% del costo total. Dichas pérdidas se distribuyen casi equitativamente entre índices de mortalidad más altos y niveles de educación más bajos. Los costos ocasionados por los índices de mortalidad más altos tenían su origen en los 2,6 millones de casos de muertes prematuras atribuibles a causas relacionadas con la desnutrición, y se calcula que 1,7 millones de ellos pertenecían a la población en edad laboral en el año 2004. Es decir, representan una pérdida del 6% de la población activa de ese año en la subregión. Las carencias atribuibles a los niveles de educación más bajos se calcularon sobre el supuesto de que, por término medio, las personas subalimentadas tenían dos años menos de escolarización.

Este método sirvió también para calcular los diversos escenarios posibles en el futuro. Éstos indican que, si se consigue la meta para la desnutrición que establece el ODM 1, se alcanzará un ahorro de 1.020 millones de dólares, y que la erradicación de la desnutrición infantil acarrearía un ahorro superior a 2.270 millones de dólares entre 2004 y 2015. Si el plazo de tiempo se ampliara más allá del 2015, los posibles ahorros se incrementarían mucho más.

***Esta enorme carga económica, combinada con los enormes ahorros que generan las acciones contra el hambre, se convierte en un poderoso acicate para reforzar las alianzas entre los gobiernos, el sector privado y la sociedad civil, para poner en marcha acciones decisivas que reduzcan los efectos devastadores que tiene el hambre.***

**Costos estimados de la desnutrición infantil en América Latina y el Caribe, 2004**

| | Costa Rica | República Dominicana | Guatemala | Honduras | Nicaragua | Panamá | El Salvador | Total |
|---|---|---|---|---|---|---|---|---|
| **Millones de dólares EE.UU.** | **318** | **672** | **3.128** | **780** | **264** | **321** | **1.175** | 6.659 |
| Porcentaje del PIB | 1,7 | 3,6 | 11,4 | 10,6 | 5,8 | 2,3 | 7,4 | 6,4 |

Fuentes: CEPAL y PMA, 2007

**Ahorro aproximado de la disminución de la desnutrición infantil en América Latina y el Caribe, de 2004 a 2015 (en millones de dólares EE.UU.)**

| | Costa Rica | República Dominicana | Guatemala | Honduras | Nicaragua | Panamá | El Salvador | Total |
|---|---|---|---|---|---|---|---|---|
| Conseguidos los ODM | 49 | 71 | 525 | 118 | 25 | 99 | 133 | 1.019 |
| Conseguida la erradicación | 49 | 71 | 1.534 | 243 | 46 | 125 | 203 | 2.271 |

Fuentes: CEPAL y PMA, 2007

# 3.2 Soluciones eficaces

***"El médico del futuro no tratará el cuerpo humano con medicamentos, sino más bien curará y prevendrá las enfermedades con la nutrición".***

Thomas Edison (1847–1931)

## Soluciones a lo largo del ciclo vital

Muy a menudo, los proyectos se diseñan en torno a una actividad principal y no consiguen conjugar los beneficios que se logran con las actividades complementarias. En la edición de 2007 de la *Serie de informes sobre el hambre en el mundo* se exponen soluciones de eficacia demostrada, prácticas y rentables para luchar contra las causas interrelacionadas del hambre y la salud deficiente. Dichas soluciones, una combinación de actividades basadas en la alimentación y complementadas con asistencia sanitaria básica y prevención, constituyen las "soluciones básicas" para la reducción del hambre y la salud deficiente. Similares desde el punto de vista conceptual al "conjunto de servicios básicos" de ayuda a los programas de alimentación escolar que han creado el Fondo de las Naciones Unidas para la Infancia (UNICEF) y el PMA, estas soluciones básicas son ya conocidas y eficaces por sí mismas pero, como parte integrante de un conjunto, pueden generar importantes beneficios adicionales.

Al hacer hincapié en la importancia de abarcar todo el ciclo vital, estas soluciones básicas persiguen el objetivo de prevenir la aparición del hambre, mejorar la salud de las personas que ya la padezcan y contribuir a la consecución de los ODM. Su intención es extender los programas destinados a las dos amplias "etapas propicias para las intervenciones", o momentos críticos en la vida de todo individuo: ***los primeros años de vida***, con especial atención a las madres, los bebés y los niños pequeños, y ***la adolescencia***, en la que se incluyen los niños en edad escolar. No obstante, hay soluciones eficaces dirigidas a todas las etapas del ciclo vital.

Las ventajas principales de estas soluciones básicas estriban en que incrementan la eficacia de otras inversiones en el capital humano, traen como resultado una salud mejor y fomentan la justicia social. Los costos son simplemente indicativos, pues se basan en las cifras relativas a la ejecución real en una localidad determinada. En los países pobres, los recursos necesarios para eliminar los tipos más graves de hambre y de carencias nutricionales podrían resultar proporcionalmente mayores y más difíciles de obtener.

**Figura 23 – Soluciones prácticas para todas las etapas del ciclo vital**

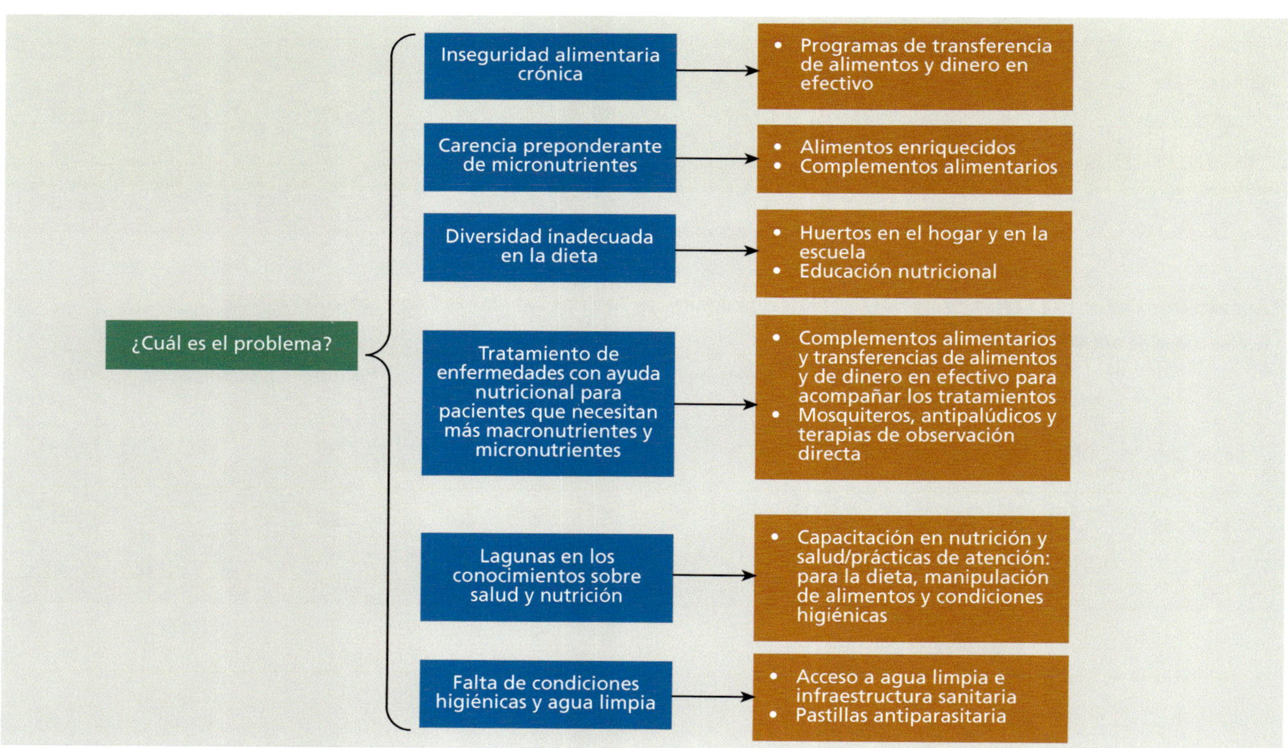

| Soluciones básicas | Costos indicativos |
|---|---|
| Transferencias de alimentos y de dinero en efectivo | Ración por persona dependiente completamente de la ayuda alimentaria: 5,10 dólares por persona y mes (PMA, 2000, 2006). |
| Suministro selectivo de complementos de micronutrientes | Hierro: 3,17-5,30 dólares por niño y tratamiento (Horton, 2006).<br>Hierro + ácido fólico: 0,027 dólares por pastilla (Gillespie *et al.*, 2007).<br>Vitamina A: 0,25-0,67 dólares por niño y dosis (Banco Mundial, 2004).<br>Cinc: 0,47 dólares por niño y tratamiento (Gillespie *et al.*, 2007). |
| Alimentación suplementaria | Ración in situ: 2,09 dólares por persona y mes (PMA, 2002, 2006).<br>Ración para llevar a casa: 3,11 dólares por persona y mes (PMA, 2002, 2006). |
| Alimentación complementaria | 3,11 dólares por niño y mes (PMA, 2002, 2006). |
| Enriquecimiento alimentario a gran escala | Yodo: 0,10 dólares por persona y año (OMS y FAO, 2006).<br>Hierro: 0,12 dólares por persona y año (OMS y FAO, 2006).<br>Vitamina A: 0,10 dólares por persona y año (OMS y FAO, 2006).<br>Cinc (harina de trigo): 0,06 dólares por persona y año (OMS y FAO, 2006). |
| Alimentos enriquecidos en el hogar | Paquete de complementos dietéticos: 0,015-0,035 dólares por paquete (Zlotkin, 2007). |
| Ayuda nutricional para el tratamiento de enfermedades (VIH/SIDA y tuberculosis) | Ayuda nutricional para tratamiento antirretroviral: 4,99 dólares por niño y mes (PMA, 2006).<br>Ayuda nutricional para tuberculosis: 4,99 dólares por niño y mes (PMA, 2006). |
| Prevención de enfermedades infecciosas: | |
| Paludismo | Medicamentos contra el paludismo: 0,10-0,20 dólares por tratamiento (Gillespie *et al.*, 2007).<br>Mosquiteros: 2,50-3,50 por mosquitero (Gillespie *et al.*, 2007). |
| Tuberculosis | Terapia de observación directa: 128 dólares por tratamiento (Gillespie *et al.*, 2007). |
| Parásitos | Pastillas antiparasitarias y entrega: 1,40 dólares por niño y año (PMA, 2007). |
| Enfermedades diarreicas | Terapia de rehidratación por vía oral: 0,08–0,10 dólares por tratamiento (Gillespie *et al.*, 2007). |
| VIH/SIDA | Preservativos masculinos: 0,03 dólares por unidad (UNFPA, 2005). |
| Diversificación de las dietas y fomento del consumo de alimentos de calidad | Comidas escolares: 20 dólares por niño y año (PMA, 2007).<br>Huertos escolares, como parte del conjunto básico de servicios: 16 dólares por niño y año (PMA, 2007). |
| Transmisión de conocimientos sobre asistencia sanitaria y métodos alimentarios | Fomento de la lactancia: 2-3 dólares por niño (Caulfield *et al.*, 2006).<br>Programas nutricionales en la comunidad: 2-10 dólares por niño (Caulfield *et al.*, 2006).<br>Formación antiparasitaria para los maestros: 0,78-1,08 dólares per cápita por año (Proyecto de Prioridades en el Control de Enfermedades, 2006).<br>Formación sobre el VIH: 0,48 dólares por niño y año (PMA, 2006).<br>Formación sobre nutrición para embarazadas: 3,75 dólares por mujer y año (Banco Mundial, 1994). |
| Acceso a agua limpia y mejora de las condiciones higiénicas | Tratamiento del agua ("puntos de uso"): 170-525 dólares por unidad (EPA, 2007).<br>Fosa séptica: 415 dólares por unidad (Grupo de trabajo de la zona EECCA, 2006). |

Fuentes y métodos de cálculo: véanse las páginas 208–210.

Probablemente esto sea así porque el costo de los servicios sanitarios básicos varía muchísimo dependiendo del país, la región, la cercanía de medios de transporte y rutas de suministro, la geografía, la topografía y la densidad de la población. Por lo tanto, es difícil presentar cifras de costos absolutas; el promedio de costos contiene enormes desviaciones y, a menudo, es mucho más elevado cuando los programas llegan a las personas que más los necesitan. No obstante, las soluciones recomendadas en el cuadro que se incluye a continuación y que se analizan en este capítulo son bien conocidas, eficaces y asequibles.

## Soluciones para todas las etapas del ciclo vital

Las soluciones básicas propuestas son prácticas y apropiadas para todas las etapas del ciclo vital. Hay que resaltar que combinan soluciones basadas en la alimentación con otras cuyo objeto es solucionar problemas de salud más amplios. Sus características más destacadas son un acceso a la asistencia sanitaria básica y el tratamiento del hambre oculta con complementos dietéticos de micronutrientes.

Entre las soluciones prácticas que ofrecen beneficios a lo largo de todo el ciclo vital se encuentran la de suministrar mosquiteros tratados con insecticida para combatir el paludismo y otras enfermedades transmitidas por agentes portadores, la diversificación de las dietas para conseguir una nutrición más equilibrada, la de facilitar el acceso al agua limpia e impartir instrucción y conocimientos sobre prácticas higiénicas y sanitarias. Las pastillas antiparasitarias se deberían conseguir inmediatamente y sin ningún problema. La formación en nutrición y salud, en la que se incluye ayuda en las tareas y métodos alimentarios y de puericultura que tengan relación con la dieta, la comida y el estilo de vida saludable, constituye un complemento fundamental de la asistencia sanitaria durante todas las etapas del ciclo vital.

**Transferencias de alimentos y dinero en efectivo.** Las transferencias selectivas de alimentos y dinero en efectivo ayudan a los hogares más vulnerables a hacer frente a los imprevistos y satisfacer sus necesidades mínimas de consumo de alimentos. Esta ayuda se puede proporcionar a través de determinados distribuidores generales de alimentos, alimentación suplementaria general, programas de nutrición y salud para madres e hijos, alimentación en instituciones, actividades de alimentos por trabajo y dinero por trabajo, actividades de alimentos o dinero para la capacitación y alimentación en las escuelas.

Es sumamente importante sensibilizar sobre las cuestiones de género a los responsables de los programas de transferencia de alimentos y dinero en efectivo. Por ejemplo, se recomienda que se destinen tanto los alimentos como el dinero a las mujeres por dos razones principales: primero, porque las mujeres suelen ser las principales encargadas de la gestión de los alimentos en la familia; y segundo, porque es mucho más probable que las mujeres usen las raciones de alimentos para la nutrición familiar, en lugar de para venderlas o intercambiarlas por otros artículos. Ciertas medidas pueden mejorar la eficacia de las transferencias de alimentos y de dinero, especialmente las que garanticen que:

- las transferencias no comporten ningún riesgo de ataques o abusos;
- se establezcan disposiciones especiales para las embarazadas, las mujeres que tengan hijos pequeños y los ancianos;
- las mujeres sean capaces de transportar la comida a sus hogares: las distancias hasta los puntos de distribución sean cortas y los paquetes de alimentos no pesen demasiado; y
- los programas no interfieran con las demás responsabilidades domésticas de las mujeres (PMA, 2000).

**Alimentación suplementaria.** Los programas de alimentación suplementaria selectiva están dirigidos a personas que se encuentran en situaciones de riesgo, con el objetivo de:

- posibilitar la recuperación a aquellas personas que sufran una subalimentación moderada, especialmente niños y adolescentes;
- impedir que las personas con una subalimentación moderada lleguen a sufrir una subalimentación grave;
- reducir el riesgo de morbosidad entre los niños menores de 5 años;
- proporcionar complementos alimentarios a las embarazadas y mujeres que amamanten a sus hijos y otras personas en situaciones de riesgo; y
- proporcionar un seguimiento a las personas procedentes de programas de alimentación curativa.

Por ejemplo, un niño menor de tres años necesita extraer entre un 25% y un 35% de energía de las grasas. Todos los niños precisan alimentos ricos en vitamina A: normalmente, leche materna, alimentos de origen animal (huevos, hígado, pescado, productos lácteos), verduras, frutas de color naranja y hortalizas. Después de una enfermedad, un niño necesita más comidas cada día durante al menos una semana. La alimentación suplementaria resulta más rentable cuando se integra en actividades que abordan también las causas de la desnutrición que no están relacionadas con los alimentos.

**Alimentos enriquecidos.** El enriquecimiento de los alimentos es el proceso por el cual se añade uno o más micronutrientes a los alimentos que se consumen con más frecuencia, para mejorar la calidad de la dieta. El enriquecimiento aumenta la ingesta de micronutrientes, con lo que se compensa una escasa ingesta o biodisponibilidad de uno o más nutrientes. El crecimiento o las infecciones pueden hacer

**Harina de maíz enriquecida**

Mediante un proyecto piloto llevado a cabo en 2003 en Zambia se demostró que la harina de maíz enriquecida en molinos portátiles en un campamento de refugiados supuso una mejora enorme del estado de salud y nutricional de aquellas personas. Se registraron mejoras en la estatura y el peso de los niños, se produjo una disminución de la anemia del 47,7% al 24,3%, y la carencia de vitamina A se redujo del 46,4% al 20,3%. Disminuyeron los índices de enfermedad entre las mujeres y los niños, y mejoró el desenlace de los embarazos (PMA, 2007).

que se incrementen las necesidades de micronutrientes.

El vehículo idóneo para los alimentos es aquel que es aceptable, asequible, que se consume habitualmente y que está disponible para toda la población a través de un sistema de distribución eficaz. El enriquecimiento de alimentos que no han sido procesados, como el grano integral o las legumbres, puede resultar difícil, especialmente en los planos subnacionales; pero, en Nigeria y Zambia y en algunos países de Centroamérica, es práctica habitual enriquecer el azúcar con vitamina A para toda la nación. Por ejemplo, el PMA enriquece algunos alimentos procesados, como la sal, el aceite, la harina de cereales, alimentos compuestos y galletas, y está participando con más frecuencia en la producción nacional de alimentos compuestos enriquecidos. Actualmente, se están efectuando pruebas para el enriquecimiento del arroz.

El enriquecimiento no es la única opción disponible para suministrar nutrientes: ofrecer complementos dietéticos puede ser una estrategia más eficaz, según sea el tipo de carencia que se intente paliar y las circunstancias específicas del lugar.

**Alimentación suplementaria.** Un complemento alimentario es normalmente un nutriente añadido a un alimento que previamente carecía de él. Existen varios tipos de complementos alimentarios reconocidos como tales: i) aditivos que restituyen un déficit a sus niveles "normales"; ii) aditivos que aumentan el valor nutritivo de un alimento; y iii) complementos que se ingieren aparte de la dieta normal.

Junto con los alimentos enriquecidos, la alimentación suplementaria es un componente fundamental para luchar contra las carencias nutricionales de grupos seleccionados que se encuentran en una situación crítica. Los programas sostenibles y eficaces de alimentación enriquecida y suplementaria incluyen (Sanghvi *et al.*, 2007):

- conjunto de intervenciones, organizadas en torno a dos planteamientos principales de eficacia demostrada (los alimentos enriquecidos y la alimentación suplementaria) y la constatación de que las personas obtienen los micronutrientes por múltiples canales; y
- criterios comunitarios que rijan la alimentación suplementaria y las estrategias correspondientes, como la de ampliar el alcance de las actividades e intensificar la movilización social para garantizar que se llegue a toda la población marginada.

A pesar del éxito que se ha conseguido con los alimentos enriquecidos, es preciso elaborar nuevas estrategias para satisfacer las diversas y muy variadas necesidades de micronutrientes que tienen las poblaciones más vulnerables. Algunos grupos, como los niños menores de dos años, presentan más necesidades de micronutrientes que, en ocasiones, resulta difícil satisfacer mediante las estrategias actuales. Se están ensayando nuevos productos para contrarrestar de forma más eficaz las carencias de micronutrientes: en concreto, se están revisando y configurando nuevas fórmulas de alimentos compuestos.

El enriquecimiento de alimentos en el hogar es una estrategia muy prometedora para suministrar micronutrientes a los niños, y consiste en añadir a las comidas preparadas en el hogar polvos y pastas que se untan sobre los alimentos. Las experiencias obtenidas en Darfur e Indonesia demuestran que es posible enriquecer los alimentos para una sola persona o para toda una familia con la cantidad exacta de micronutrientes.

**Diversificación de las dietas.** La diversificación de las dietas puede servir para prevenir carencias de micronutrientes. El fomento de huertos en la escuela y en el hogar, la capacitación en técnicas agrícolas y la educación sobre nutrición son soluciones rentables que

## La lucha contra la inseguridad alimentaria crónica mediante programas de protección social basados en actividades productivas

La prevalencia de la desnutrición sigue siendo muy elevada en las altas regiones del noroeste de Etiopía, donde el 52% de los niños menores de 5 años presenta insuficiencia ponderal, y en la región de Amhara, donde el 57% presenta retraso del crecimiento. Desde 2005, la organización Save the Children es una de las instituciones colaboradoras en la aplicación de un programa de protección social basado en actividades productivas de alcance nacional. Se trata de uno de los programas gubernamentales prioritarios para la lucha contra el hambre, uno de sus componentes principales consiste en proporcionar dinero en efectivo o alimentos a cambio de trabajo, con los objetivos de abastecer con transferencias a las poblaciones que sufren una inseguridad alimentaria crónica (de manera que puedan satisfacer sus necesidades más perentorias e impedir el agotamiento de su patrimonio), y crear bienes para la comunidad.

Las operaciones complementarias amplifican las repercusiones de los programas por lo que respecta al estado nutricional de los niños e incluyen actividades de promoción de los medios de subsistencia, como la entrega de ovejas o cabras, pollos y abejas, y una educación nutricional para que las madres perfeccionen su pericia en el cuidado de sus hijos.

### Meket *Woreda* del estado regional de Amhara (2004–2006)

El proyecto de actividades de dinero por trabajo llevado a cabo en Meket *Woreda* (distrito administrativo) entregó pagos en efectivo por valor de 1.106 birr (unos 125 dólares EE.UU.) por hogar a 70.000 personas vulnerables, que sufrían inseguridad alimentaria crónica. Los datos mensuales de gastos detallados recabados en 50 hogares demostraron que casi el 76% de los presupuestos de las familias se dedicaban a la adquisición de alimentos como azúcar, aceite, patatas y carne. Las madres de familia señalaron que, gracias a la intervención monetaria, podían alimentar a sus hijos con una cesta de la compra mejor provista, que incluía una mayor variedad de cereales y legumbres, productos de origen animal y aceite, y con comidas más frecuentes. Las familias podían adquirir también jabón y ropa y tener más acceso a la atención médica.

Además del programa básico de actividades de dinero por trabajo, se puso en práctica un componente complementario que tenía como objetivo proteger y fomentar la lactancia materna. Un análisis de las causas de la desnutrición realizado antes del comienzo del programa descubrió que, para los niños menores de seis meses, la lactancia materna era el factor determinante más importante de la desnutrición: los niños que no se alimentaban exclusivamente de leche materna tenían cinco veces más probabilidades de estar subalimentados. Las mujeres más pobres informaron de que, después de dar a luz, tenían que marcharse de casa muy pronto y estar fuera mucho más tiempo para conseguir comida y dinero para sus familias y, por lo tanto, tenían menos posibilidades de alimentar exclusivamente a sus hijos con la lactancia materna durante los primeros seis meses de sus vidas. En consecuencia, gracias al programa se intervino de manera que las mujeres que estaban amamantando a sus hijos pudieran dejar de trabajar por dinero y, en su lugar, asistieran a sesiones de educación y nutrición con sus bebés y, por lo tanto, tuvieran la posibilidad de amamantarlos durante más tiempo.

*Colaboración de Save the Children del Reino Unido a la* Serie de informes sobre el hambre en el mundo.

contribuyen a aumentar la diversidad de las dietas. Un elemento fundamental es el mayor consumo de verduras y fruta, carne de ave, pescado y carne de animales pequeños, por lo que se garantiza la ingesta de una variedad mucho mayor de vitaminas y minerales de los que componen normalmente las dietas básicas de las personas que padecen hambre. Entre otras formas de diversificar las dietas se encuentran:

- el aumento de nutrientes mediante el cultivo de plantas;
- mejora de la diversidad de la producción agrícola por medio de cultivar pequeños huertos en la escuela y en el hogar; y
- la capacitación en procesamiento y almacenamiento domésticos de los alimentos.

**Ayuda nutricional con el tratamiento de enfermedades.** Los tratamientos de algunas enfermedades, como el antirretroviral y la terapia de observación directa, deberían ir acompañados de ayuda nutricional. Incluso sin el tratamiento, las personas afectadas tienen más necesidades energéticas y de micronutrientes. Como se analizó en la Parte II, las pruebas indican que el tratamiento antirretroviral y la terapia de observación directa requieren una ingesta continua altamente nutritiva para ser eficaces y sostenibles. Por lo tanto, para aprovechar al máximo los beneficios de esos tratamientos, es importante una alimentación adecuada y de calidad.

## Se pueden salvar muchas vidas con una nutrición adecuada

Cuando los pacientes reciben por fin tratamiento, ya han pasado semanas o meses de sufrimiento que han agotado sus recursos financieros, lo que les dificulta más todavía conseguir alguna comida que consumir con los medicamentos. En Kenya y Mozambique, por ejemplo, algunas personas no quieren someterse a tratamiento porque no disponen de suficiente comida para saciar el mayor apetito que resulta de los tratamientos antirretrovirales y de las terapias de observación directa (PMA, 2006a).

**Mosquiteros tratados con insecticidas y antipalúdicos.** Los mosquiteros tratados con insecticidas son un vehículo muy económico para impedir los contagios de paludismo. Se ha demostrado que reducen enormemente la morbosidad y la mortalidad y, por lo tanto, mejoran el estado nutricional. Los mosquiteros impregnados, por ejemplo, reducen significativamente el paludismo materno y placentario y la anemia materna y, como consecuencia, reducen el riesgo de bajo peso al nacer para los recién nacidos (Ter Kuile *et al.*, 2003).

Los mosquiteros tratados con insecticidas no constituyen una solución única e independiente para el paludismo, pero los resultados sorprendentes que han tenido en la reducción de la transmisión del paludismo y la cantidad de vidas humanas que han contribuido a salvar sugieren que deberían convertirse en un componente básico de los programas de salud en todas las zonas en las que exista paludismo endémico (Hawley *et al.*, 2003).

**Pastillas antiparasitarias.** Los tratamientos contra los parásitos, que se suelen administrar en forma de pastillas, suponen una manera eficaz y económica de resolver las carencias de micronutrientes, incluida la anemia, resultado de una mala absorción de nutrientes provocada por parásitos intestinales. Una infestación crónica puede desembocar a largo plazo en retrasos del desarrollo físico y mental. Una infestación parasitaria grave puede provocar la muerte (UNICEF, 2007c). Uno de los canales más eficaces para proporcionar tratamientos antiparasitarios son los programas realizados en las escuelas.

## Promoción del uso de mosquiteros

Population Services International adoptó un planteamiento totalmente novedoso para fomentar entre las personas pobres de Malawi el uso de los mosquiteros tratados con insecticida. El programa vende mosquiteros por 0,50 dólares a las madres a través de las clínicas prenatales rurales; la enfermera que distribuye los mosquiteros recibe 0,09 dólares por cada uno de ellos, lo que supone un incentivo para garantizar que siempre haya suficientes existencias del producto. Los mosquiteros se venden también a los malawianos más ricos a través de canales del sector privado a un precio más elevado (unos 5 dólares) Los beneficios que se obtienen de estas ventas se usan para subvencionar los mosquiteros que se distribuyen en las clínicas prenatales, de manera que el programa se financia a sí mismo. El programa ha contribuido a incrementar, del 8% en 2000 al 55% en 2004, el promedio nacional de niños menores de 5 años que duermen bajo la protección de un mosquitero, con un incremento parecido en el caso de las gestantes. Un sondeo de seguimiento descubrió que quienes habían comprado los mosquiteros hacían de ellos un uso prácticamente total. En comparación, el estudio de un programa que había repartido gratuitamente mosquiteros a los habitantes de Zambia reveló que el 40% de las personas que los recibieron no los utilizaron (Easterly, 2006).

## Ejemplos de Uganda y Afganistán

Un análisis de rentabilidad de un programa antiparasitario llevado a cabo en todas las escuelas nacionales de Uganda demostró que el costo por niño se situaba entre los 0,32 y 0,70 dólares por tratamiento, realmente poco en comparación con lo beneficioso que resulta para la salud de esos niños (Brooker *et al.*, 2007).

La campaña antiparasitaria nacional, una iniciativa conjunta del gobierno, el PMA, el UNICEF y la OMS, impartió sesiones de formación en educación sanitaria e higiene a 8.800 maestros; como consecuencia, 6 millones de niños recibieron tratamiento contra los parásitos en 2006 (PMA, 2006b).

**Agua limpia y mejora de los métodos higiénicos y sanitarios.** El agua insalubre y unas condiciones higiénicas inadecuadas, que afectan a más de 1.100 millones de personas, son los problemas básicos que están directamente relacionados con las causas de la desnutrición (la calidad y cantidad de alimentos

**Resultados en Kenya**

En Kenya se introdujo un sistema hidráulico fiable para reducir el peligro de propagación de la diarrea. Los maestros instruyeron a sus alumnos sobre el agua salubre y las prácticas higiénicas. Entre las aulas se colocaron contenedores que se llenaban diariamente con agua tratada. Las visitas al médico provocadas por la diarrea alcanzaron entre enero y marzo de 2002 la cifra de 130, y en 2003 llegaron a las 71; pero en 2004, después de la puesta en marcha del proyecto, sólo se registraron 13 accesos diarreicos (Migele *et al.*, 2007).

consumidos y la propagación de las enfermedades). Los niños cargan con la peor parte, pues casi todas las personas que contraen enfermedades relacionadas con el estado del agua son menores de cinco años de edad, y la mayor proporción corresponde a los menores de dos años (Proyecto de Prioridades en el Control de Enfermedades, 2007).

Las infecciones que se transmiten por el agua son la principal causa de diarrea. Cuando se combinan con un acceso más limitado a la asistencia sanitaria preventiva y curativa, el agua insalubre y las condiciones higiénicas inadecuadas acarrean consecuencias muy graves. Mejorar la obtención de agua limpia y fomentar condiciones higiénicas y de saneamiento básicas son soluciones básicas para reducir el hambre y mejorar la salud.

## Etapas propicias para las intervenciones

### Primeros años de vida: soluciones para madres, bebés y niños pequeños

Estudios demográficos y sanitarios llevados a cabo recientemente en Bangladesh, Camboya, el Chad, Etiopía y Tanzanía dejan bien claro cuál es la primera "oportunidad vital" para la intervención (primeros años de vida, en los que se incluye la gestación, los primeros meses de vida y la primera infancia). En esos países, la media de peso empieza a decaer alrededor de los 3 meses de vida y se precipita en picado hasta los 10 meses, a los que sigue un rápido declive hasta los 12 meses. En todos esos países, excepto en el Chad, se observa un declive más lento que se acerca al promedio normal alrededor de los 35 meses. Este pronunciado nivel de trastornos del crecimiento en los primeros años de vida demuestra la importancia que tiene concentrar las intervenciones preventivas durante esta etapa crucial.

Durante el embarazo, especialmente si es primerizo, los objetivos primarios son prevenir la mortalidad de la madre y el bajo peso del bebé al nacer. Controlar el aumento de peso durante el embarazo y el crecimiento del niño resulta esencial para prevenir o tratar las carencias nutritivas o los problemas de salud. Ha quedado demostrado que la administración de complementos dietéticos para garantizar una ingesta

**Figura 24 – Ejemplos nacionales de trastornos del crecimiento (peso para la edad)**

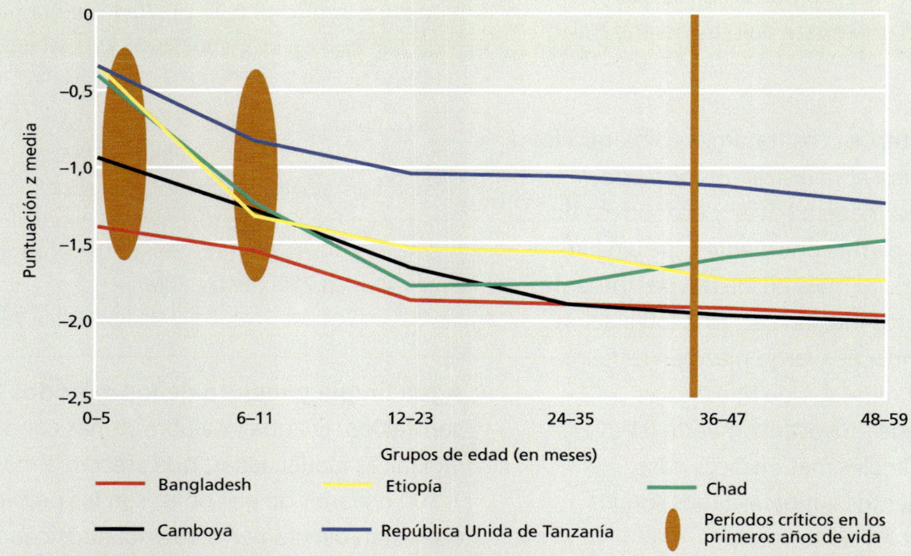


Fuente de los datos: Estudios demográficos y sanitarios de los países[8]

energética suficiente es una de las acciones más importantes, especialmente durante el segundo y el tercer trimestre de gestación. También se ha revelado especialmente eficaz dispensar complementos de micronutrientes a las embarazadas que sufren anemia.

**Garantizar la obtención de alimentos complementarios densos en nutrientes.** Los alimentos complementarios no son alimentos para el destete (que implica el cese de la lactancia materna). No obstante, en la dieta de los niños pequeños se deben introducir paulatinamente alimentos semisólidos como un complemento de la leche materna.

La cantidad, calidad, forma y frecuencia de uso de esos alimentos complementarios son muy importantes. No deben suponer un peligro para el bebé, deben ser agradables al gusto, ricos en energía, ricos en micronutrientes y estar preparados con cuatro ingredientes básicos: i) cereales o tubérculos; ii) fuentes proteínicas; iii) suplementos vitamínicos y minerales; y iv) fuentes energéticas como el aceite (PMA, 2000).

La introducción de los alimentos complementarios resulta más efectiva si se acompaña de métodos de alimentación y de puericultura adecuados. Una combinación de demostrada eficacia es la integrada por la alimentación (lactancia materna y alimentación complementaria), higiene y salubridad (relativa a la preparación de la comida y el acceso a agua limpia), y la atención al niño (estimulación).

**Lactancia materna como alimentación exclusiva durante los seis primeros meses.** La OMS y el UNICEF recomiendan que los bebés reciban exclusivamente lactancia materna durante los primeros

### La lecha materna es más que un alimento

La leche materna protege a los bebés de la diarrea y las enfermedades respiratorias agudas, estimula su sistema inmunológico y mejora su reacción a las vacunas. La leche materna, recomendada durante los dos primeros años, como mínimo, y como alimento exclusivo durante los primeros seis meses de vida del bebé, se remplaza a menudo con leches comerciales u otros sustitutos. La alimentación con biberones es cara y comporta el riesgo de enfermedades adicionales y muerte, especialmente en lugares donde los índices de enfermedades infecciosas son muy altos y donde la preparación y almacenamiento de los alimentos sustitutivos no se realiza de forma adecuada. Los niños que no son amamantados y viven en lugares plagados de enfermedades y en condiciones poco higiénicas, ven cómo sus probabilidades de morir víctimas de la diarrea se multiplican de 6 a 25 veces más, y las probabilidades de morir víctimas de la neumonía son 4 veces más elevadas que las de los niños alimentados con leche materna (UNICEF, 2007a).

**Figura 25 – Soluciones prácticas para mujeres embarazadas y lactantes, bebés y niños pequeños**

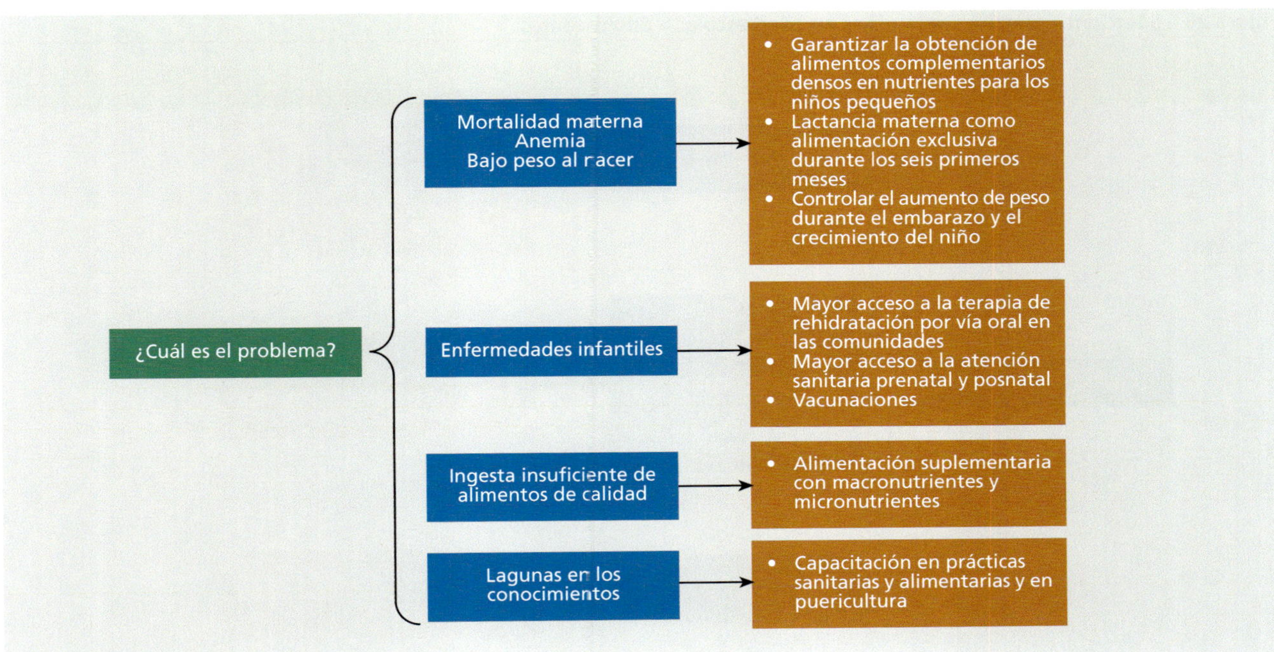

seis meses de vida para reducir así, y de forma importante, la mortalidad y la malnutrición infantil. Recomiendan también que, hasta los dos años de vida, se siga amamantando a los niños y además se les proporcione una alimentación complementaria segura, apropiada y adecuada, con el objetivo de reducir la mortalidad y los retrasos del crecimiento. El éxito depende de la promoción de actividades educativas que ayuden a las madres a mejorar la eficacia de sus métodos de lactancia.

**Control del aumento de peso y el crecimiento del niño.** La nutrición y las enfermedades alteran enormemente el crecimiento de un niño. Los problemas, especialmente la desnutrición, se pueden detectar mediante el control del crecimiento mucho antes de que aparezcan otros signos y síntomas. La manera más eficaz de controlar el crecimiento es medir el peso y la altura como elementos integrados en un solo componente, tal y como se lleva a cabo en los programas de salud maternoinfantil.

**Terapia de rehidratación por vía oral en el seno de la comunidad.** Con la terapia de rehidratación por vía oral se trata la pérdida de agua y electrolitos que se produce en los casos de diarrea. Los paquetes de sales de rehidratación por vía oral (que cuestan unos 0,10 dólares cada uno) o una sencilla solución de azúcar y sal en agua pueden hacer que disminuya considerablemente la tasa de mortalidad infantil por deshidratación diarreica. Dada la eficacia de la terapia de rehidratación por vía oral y la prevalencia de las enfermedades diarreicas, es preciso que las clínicas de las comunidades dispongan de los medios necesarios para proporcionar esa terapia a los niños que estén en peligro (OMS y UNICEF, 2006). Por ejemplo, la terapia podría llegar muy fácilmente a las comunidades junto con las vacunas infantiles.

### Terapia de rehidratación por vía oral en Bangladesh

Entre 1980 y 1990, una ONG de Bangladesh impartió formación a más de 12 millones de madres para que aprendieran a preparar en sus hogares la terapia de rehidratación por vía oral, con sal y azúcar moreno. La formación vino acompañada de la oferta y distribución de terapias de rehidratación empaquetadas, por parte del gobierno y varias organizaciones. En 1993, un análisis efectuado en toda la nación reveló que el 70% de las madres sabía preparar en el hogar la terapia de rehidratación por vía oral y que ésta se utilizaba para tratar el 60% de todos los accesos de diarrea. Los farmacéuticos y médicos de pueblo recomiendan la terapia de rehidratación por vía oral más frecuentemente que antes, y ha aumentado la disponibilidad de los paquetes ya preparados en las farmacias rurales. Existe la certeza de que en el fomento a gran escala de la terapia de rehidratación por vía oral para el tratamiento de la deshidratación producida por la diarrea se encuentra el origen de estas mejoras (Chowdhury *et al.*, 1997).

**Figura 26 – Soluciones prácticas para niños en edad escolar y adolescentes**

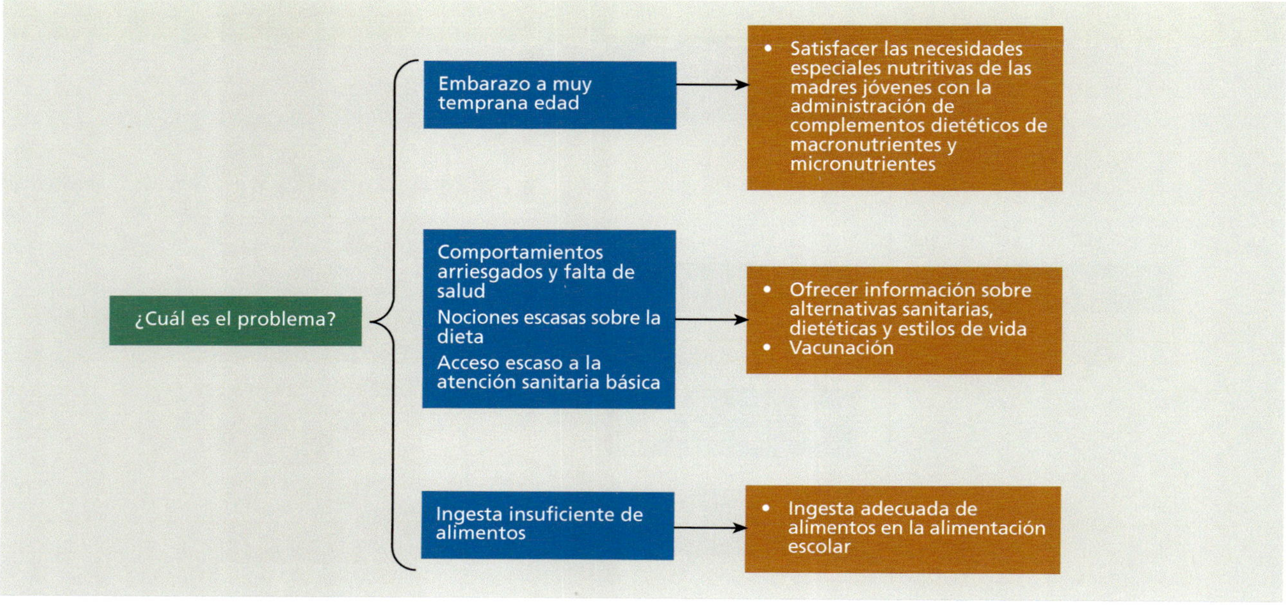

**Vacunación.** La vacunación es una de las operaciones más importantes y rentables que se pueden proporcionar en el ámbito de los sistemas sanitarios; es fundamental para salvar las vidas de los niños. Es un medio asequible para proteger a comunidades enteras y reducir la pobreza. Se calcula que la vacunación ha salvado 20 millones de vidas en las dos últimas décadas (UNICEF, 2007b).

## Adolescencia: soluciones para los niños en edad escolar y adolescentes

Las soluciones encaminadas a los niños en edad escolar y a los adolescentes deben contemplar el crecimiento y el desarrollo cognitivo, fomentar un dieta y un estilo de vida sanos y transmitir conocimientos para prevenir riesgos para la salud.

**Fomento de un estilo de vida saludable.** Las intervenciones más eficaces, junto con una dieta adecuada y de calidad, son las que contemplan las dificultades sociales y de conducta a las que se enfrentan los adolescentes (como el tabaco, los comportamientos sexuales arriesgados) los prevención del VIH y el fomento de un estilo de vida saludable. Son también fundamentales las estrategias a largo plazo que mejoren el estado nutricional, retrasen la edad para el matrimonio y el primer embarazo, consigan que las chicas no abandonen la escuela y otorguen autonomía a las mujeres más jóvenes.

**Alimentación escolar.** La alimentación en la escuela, además de convertirse en un incentivo para que los padres envíen a sus hijos al colegio, mejora la nutrición y la salud; consigue que los estudiantes ofrezcan un mejor rendimiento, con menos repeticiones de curso; y reduce los índices de abandono escolar. Cuando se acompaña con actividades didácticas complementarias, la alimentación escolar puede convertirse en una respuesta a cuestiones como la nutrición y la diversidad dietética, la higiene, los estilos de vida saludables y la prevención del VIH/SIDA.

### Alimentación escolar innovadora para adolescentes

Por regla general, los alumnos mayores, especialmente los de enseñanza secundaria, participan mucho menos de las comidas escolares que los niños de la escuela primaria: lo normal es que digan que desayunar "no es cool". Las comunidades de indios americanos de la Reserva Flathead (cabeza plana) en Ronan, Montana (Estados Unidos) descubrieron la forma de incrementar la participación de los alumnos de más edad: incorporaron la fruta fresca al programa. Añadir fruta fresca fue una solución sencilla pero eficaz, porque los alumnos podían tomar una manzana, una pera o un plátano y comérselos de camino a clase. Como consecuencia, la cifra de alumnos de enseñanza secundaria que comían fruta por las mañanas se disparó del 10% al 70% (USDA, 2005).

***Estas soluciones básicas reportan el beneficio de eliminar el hambre, obtienen como resultado una mejor salud, fomentan la igualdad social e incrementan la eficacia de otras inversiones en capital humano.***

## *Intermezzo 7: Sprinkles*, una forma innovadora y rentable de suministrar micronutrientes a los niños

Las carencias de micronutrientes afectan a un tercio de la población mundial y representan la causa de aproximadamente el 7,3% de la carga de las enfermedades en todo el mundo. Por micronutrientes se entienden las vitaminas y los minerales liposolubles e hidrosolubles. Se calcula que las carencias de hierro, vitamina A y yodo son las de mayor prevalencia. Entre los grupos de población, el más vulnerable es el de los bebés, los niños pequeños y las embarazadas, debido a que tienen muchas más necesidades fisiológicas. La anemia como consecuencia de la carencia de hierro afecta a 750 millones de niños en todo el mundo, lo que la convierte en la carencia de micronutrientes más frecuente; está presente en países de ingresos altos, medianos y bajos. Más de 100 millones de niños pequeños sufren una carencia de vitamina A, que provoca ceguera parcial o total en su forma más grave. Los trastornos que tienen su origen en una carencia de yodo afectan aproximadamente a 43 millones de personas en todo el mundo; constituyen la causa única más importante del tipo de retraso mental que se puede prevenir.

En el pasado, durante situaciones de crisis, se ha hecho más hincapié en paliar el hambre y las carencias de macronutrientes. Más recientemente se ha llegado a la conclusión de que las carencias de micronutrientes tienen la misma importancia, especialmente en aquellas poblaciones donde las carencias existían antes de la crisis. El suministro de vitaminas y minerales a las poblaciones en peligro, sobre todo durante situaciones de emergencia, desempeña una labor fundamental en la disminución de la mortalidad, la morbosidad y la propensión a las infecciones. Por lo tanto, se ha preparado una serie de recomendaciones para garantizar la ingesta adecuada de micronutrientes durante las situaciones de urgencia (OMS, 2006). Los alimentos enriquecidos con *Sprinkles* en el hogar constituyen un avance importante en la lucha mundial por reducir las carencias de micronutrientes en situaciones de crisis y en los programas de desarrollo.

### ¿Qué es *Sprinkles*?

Los alimentos que se comercializan en los países desarrollados suelen estar enriquecidos con vitaminas y minerales. *Sprinkles* es un producto excepcional que proporciona los micronutrientes necesarios para enriquecer los alimentos preparados en el hogar, de ahí la acuñación de la expresión "enriquecimiento doméstico de los alimentos".

*Sprinkles* es un polvo insípido de color blanquecino, que contiene múltiples micronutrientes y se presenta empaquetado en sobres de porción individual. El contenido completo de un sobre por día se espolvorea o se mezcla en cualquier comida semisólida o preparada en casa. Por ejemplo, *Sprinkles* se puede añadir a raciones de ayuda alimentaria enriquecidas o no enriquecidas, como las mezclas de maíz y soja o las mezclas de trigo y soja. Además, se puede añadir a las gachas de avena, a los purés, a las gachas y purés de cualquier otro cereal, féculas o tubérculos, o al yogur. El hierro que contiene *Sprinkles* está encapsulado para impedir que reaccione con la comida y reducir las posibilidades de que le cambie el sabor, el color o la textura. Su formulación ofrece la flexibilidad de la mezcla del hierro con vitaminas A, C y D, complejo de vitamina B, ácido fólico, cinc y otros micronutrientes.

### ¿Cuándo hay que usar *Sprinkles*?

El uso de *Sprinkles* es especialmente oportuno durante situaciones de emergencia, en las que las necesidades de micronutrientes que tienen los niños pequeños se ven incrementadas por la falta de alimentos frescos y variados, y por los altos índices de enfermedades e infecciones. Aunque los alimentos compuestos que se distribuyen durante las situaciones de urgencia suelen estar enriquecidos con una mezcla de micronutrientes, puede que no sean los más adecuados para dar una respuesta completa a las necesidades que tienen los bebés y los niños pequeños. Por lo tanto, *Sprinkles* se puede integrar en programas de ayuda de socorro ya existentes y contribuir a mejorar la calidad nutritiva de las raciones repartidas.

### ¿Qué pruebas hay de que *Sprinkles* es eficaz?

Para evaluar las repercusiones que *Sprinkles* tiene en la salud, se realizaron estudios en el seno de comunidades de Asia, África y todo el continente americano, en los que participaron un grupo de bebés y niños pequeños anémicos y otro grupo que no padecía anemia. Hasta la fecha, *Sprinkles* se ha utilizado con éxito en situaciones de urgencia, por ejemplo, en Indonesia y Haití, en programas de desarrollo en Bolivia, Guyana y Mongolia, y en programas de alimentación en las escuelas de China. En general, las pruebas demuestran que *Sprinkles* consigue tratar y prevenir la anemia, es seguro, los niños lo toleran bien y las comunidades y el personal que presta la ayuda lo aceptan bien.

En Indonesia, *Sprinkles* se distribuyó después del tsunami a 200.000 niños de edades comprendidas entre los 6 meses y los 12 años, lo que demuestra la viabilidad de la reciente declaración de la OMS/UNICEF/PMA sobre el suministro de micronutrientes a las poblaciones vulnerables como parte de una operación de socorro de emergencia (De Pee *et al.*, 2006). *Sprinkles* se distribuyó en Mongolia a más de 15.000 niños en edades comprendidas entre los 6 meses y los 3 años, como componente de un programa de nutrición integrado que redujo la prevalencia de la anemia del 55% al 33%. Ensayos clínicos realizados en Camboya, Ghana y la India demostraron que entre el 50% y el 65% de los bebés y niños pequeños que sufrían anemia y tomaron *Sprinkles* se recuperaron de su dolencia (Zlotkin *et al.*, 2001; Agostoni *et al.*, 2006; Hirve *et al.*, 2007).

Los datos de aceptación y conformidad recabados en todo el mundo indican que las comunidades que recibieron la ayuda aceptaron bien *Sprinkles* y lo usaron adecuadamente. En China, Haití y Pakistán, las madres informaron de los beneficios que había reportado *Sprinkles* a sus hijos y destacaron el aumento del apetito y la mejoría general de la salud del niño, de su capacidad para aprender y de su bienestar general. En Bangladesh, las principales razones que se citaron para la aceptación de *Sprinkles* incluían la facilidad con que se mezclaba el producto con los alimentos complementarios y el hecho de que su uso fomentaba la introducción apropiada de alimentos complementarios.

### ¿Cuáles son las ventajas y los beneficios colaterales del uso de *Sprinkles*?

En las situaciones de crisis, *Sprinkles* se puede añadir a cualquier alimento semisólido; no hay que esperar hasta la llegada de la ayuda de alimentos enriquecidos. Pruebas recientes han demostrado que ofrecer *Sprinkles* a los niños pequeños además de las mezclas de trigo y soja enriquecidas era más beneficioso para la disminución de la prevalencia de la anemia que darles tan sólo la mezcla de trigo y soja (Menon *et al.*, 2007).

*Sprinkles* está pensado para que aporte la cantidad de minerales y vitaminas que necesitan los niños. Se puede añadir a las comidas preparadas que ya se consumen en el lugar sin correr el riesgo de que los niños rechacen la novedad que para ellos suponen los productos comerciales que no conocen. Por lo tanto, facilita al máximo la difícil tarea de modificar las costumbres alimentarias tradicionales. A veces, almacenar inadecuadamente y cocinar en exceso los alimentos enriquecidos reducen su contenido de micronutrientes, pero *Sprinkles* se añade a la comida una vez cocinada y, por lo tanto, se reduce al mínimo la pérdida de micronutrientes.

Además de proporcionar micronutrientes, *Sprinkles* puede contribuir al destete saludable porque sólo se usa con alimentos complementarios. El uso de *Sprinkles* no interfiere con el amamantamiento y puede servir para fomentar el cambio oportuno de la leche materna a los alimentos complementarios exclusivamente a los 6 meses de edad, tal y como recomienda la OMS. Los sobres de dosis única son prácticos y fáciles de usar, y no requieren mediciones especiales ni que el usuario esté alfabetizado. Las condiciones de almacenamiento son mínimas, porque los sobres ocupan muy poco espacio (cada uno de ellos mide 3,5 x 6 centímetros y pesa 1 gramo) y tienen una caducidad de dos años. Su precio depende de la cantidad de sobres que se soliciten, la composición de la mezcla y el centro de producción, pero generalmente es de 1,5 a 3,5 centavos de dólar por sobre. Además de sus efectos beneficiosos y sus enormes repercusiones en el estado nutricional y de salud en general, los sobres no pesan prácticamente nada, de manera que resulta muy fácil transportarlos y distribuirlos; por lo tanto, son una forma rentable y operativamente viable de suministrar micronutrientes a los niños vulnerables.

### ¿Qué se precisa para llevar a la práctica un programa *Sprinkles*?

El éxito de la distribución a gran escala de *Sprinkles* dependerá de que exista un sistema de distribución bien organizado con un suministro regular de *Sprinkles*, una cobertura de la población adecuada por lo que respecta al grupo destinatario, y suficientes conocimientos y motivación por parte de los beneficiarios como para asegurar la demanda y la conformidad. Es preciso que exista también una coalición multisectorial de asociados, que implique además un diálogo con los ministerios de sanidad, los organismos de las Naciones Unidas, las ONG, la sociedad civil y organizaciones el sector privado.

Las características de un programa *Sprinkles* variarán de un país a otro dependiendo de la infraestructura disponible. Entre los socios de distribución se podría contar con el sector público, la sociedad civil y organizaciones del sector privado. En la etapa inicial de creación de una estrategia de control para *Sprinkles*, la información sobre el estado de micronutrientes de la población destinataria, así como las experiencias presentes y pasadas de los programas de micronutrientes, tienen un valor incalculable. Por cuestiones de rentabilidad, resulta provechoso integrar la intervención con *Sprinkles* en programas ya existentes, como programas relacionados con la salud o centrados en las comunidades que tengan la capacidad de crear y gestionar la distribución, evaluar la operación y vincularla con sus objetivos.

Una dificultad en la ejecución del programa estriba en que debe existir una comunicación con los beneficiarios para conseguir que éstos cumplan el tratamiento y el programa llegue a ser sostenible. Todo esto requiere una comunicación culturalmente apropiada y campañas de prensa para instruir a los beneficiarios sobre el uso correcto de *Sprinkles*, su importancia y sus posibles efectos sobre la salud, especialmente cuando se usa por primera vez. Además, sería recomendable fomentar la participación de la comunidad en la intervención de *Sprinkles*.

*Colaboración a la* Serie de informes sobre el hambre en el mundo *del doctor Stanley Zlotkin, catedrático de Ciencias de la Nutrición y de la Salud Pública de la Universidad de Toronto.*

## Mapa 7 – Desigualdades en materia de salud en el mundo

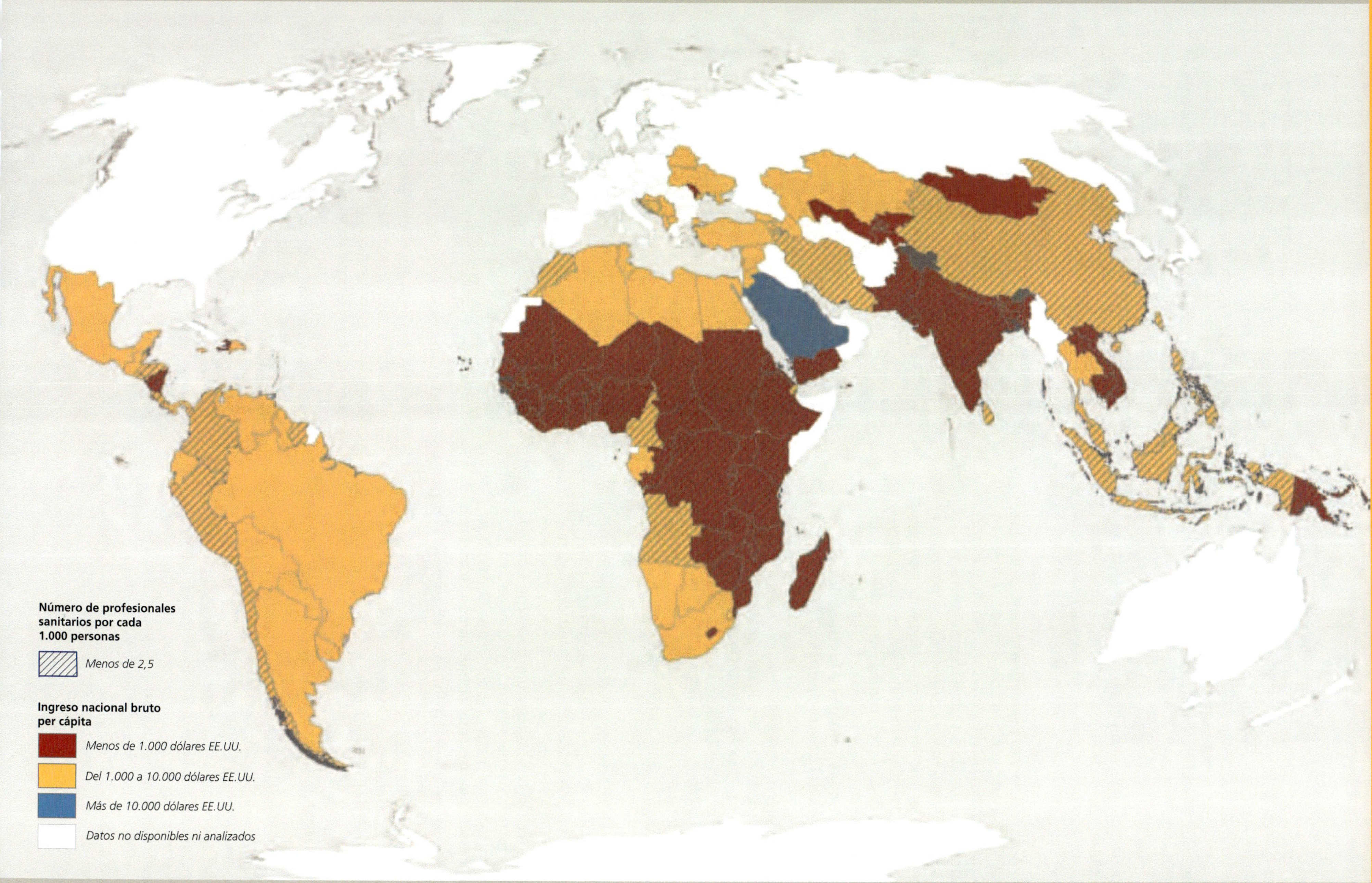


*Los límites y nombres indicados y las denominaciones empleadas en este mapa no entrañan, por parte de las Naciones Unidas, aprobación o aceptación oficial alguna.*

*Mapa elaborado por la Dependencia de VAM del PMA.*

Fuentes de los datos: OCDE, 2006; OMS, 2007

wfp vam
vulnerability analysis and mapping

*"La forma en la que crecen los humanos es un 'espejo' que refleja las condiciones socioeconómicas de la sociedad".*

John Komlos y Benjamin E. Lauderdale, 2007[9]

Pese a las varias soluciones rentables que existen para combatir el hambre y mejorar la salud, y las distintas posibilidades de orientar los compromisos políticos nacionales e internacionales hacia el objetivo de hacer frente a los problemas que sufren las personas más pobres, tanto trabajo y tanto empeño siguen siendo insuficientes. Existe el peligro, real y muy grave, de que nunca se cumplan los ODM, ya de por sí relativamente comedidos. La *Serie de informes sobre el hambre en el mundo 2007* desafía a los líderes a seguir cimentando conquistas sobre los éxitos del pasado, aunar los conocimientos actuales a la voluntad firme de acometer la puesta en marcha de soluciones prácticas y eficaces para acabar con el hambre en las próximas décadas.

Cuatro son las motivaciones más poderosas para dar prioridad a estas soluciones contra el hambre y a favor de la salud:

- El hambre y la salud deficiente se están cobrando un altísimo precio.
- Las soluciones son asequibles, rentables y sostenibles.
- Por consenso general, todos los seres humanos tienen derecho a la alimentación, la nutrición y la salud apropiadas.
- Las poblaciones bien alimentadas y saludables contribuyen con más eficiencia al crecimiento económico.

El reto para los líderes consiste en cosechar compromisos y formular estrategias para luchar simultáneamente contra el hambre y la salud deficiente, como metas explícitas del desarrollo humano y económico. En este capítulo se expone una serie de áreas en las que se podría reforzar el compromiso.

## Más concienciación: el enorme costo del hambre

Uno de los cimientos más obvios sobre los que basar una operación eficaz es llamar la atención de los responsables de la toma de decisiones hacia la prueba empírica que demuestra el peso con que el hambre, la desnutrición y la enfermedad se abaten sobre diferentes grupos sociales y económicos. Esto requiere que los gobiernos, los particulares y las organizaciones competentes en el campo de la salud y la nutrición recaben datos en los planos subnacionales y sobre grupos vulnerables específicos. También implica la obligación de evaluar las operaciones y traducir los resultados en propuestas claras y viables para los encargados de formular las políticas y para el público en general.

La defensa de las personas que padecen hambre ha sufrido de una falta de concienciación pública acerca de los auténticos costos del hambre y de la salud deficiente asociada a ella. Las manifestaciones del hambre y la nutrición deficiente, aunque enormes, son en su mayor parte insidiosas e invisibles. Incluso cuando hay sensibilización, otras prioridades pueden restringir la acción efectiva. La falta de acción efectiva es otro reflejo más de la impotencia que sienten todos los que sufren el hambre y la salud deficiente:

- Ni las personas, ni las familias, ni los gobiernos reconocen la magnitud del costo humano y económico del hambre.
- Los gobiernos no reconocen que la reducción del hambre se cuenta entre las operaciones más efectivas para combatir la lentitud del crecimiento económico y la pobreza.
- No siempre existe un consenso sobre cuándo es mejor intervenir contra el hambre y la salud deficiente.

Al final, es el grado de compromiso lo que determina si las operaciones son eficaces y sostenibles. Lamentablemente, muchas operaciones han adolecido en el pasado de un mal planteamiento, de la falta de financiación y de su incapacidad para demostrar sus repercusiones.

## Más responsabilidad: erradicar el hambre como objetivo prioritario

*"Si no sabes adónde vas, te llevará cualquier camino".*

Lewis Carroll (1865)

La erradicación del hambre no se debe relegar a objetivo secundario de otras responsabilidades. En vista de los tremendos costos humanos, económicos y sociales que se cobra el hambre, su eliminación deber ser una prioridad para el desarrollo y parte integral de las metas para la salud. Es fundamental alinear con otras estrategias sectoriales las del hambre y la salud, que se deben incluir como prioridades en los planes nacionales y locales de desarrollo. Establecer como objetivo la erradicación del hambre implica identificar con completa exactitud los problemas predominantes relacionados con el hambre y la salud, sus causas, los grupos sociales más afectados y vulnerables, los objetivos para mitigar sus efectos, la atribución de responsabilidades y los mecanismos de rendición de cuentas.

Varios países han elaborado y aplicado planes nacionales de nutrición y salud muy exhaustivos, que incluyen prioridades explícitas para eliminar el hambre. En el marco de dichos planes se admite que una única intervención no puede paliar el hambre, la morbosidad, ni la mortalidad relacionadas con ellas. Dado lo inútil que resulta proporcionar planes generales para avanzar hacia los objetivos de desarrollo, les toca a los responsables políticos adoptar decisiones concretas para cada país sobre las estrategias a seguir para luchar contra el hambre y la salud deficiente.

Un buen punto de partida consiste en ligar los compromisos con las metas para el hambre y la salud a los objetivos de las constituciones, de los planes de desarrollo nacionales o de los acuerdos internacionales, siempre y cuando incluyan:

- políticas que se puedan traducir en metas, metas en planes de acción y planes financiados con asignaciones en los presupuestos anuales, controlados regularmente;
- la financiación regular para su inclusión como apartado en los presupuestos nacionales;
- una estructura orgánica que ofrezca la capacidad directiva y administrativa necesaria para poder actuar; y
- la atribución de responsabilidades para garantizar que las medidas se apliquen por completo.

No obstante, los gobiernos suelen enfrentarse a otras demandas que también son apremiantes, y las prioridades pueden cambiar y afectar a la asignación de fondos destinados a cumplir con los objetivos relativos al hambre y la salud. Las prioridades y tendencias de los donantes también influyen en las prioridades de un país; por consiguiente, es imprescindible que los donantes apoyen los planes de los gobiernos para reducir el hambre.

## Aprovechar al máximo los recursos

***Para erradicar el costo del hambre y la salud deficiente, es fundamental incrementar los recursos humanos y financieros***

Cuando se destinan recursos a la investigación es preciso establecer objetivos y prioridades. Las estrategias encaminadas a eliminar el hambre y fomentar la salud tendrán que superar restricciones de recursos. Para conseguir resultados óptimos, se debe contar con una asignación de recursos suficiente y potenciar al máximo su uso. Pero no se trata exclusivamente de recursos financieros: entre ellos hay que incluir capacidad directiva y de gestión y apoyo a los sistemas para conseguir que los servicios sociales sean eficaces.

Hay que elaborar los programas de manera que sean sostenibles, y un elemento fundamental para lograrlo es desglosar las desigualdades por género y grupo vulnerable. En varias partes del mundo, países y regiones subnacionales se ha dado un gran paso adelante en la reducción del hambre y en la mejora de la salud: Sri Lanka y el estado indio de Kerala son dos ejemplos estimulantes. Por el contrario, otros países que están experimentando un desarrollo económico impresionante y sostenido siguen registrando altos índices de inseguridad alimentaria y desnutrición. Esto se debe a que el crecimiento de los ingresos por sí solo no implica mejoras suficientes en las esferas de la nutrición y la salud, ni el progreso económico permea necesariamente las capas más pobres de la sociedad.

## Aumento de la inversión gubernamental: un buen punto de partida

En las diferentes regiones del mundo, los gastos en salud expresados en porcentajes de las inversiones gubernamentales aumentaron entre 2000 y 2004 en Asia, Oriente Medio y el África subsahariana. Encontramos una correlación de estos aumentos, aunque lentos, en las positivas tendencias de reducción de la mortalidad, especialmente entre los niños muy pequeños (OMS, 2007).

Existen muchos programas sanitarios y nutricionales de ámbito nacional que funcionan satisfactoriamente en países con ingresos bajos y medios: Brasil, Honduras, Sri Lanka y Uganda son ejemplos de países en los que los programas nacionales se han administrado con eficiencia y eficacia. Los éxitos que Chile lleva ya mucho tiempo conquistando con sus programas nacionales, como el de alimentación complementaria, son harto conocidos: durante tres décadas, se produjo una caída espectacular de los índices de mortalidad del 119,5 al 16 por 1.000 nacimientos de bebés vivos, y la esperanza de vida aumentó hasta los 13 años (Binswanger y Landell-Mills, 1995).

No obstante, el incremento de los gastos en salud y nutrición, aunque importante, es tan sólo uno de los aspectos. Perfeccionar la efectividad y eficacia del uso de los recursos requiere un compromiso todavía más firme. Los gobiernos pueden sacar el máximo provecho a sus recursos en muchos campos diferentes: la gestión financiera y administrativa son buenos ejemplos.

Además, se puede poner mucho más empeño todavía en racionalizar los trámites burocráticos para ahorrar tiempo y dinero.

El programa "Progresa" de México es un buen ejemplo de racionalización y aumento de la eficacia. El gobierno estableció un sistema para asegurar la transparencia y la rendición de cuentas, que son aspectos críticos a la hora de potenciar al máximo la eficacia de los recursos. Se ampliaron los servicios sociales y se orientaron a dar prioridad a la mejora de la nutrición entre los niños muy pequeños, en perfilar mucho mejor el grupo destinatario para atender a los más vulnerables y en mejorar el control por parte de las instituciones para conseguir resultados realmente impactantes (Skoufias y Parker, 2001).

**Figura 27 – Gasto público en sanidad como porcentaje del PIB**

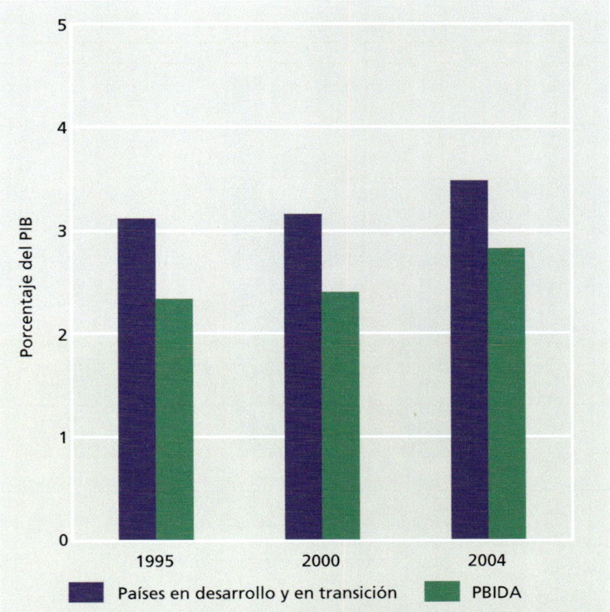


Fuente de los datos: OMS, 2007

***El reto consiste en que todas aquellas personas que se ocupan de la nutrición y la salud saquen el máximo rendimiento de los recursos con el fin de erradicar el hambre de la humanidad.***

## Uso más eficaz de los recursos para la ayuda humanitaria

En general, el flujo de recursos para la ayuda ha aumentado, pero el nivel de fondos disponibles para la salud pública básica sigue siendo muy bajo. Los donantes han mostrado más disposición a reaccionar ante los conflictos, las catástrofes naturales y las enfermedades concretas que en garantizar ayuda para la salud pública básica y la nutrición, sin tener en cuenta el hecho de que esas inversiones básicas podrían reducir el impacto de las crisis y catástrofes.

Menos de un 5% de las investigaciones sobre la salud realizadas en todo el mundo durante la década de 1990 se dedicó a las enfermedades y problemas de salud endémicos de los países en desarrollo; menos del 10% se orientó hacia los principales problemas que afectan al 90% de la población mundial. Como resultado, se han registrado para su uso clínico poquísimos productos nuevos para combatir

**Figura 28 – Gasto público en sanidad**

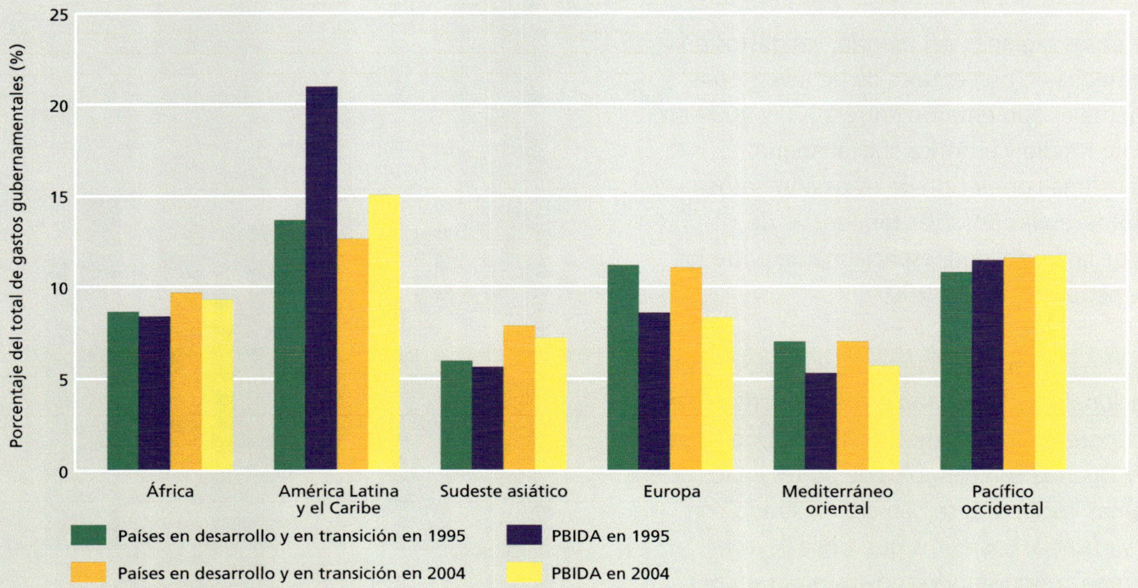


Fuente de los datos: OMS, 2007

enfermedades que son endémicas principalmente en los países más pobres (Fernholz *et al.*, 2007).

Ingentes volúmenes de fondos adicionales han ido a parar a la cura de enfermedades muy específicas debido a la publicidad que han conseguido campañas muy destacadas. Un estudio entre los donantes demuestra que los fondos se han desviado en exceso hacia el tratamiento de enfermedades concretas, más allá de lo que justificarían su prevalencia e impacto. El análisis calculó los fondos donados para 20 enfermedades infecciosas, que tradicionalmente eran de alto costo para la sociedad, durante el período comprendido entre 1996 y 2003, a partir de los datos de 42 donantes y con la clasificación de las subvenciones por enfermedades.

Los datos mostraron que la concesión de fondos no se correspondía con la magnitud de la enfermedad (Shiffman, 2006). Por ejemplo, las infecciones respiratorias agudas suponen el 25% del precio total que se cobran las enfermedades en el mundo, pero recibieron menos del 3% de la ayuda directa. El paludismo también se situó en el grupo destacado de enfermedades desatendidas, con el 9% de los fondos pero el 14% de incidencia en el mundo. La tuberculosis también se encontraba entre las dolencias relativamente infradotadas, aunque se acercaba mucho más al umbral de equilibrio. Otras enfermedades recibieron gran cantidad de fondos en comparación con su baja incidencia, entre ellas la polio, que recibió el 14% pero registra menos de un 0,1% del costo de la enfermedad para el mundo. El VIH/SIDA recibió el 46% de los fondos y es el culpable del 31% de los casos de enfermedad.

Algunos factores muy válidos explican esta varianza, entre ellos el alto precio que comporta la etapa final de la erradicación mundial de enfermedades muy concretas como la viruela y la poliomielitis, y también el hecho de concentrarse en enfermedades para las que existen soluciones rentables. Los recursos deberían dirigirse a donde más se necesitan.

## Nuevas fuentes de financiación

La concesión de fondos se ha visto influida por la prominencia de grupos de presión dedicados a una enfermedad concreta. Estos grupos han contribuido a incrementar el volumen general de recursos, pero las enfermedades que han atraído la atención de la mayoría de los donantes son a veces las menos relevantes en los países en desarrollo (Fernholz *et al.*, 2007).

Los tratamientos tienen la tendencia a atraer mayor cantidad de fondos que la prevención (buen ejemplo

## Migración de profesionales sanitarios cualificados

La OMS calcula que, en los países en desarrollo, se necesitan urgentemente por encima de los 4 millones más de médicos, enfermeros, comadronas, gestores y trabajadores de la sanidad pública. La migración de los profesionales sanitarios cualificados ha empeorado considerablemente esta situación. El desequilibro de la situación del empleo en todo el mundo comporta que los profesionales sanitarios, especialmente los enfermeros, emigran de los países más pobres a los más ricos. El Código de Conducta del Commonwealth para la Contratación Internacional de Trabajadores de la Salud es actualmente el único código internacional que intenta rectificar esta situación. En todo el mundo se ha producido una gran expansión de la educación, formación y capacitación, pero disminuye el número de personas que se necesita para sostener los programas sanitarios: los trabajadores sanitarios en las aldeas, los enfermeros y los nutricionistas de los ministerios de salud y agricultura. A menudo se dejan a un lado las personas que necesitan desesperadamente echar mano de la educación, las mujeres y las jóvenes adolescentes (OMS, 2006).

de ello es el VIH/SIDA), en parte debido a sus mayores posibilidades de conseguir resultados más inmediatos. Se ha prestado atención al hecho de percibir "rendimientos rápidos" en lugar de fijarse en aquellas áreas que requieren operaciones a largo plazo. Las instituciones que alcanzan resultados más positivos entre las personas más pobres, como los sistemas de suministro de asistencia sanitaria básica y mejoras de la sanidad pública (especialmente en las cuestiones del agua y saneamiento), muy a menudo permanecen infradotadas y frágiles.

La enorme afluencia de fondos más reciente, a través de organizaciones filantrópicas que se dedican a la lucha contra algunos problemas de salud, como el VIH/SIDA, la tuberculosis y el paludismo, ha proporcionado un tremendo impulso al tratamiento y prevención de estas enfermedades. Sin embargo, también han puesto en tela de juicio la eficacia de las intervenciones en el sector de la sanidad que se aplican "verticalmente", pues se destinan a enfermedades y afecciones concretas; las orientaciones "horizontales" se centran en la mejora de los servicios de salud pública y luchan contra las causas básicas de hambre y la salud deficiente.

Muchas de las organizaciones filantrópicas que se han creado en los últimos cinco o 10 años se han concentrado en la orientación vertical, con un planteamiento rigurosamente intervencionista. Los defensores de la orientación vertical argumentan que esos graves problemas de salud de alcance mundial, especialmente el VIH/SIDA, requieren intervenciones del tipo de las operaciones que se realizan en casos de emergencia, con sus propias infraestructuras de entrega, que se centran en un conjunto limitado de resultados cuantificables. Sin duda, podría ser un planteamiento válido, pero con esta orientación se corre el riesgo de socavar las estructuras sanitarias existentes, pues se lleva a profesionales de la salud que están trabajando en programas nacionales y desvía los fondos destinados a la atención sanitaria básica y a la nutrición.

***Se puede conseguir mucho más si se utilizan mejor los recursos disponibles. Será preciso que aumente la financiación interior y exterior para alcanzar los ODM, y mucho más todavía si la meta es superarlos.***

## Conseguir que las asociaciones funcionen

El suministro de servicios a largo plazo requiere reforzar las asociaciones. En marzo de 2005, el Foro de Alto Nivel de París siguió a los Compromisos de Roma con una declaración sobre la eficacia de la ayuda, en la que se contemplaba la apropiación, la armonización, la alineación, los resultados y la responsabilidad mutua. La armonización sigue en curso, pero los costos de las transacciones pueden ser altos debido a las dificultades para ejecutar los programas con cargo a un presupuesto único o compartiendo al personal.

La coordinación y la armonización requieren la colaboración de muchas partes interesadas en las esferas de la seguridad alimentaria, la nutrición y la salud, a escala nacional y comunitaria. Un componente fundamental en la provisión de los servicios de salud y nutrición es el apoyo a una planificación de desarrollo participativa y dirigida al ámbito nacional, que se base en un mayor intercambio de información, y también el apoyo a las iniciativas en el seno las comunidades.

En los últimos 10 años, las ONG nacionales e internacionales han ampliado su compromiso de luchar contra el hambre y la salud deficiente. Está ampliamente reconocida la capacidad de las ONG para abogar por recursos en pro de esta causa y trabajar eficazmente con la población local. Estas organizaciones han demostrado su eficacia especialmente a la hora de hacer campaña por conseguir compromisos y recursos para el desarrollo de fuentes gubernamentales y privadas.

Las asociaciones son fundamentales para erradicar el hambre y la salud deficiente. Ningún gobierno u organización aislados pueden confiar en conseguirlo por sí mismos. Las asociaciones han de incluir a los gobiernos nacionales y comunales y a las personas a las que se sirve. Deberán estar basadas en los principios de cooperación y complementariedad: son eficaces cuando existe una comprensión compartida de los objetivos que se persiguen y de los medios para alcanzarlos, así como cuando aportan insumos complementarios y competencias.

***Se requiere dedicación y empeño para establecer asociaciones que realmente influyan en los resultados.***

## Compromiso con las personas afectadas por el hambre

En los países más pobres, el problema fundamental es garantizar que las intervenciones gubernamentales lleguen a las personas más vulnerables de forma sostenida. Una razón de que buena parte de la ayuda internacional al desarrollo no consiga llegar a los más vulnerables es que éstos no tienen voz ni poder para rectificar las deficiencias o llamar la atención sobre los problemas que más importancia tienen para ellos (Easterly, 2006). No obstante, últimamente se han producido alentadoras señales de cambio.

Se contempla el derecho a los alimentos en las constituciones de unos 20 países. Las formulaciones de este derecho suelen ser ambiguas. Por ejemplo:

> *"Es deber de la familia, de la sociedad y del Estado garantizar a los niños y adolescentes, con prioridad absoluta, el derecho a la vida, la salud, la alimentación, la educación, el ocio, la formación profesional, la cultura, la dignidad, el respeto, la libertad, la familia y la vida en comunidad, además de salvaguardarlos de toda forma de negligencia, discriminación, explotación, violencia, crueldad y opresión"* (Artículo 227 de la constitución de Brasil).

> *"El Estado considerará el aumento del nivel de nutrición y de la calidad de vida de sus ciudadanos y la mejora de la salud pública como uno de sus deberes principales..."* (Artículo 47 de la constitución de la India).

### Modelos de asociaciones para la dotación de fondos

Un análisis reciente sobre los modelos incipientes de dotación de fondos concluyó que las nuevas asociaciones para la financiación promueven:

- la atención internacional a las cuestiones de salud, y las coloca en el orden del día nacional e internacional;
- fondos adicionales para los programas de salud básicos y para nuevas investigaciones;
- la mejora de la reglamentación y normativa internacional sobre dotación de fondos;
- la mejora del acceso a las intervenciones rentables de asistencia sanitaria para las personas con pocas posibilidades económicas para pagar por ellas;
- un refuerzo de los procesos y contenidos de las políticas sanitarias nacionales, con las miras puestas en los resultados; y
- un aumento de la capacidad para dispensar servicios de salud básicos.

Fuente: Buse y Harmer, 2007

Estas declaraciones son pruebas del compromiso que asumen cada vez más los gobernantes para proteger del hambre a sus ciudadanos. No obstante, existen pocos mecanismos legales para hacer cumplir estas disposiciones. Muy a menudo, las personas que padecen hambre carecen del poder y de los recursos necesarios para obligar al Estado a respetar sus propios compromisos.

Un grupo de países ha hecho grandes esfuerzos para cumplir con sus compromisos a través de programas nacionales para la erradicación del hambre, cuyo objetivo es dotar a las personas pobres de una voz más poderosa. Por ejemplo, Brasil presentó *Fome Zero* (hambre cero) en 2003, una estrategia federal para garantizar el acceso de los pobres a los alimentos. En junio de 2006, con el programa ya se había atendido a 11,1 millones de familias. El programa más emblemático es el llamado *Bolsa Familia* (estipendio familiar), a través del cual se efectúan pequeños pagos mensuales de dinero a las madres en una escala móvil. Esto aumenta la capacidad de los hogares para comprar los alimentos que más necesitan y valoran. Se selecciona a las madres como grupo destinatario para incrementar la utilidad de la transferencia monetaria: varios estudios han demostrado que las madres adjudican de la mejor manera que pueden sus escasos recursos al bienestar de sus hijos (PMA, 2000).

La coordinación a escala comunal es importante para garantizar la participación de los grupos marginados y privados de derechos. Se han elaborado procedimientos para hacer posible la participación de todas las partes interesadas, aunque no siempre se recurre a ellos. Es importante tener en cuenta los desequilibrios de poder existentes y la falta de acceso a la información para comprender la razón de que algunos grupos estén marginados y no tengan muy al abasto los alimentos ni los servicios de salud básicos.

Los procesos de participación hacen posible que los diferentes grupos proclamen abiertamente sus inquietudes o expresen su apoyo. Las decisiones pueden abarcar desde establecer la prioridad de las intervenciones que conforman los servicios básicos de salud y nutrición hasta elegir los criterios para la identificación de los destinatarios. En todas las sociedades existen estructuras informales; pueden servir, por ejemplo, para ofrecer evaluaciones e información inmediatas para el control y seguimiento.

Se han conseguido los cambios más eficaces allí donde se ha demostrado que mejorar el bienestar de los grupos marginados mejora el bienestar de toda la sociedad. En el caso de los pueblos indígenas, existen ya varios modelos y programas para luchar contra la nutrición deficiente de forma culturalmente apropiada y socialmente inclusiva.

***Es necesario que haya un sentido de apropiación y aceptación generalizadas en todos los niveles: internacional, nacional, comunitario e individual. De este modo, aunque tal vez tarden en arrancar, los programas y proyectos tendrán muchas más posibilidades de éxito.***

## *Intermezzo 8:* Asociaciones para vencer la desnutrición infantil en América Latina y el Caribe

### Derechos constitucionales a la salud y a la nutrición en la región

La mayor concienciación sobre el hambre ha motivado que los gobiernos de América Latina y el Caribe refuercen los derechos constitucionales ya existentes a la salud, a la seguridad alimentaria y a la nutrición. Con más frecuencia, esos derechos constitucionales se acompañan con planes nacionales para la salud y la nutrición más eficaces (a menudo conectados a planteamientos regionales con apoyo internacional) y con la inclusión del hambre en el orden del día de la política nacional.

El derecho a la salud está estipulado constitucionalmente en 17 de los 33 países de la región. El derecho al alimento (sin el cual no es posible aplicar el derecho a la salud) está garantizado de forma específica en las leyes fundamentales del Ecuador y Nicaragua y en las constituciones de la República Dominicana, Guatemala, Panamá y Suriname. En otros países, la constitución obliga a los gobiernos a proteger la nutrición de grupos vulnerables, como las mujeres embarazadas y lactantes, los niños, los pueblos indígenas y los más pobres. Aunque no se puede suponer que las disposiciones constitucionales por sí mismas resuelvan el problema del hambre en la región, sí que proporcionan el derecho legal a los recursos nacionales e internacionales, y las exigencias políticas y canales a seguir para contribuir a la erradicación del hambre en la región.

### Iniciativa regional: hacia la erradicación de la desnutrición infantil crónica en Centroamérica y en la República Dominicana

Las tendencias actuales conducentes a la erradicación del hambre incluyen planteamientos por regiones del mundo, basados en asociaciones nacionales e internacionales. Una de esas iniciativas es "Hacia la erradicación de la desnutrición infantil crónica para el año 2015" en Centroamérica y en la República Dominicana (CEPAL y PMA, 2007). Este plan, propuesto conjuntamente por el PMA y el Banco Interamericano de Desarrollo (BID), se presentó en una consulta técnica regional celebrada en junio de 2006 en Panamá. Es especialmente relevante, porque factores medioambientales, sociales, culturales y económicos siguen entorpeciendo el avance de Centroamérica hacia la meta de reducción del hambre de los ODM. En esta subregión, 1 millón de niños, desde su nacimiento

**Disposiciones constitucionales sobre seguridad alimentaria y nutrición en América Latina y el Caribe**

*"Es derecho de los nicaragüenses estar protegidos contra el hambre. El Estado promoverá programas que aseguren una adecuada disponibilidad de alimentos y una distribución equitativa de los mismos".*

Artículo 63 de la constitución de Nicaragua.

*"El Estado velará por que la alimentación y nutrición de la población reúna los requisitos mínimos de salud. Las instituciones especializadas del Estado deberán coordinar sus acciones entre sí o con organismos internacionales dedicados a la salud, para lograr un sistema alimentario nacional efectivo".*

Artículo 99 de la constitución de Guatemala

*"En materia de salud, corresponde primordialmente al Estado el desarrollo de las siguientes actividades, integrando las funciones de prevención, curación y rehabilitación: 1) Desarrollar una política nacional de alimentación y nutrición que asegure un óptimo estado nutricional para toda la población, al promover la disponibilidad, el consumo y el aprovechamiento biológico de los alimentos adecuados".*

Artículo 110 de la constitución de Panamá

hasta los 36 meses de edad, presentan graves deficiencias en su altura y en su peso, que indican claramente una desnutrición crónica.

"Hacia la erradicación de la desnutrición infantil crónica para el año 2015" reúne a partes interesadas de Belice, Costa Rica, la República Dominicana, El Salvador, Guatemala, Honduras, Nicaragua y Panamá, así como al PMA, el BID, el UNICEF, la OPS, el Instituto de Nutrición de Centroamérica y Panamá y el Instituto Nacional de Salud Pública de México. Con esta iniciativa se persigue acelerar la reducción de la desnutrición crónica en cada uno de los países participantes, con un especial hincapié en las gestantes y en los niños menores de 36 meses. Se ofrece una motivación para aumentar la inversión pública en operaciones preventivas y para mejorar su eficacia. Entre los objetivos se encuentran la elaboración de criterios comunes para los programas nacionales contra el hambre, el respaldo a la formulación de planes nacionales para reducir la desnutrición crónica, el mayor relieve público de las instancias de adopción de decisiones y la difusión de las mejores prácticas a través de consultas regionales para presentar los resultados.

### Respuestas de los gobiernos en Centroamérica y en la República Dominicana

Los representantes gubernamentales de los países participantes reiteraron su apoyo a esta iniciativa y se comprometieron a la elaboración de planes nacionales para erradicar la desnutrición crónica. Los ministros de salud confirmaron la importancia que tiene vincular la propuesta con mecanismos de intervención en casos de emergencia a escala nacional y regional.

A este amplio respaldo siguió la elaboración de normativas políticas nacionales concretas en los diversos países de la subregión. En diciembre de 2006, Costa Rica presentó su Normativa de Sanidad y Nutrición 2006–2010, que exige explícitamente la elaboración y aplicación del plan "Hacia la erradicación de la desnutrición infantil crónica para el año 2015". En 2006, Guatemala presentó el "Programa para la reducción de la desnutrición crónica", que es similar y que incluye un análisis de los costos del hambre. En El Salvador, diversas organizaciones cooperaron con el Gobierno para elaborar un plan de nutrición nacional para 2007–2012 que promueva la consecución de los ODM.

El plan de nutrición de Honduras, que se está preparando actualmente, se convertirá en el marco de un plan nacional que exige intervenciones específicas de nutrición infantil. En Nicaragua, se está creando un programa nacional que pasará a formar parte de la lista de asuntos sociales más importantes. La República Dominicana emitió un plan nacional para erradicar la desnutrición crónica, así como un informe sobre los costos del hambre.

Los ministros de hacienda de los países participantes también refrendaron la iniciativa "Hacia la erradicación de la desnutrición infantil crónica para el año 2015" y el trabajo de las diferentes naciones que ésta fomentó. En una reunión celebrada en Guatemala en marzo de 2007, durante la XLVIII asamblea anual del consejo directivo del BID, los ministros acordaron colocar la nutrición infantil en lo más alto de la lista de estrategias para la reducción de la pobreza y acelerar las acciones encaminadas hacia la erradicación de la desnutrición crónica (CEPAL y PMA, 2007).

### El camino a seguir

En Centroamérica y la República Dominicana, el sistema de las Naciones Unidas ha adoptado un planteamiento coordinado para respaldar los planes de los gobiernos encaminados a erradicar la desnutrición infantil crónica; los programas conjuntos de las Naciones Unidas están en marcha en ocho países. La cooperación Sur–Sur, como la establecida entre Chile y Perú y entre Chile y El Salvador, tiene grandes posibilidades en la lucha contra el hambre. Estas actividades ofrecen la oportunidad de compartir buenos métodos de trabajo y experiencias exitosas entre los países comprometidos a combatir la desnutrición.

*Colaboración a la* Serie de informes sobre el hambre en el mundo *del Despacho Regional para América Latina y el Caribe (ODP) del PMA.*

## Compromiso con lo que funciona

Uno de los grandes retos es aprender las lecciones extraídas de las iniciativas exitosas contra el hambre y por la salud, y emularlas en otros lugares y culturas. Para ampliar las actividades, es importante evaluar los resultados y saber qué ha funcionado. Entonces, habrá que asignar los recursos a aquellos proyectos que han conseguido dejar huella.

La ventaja de ampliar o emular los programas de eficacia demostrada estriba en que éstos implican mayores probabilidades de éxito a largo plazo. Las diversas partes implicadas pueden aportar recursos excepcionales al proceso de ampliación, y juntos suelen crear las condiciones que conducen a más expansión y sostenibilidad.

***Es preciso reasignar los recursos a las soluciones que alcancen resultados; y habrá que garantizar recursos adicionales para adaptar los proyectos a esa ampliación.***

La ayuda internacional al desarrollo constituye una fuente importante de fondos para programas sociales, especialmente en los países más pobres. En los últimos cinco años se ha producido un aumento gradual del volumen de recursos que ha brindado la comunidad internacional a los programas de reducción del hambre. Según el Comité de Asistencia para el Desarrollo (CAD) de la Organización de Cooperación y Desarrollo Económicos (OCDE), la asistencia oficial para el desarrollo (AOD) total creció un 7% en términos reales en 2002 y un 5% más en 2003 hasta su nivel más alto de la historia en términos nominales y reales. A juzgar por los compromisos de los donantes, se espera un crecimiento continuo de la AOD (OCDE, 2007).

### El poder de evaluar los resultados

Si no evalúas los resultados, no puedes diferenciar el éxito del fracaso.

Si no puedes diferenciar el éxito, no puedes recompensarlo.

Si no puedes recompensar el éxito, probablemente estés recompensando el fracaso.

Si no puedes diferenciar el éxito, no puedes aprender de él.

Si no puedes reconocer el fracaso, no puedes corregirlo.

Si no puedes demostrar resultados, no puedes ganarte el respaldo público.

Fuente: adaptación de Osborne y Gaebler, 1992

Están produciéndose innovaciones apasionantes en el área de la nutrición y la salud con el surgimiento de fundaciones privadas que se comprometen a donar grandes volúmenes de recursos a las iniciativas de ayuda. Dos de estas instituciones relativamente recientes son la Fundación Bill y Melinda Gates y la Fundación William J. Clinton, que otorgan una prioridad enorme a los problemas de la salud y atraen a otros líderes a que se unan a ellas. Estas fundaciones proporcionan recursos financieros, orientación de gestión fundamental y recursos técnicos para los programas e iniciativas que funcionan en todo el

**Figura 29 – La AOD y la ayuda alimentaria (2000–2005)**

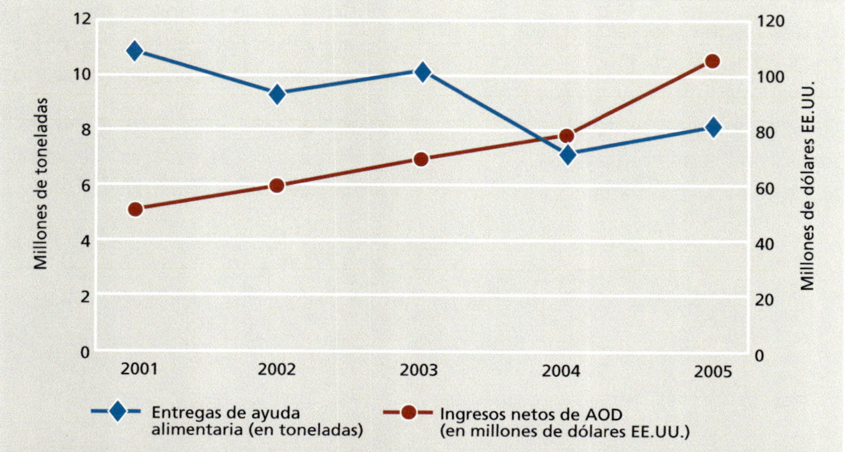


Fuentes: OCDE, 2007; PMA, 2007

mundo. Ambas respaldan planteamientos como la asociación entre el sector público y privado con las ONG, y representan una importante fuente de financiación para iniciativas pioneras y para la ampliación de programas selectivos.

El sector privado es un interlocutor importante, que aporta recursos para la aplicación de programas. La dificultad estriba en reconocer el marco en el que opera y en acogerse a su concepto de responsabilidad corporativa. Las empresas privadas pueden ofrecer liderazgo, técnicas y recursos financieros y materiales.

Con la ayuda del sector privado es posible desarrollar una amplia gama de productos. Por ejemplo, el sector privado ocupa un nicho en el campo del enriquecimiento de sal con yodo y en el uso de las harinas de arroz y de trigo para incorporarles vitamina A y hierro. La lucha contra el hambre mediante programas como la alimentación en las escuelas brinda oportunidades de involucrar a las empresas nacionales en el suministro de alimentos y servicios, como el transporte.

Las nuevas tecnologías de la información abren oportunidades en el campo de la salud y la nutrición. Las clínicas médicas equipadas con sistemas informáticos conectados a Internet pueden servir de centros de formación y de intercambio de ideas. Ya son posibles las comunicaciones más rápidas entre las partes interesadas, y el seguimiento sobre el terreno de las actividades se puede hacer de forma más exacta y oportuna.

La ampliación de los programas de éxito puede lograr un impacto mucho más grande; pero para ello es preciso aprender de la experiencia. Entre otras lecciones generales se encuentran:

- respaldar las estructuras locales;
- llevar a cabo un compromiso para el alineamiento y la armonización;
- buscar una representación equilibrada de las partes interesadas;
- practicar la responsabilidad mutua y establecer objetivos realistas;
- controlar y evaluar los programas; e
- incorporar las lecciones y las innovaciones en la aplicación de los programas.

## La decisión es nuestra

Estas soluciones de eficacia demostrada, básicas y prácticas se dirigen a las causas recíprocas del hambre y la salud deficiente. Pueden aumentar la eficacia de otras inversiones en capital humano y mejorar la justicia social. Como ha quedado demostrado en la Parte III, estas soluciones son también rentables. Tenemos que activar nuestra voluntad colectiva para tomar las decisiones correctas. Cruzarse de brazos se cobra un precio muy alto, desde el punto de vista económico, político y, lo que es más importante, moral.

## *Intermezzo 9:* De la investigación a la acción

Malawi tiene una población de 12 millones de habitantes, y 2,5 millones de ellos tienen menos de cinco años de edad. De estos, aproximadamente el 48% sufre subalimentación crónica y el 22% está gravemente malnutrido. En Malawi, la malnutrición grave y aguda es la causa más habitual de ingresos hospitalarios en los departamentos de pediatría. Antiguamente, las madres tenían que abandonar a sus familias durante incluso un mes entero para desplazarse a la población más cercana para buscar tratamiento médico para sus hijos gravemente malnutridos. Dado el alto costo que tenía en la familia la ausencia prolongada de la madre, los niños gravemente malnutridos llegaban muy tarde, si lo hacían, a los departamentos de admisiones hospitalarias, ya abarrotados. La demora de la llegada a los hospitales se asocia a más complicaciones y frecuentemente conlleva una mortalidad entre los pacientes ingresados superior al 25%.

La atención terapéutica en la comunidad es un planteamiento nuevo en el tratamiento de la malnutrición grave y aguda, que hace posible que los niños reciban tratamiento en sus hogares, en lugar de en el hospital. El sistema de clínicas para pacientes externos se suministra a través de los centros o clínicas rurales de atención primaria, y se aplicó por primera vez en Malawi en 2002 a través de los programas Concern Worldwide del distrito de Dowa. La atención terapéutica en la comunidad consiste en: i) un tratamiento exclusivamente como pacientes externos para niños gravemente malnutridos sin complicaciones, mediante el uso de alimentos muy densamente energéticos y muy ricos en micronutrientes; y ii) un método combinado para los niños más enfermos, cuyo tratamiento comienza con un corto período en un centro de estabilización como paciente ingresado y, después de un alta prematura del centro, un tratamiento como paciente externo. Los resultados han sido impresionantes desde el primer momento: los índices del 75% fueron muy superiores a la media internacional de los programas de alimentación terapéutica. Desde 2003–2005, la cobertura de atención terapéutica en la comunidad ha sido regularmente superior al 70% en Dowa.

Espoleados por estos primeros resultados, los investigados comenzaros un ensayo en uno de los principales hospitales de Malawi, donde la mortalidad de los pacientes de malnutrición grave y aguda ingresados en el departamento de alimentación terapéutica llevaba décadas superando el 20%, a pesar de los intentos por rebajar esta cifra. El objetivo era comenzar a dar el alta hospitalaria en una etapa mucho más temprana, de manera que el tratamiento se pudiera completar en el seno de la comunidad, y por lo tanto se redujera el hacinamiento y, como consecuencia, los índices de infección, y el precio de la atención sanitaria. Aunque los índices de curación en el departamento del hospital crecieron de un 45% a aproximadamente el 60%, la mortalidad general permaneció por encima de la media internacional. La alta mortalidad persistente era resultado de la altísima prevalencia del VIH entre los niños que padecían malnutrición grave y aguda en las zonas urbanas de Malawi y de la demora en la llegada de muchos niños para recibir tratamiento.

Las nuevas investigaciones en el distrito de Dowa han demostrado que el 59% de los niños seropositivos al VIH recuperaron su estado nutricional con el uso de los protocolos de atención terapéutica en la comunidad, a pesar de que no se utilizaron tratamientos antirretrovirales. Esto indica que, en esos niños, la desnutrición grave no se podía achacar únicamente a la infección de VIH. Las consecuencias de tales resultados tienen visos de ser inmensas: sugieren que existe un grupo de niños con VIH que es posible mantener con vida a corto plazo solamente mediante aportaciones nutricionales, y por lo tanto se les alarga el tiempo de vida hasta que ellos también puedan acceder a un programa de tratamiento antirretroviral.

Y lo que es igual de importante, la investigación en Dowa reveló que la atención terapéutica en la comunidad puede servir de excelente punto de acceso a las comunidades para ofrecerles asesoramiento y pruebas voluntarios. El estigma que representa el VIH en muchas partes de Malawi ha dificultado la aplicación de programas que prevén pruebas de detección del VIH. En Dowa, la introducción de las pruebas voluntarias en un programa de atención terapéutica en la comunidad ya existente, de la que se fiaba la población de la localidad, mejoró enormemente su confianza en las pruebas voluntarias. Todo esto, combinado con la seguridad de que el servicio sanitario podía ofrecer beneficios tangibles, produjo un interés que hizo que se sometieran a la prueba hasta el 94% de los niños y el 60,7% de los adultos que los cuidaban.

Las labores de identificación de estrategias de ayuda nutricional apropiada para adultos infectados de VIH/SIDA que ya presentaban síntomas de la enfermedad se realizaron en los distritos de Salima y Nkhotakota en 2005, con ayuda de dos organizaciones municipales de atención en el hogar. La ración diaria de 500 gramos durante tres meses aumentó el peso y la fuerza física de muchos de los participantes, mucho más que en pruebas previas, en las que se usaron alimentos compuestos, energéticamente menos densos. A los beneficiarios les gustó la comida: sólo 4 de los 72 participantes no pudieron comerla; la mayoría de ellos experimentaron una mejoría de todas sus funciones, y el 78% ganó fuerzas suficientes para ir caminando a los servicios médicos situados en las instalaciones de la localidad. Este aumento de energía y vitalidad les otorgó nuevas esperanzas.

Como resultado de la rehabilitación nutricional en tan corto período de tiempo y dada la facilidad con la que los alimentos terapéuticos listos para su uso se podían hacer llegar a las personas enfermas, el costo por recuperación fue entre el 75% y 90% más barato que en los programas equivalentes de alimentos compuestos. Este programa ofrece una muestra clara de las grandes posibilidades que tienen la atención terapéutica en la comunidad y los alimentos terapéuticos listos para su uso en la rehabilitación de un gran porcentaje de personas malnutridas y con VIH, pues ayudan a incrementar el interés en el asesoramiento y pruebas voluntarias y hacen posible que pacientes previamente terminales lleguen por su propio pie a las clínicas municipales y tengan acceso a la medicación antirretroviral que puede alargar sus vidas productivas durante décadas.

*Colaboración de Valid International a la* Serie de informes sobre el hambre en el mundo[10].

# Parte IV: El camino para lograr un mundo sin hambre

## Los gobiernos deben reforzar su compromiso de ir más allá de los ODM y erradicar el hambre, en parte garantizando a las personas afectadas por el hambre y marginadas el acceso a una atención sanitaria de calidad.

En la **Parte IV: El camino para lograr un mundo sin hambre**, se presentan 10 medidas clave a fin de sustentar la aplicación de las soluciones básicas expuestas en la Parte III. Estas medidas sirven para reforzar el compromiso de erradicar el hambre y mejorar la salud de las personas pobres; además, promueven un uso más eficaz de los conocimientos, la experiencia, las tecnologías y los recursos. El camino que hay que seguir se basa en la premisa de que el hambre y la salud deficiente deben abordarse simultáneamente, como un todo indisoluble.

# 4.1 El camino que hay que seguir: diez medidas clave

*"El conocimiento no tiene valor alguno si no se lleva a la práctica".*

Anton Chejov (1860–1904)

## Descenso relativo de la estatura en los Estados Unidos

*"Los estadounidenses eran los más altos del mundo entre la época colonial y mediados del siglo XX, pero actualmente son más bajos (y más gordos) que los europeos occidentales y septentrionales. De hecho, la población de los Estados Unidos se sitúa hoy en día en los últimos puestos de la lista de la distribución de la estatura entre los países industrialmente avanzados.*

*Sin embargo, la estatura física de los estadounidenses no es un reflejo total de la prosperidad del país. Pese a que, en teoría, los Estados Unidos sigue siendo una de las naciones más ricas del mundo, su población se está haciendo más baja físicamente que los habitantes del oeste y del norte de Europa y también vive menos años.*

*La razón de que la estatura de los estadounidenses esté menguando en términos relativos sigue siendo un gran interrogante, un tema para investigaciones futuras; pero, incluso en este estadio de nuestros conocimientos sobre la cuestión, podemos conjeturar que existen diferencias entre las dietas que siguen los niños de los Estados Unidos y los niños europeos, que pueden repercutir en el crecimiento humano. Los niños estadounidenses consumen más comidas preparadas fuera de sus hogares, más comida rápida, rica en grasas, de alto contenido energético y pobre en micronutrientes esenciales, que los niños europeos.*

*Un repaso a las diferencias entre las instituciones socioeconómicas de Europa y los Estados Unidos podría servir como punto de partida para resolver esta paradoja. Sin afirmar en ningún momento que proponemos una respuesta completa y absoluta a este contrasentido, adelantamos la hipótesis de que existen varias diferencias fundamentales entre los estados del bienestar de Europa occidental y septentrional y la economía mucho más orientada al mercado libre de los Estados Unidos que podrían aclarar la cuestión. Entre ellas se encuentran la mayor injusticia social y económica y la pobreza más extendida que registra los Estados Unidos. Además, los estados del bienestar europeos proporcionan una protección social más completa, en la que se incluye la cobertura universal de sus servicios sanitarios, en comparación con el 15% de la población estadounidense que no posee ningún seguro sanitario. ¿No es posible que los estados del bienestar del occidente de Europa sean capaces de ofrecer mejor asistencia sanitaria a sus niños y jóvenes...?" (Extraído de Komlos y Lauderdale, 2007).*

## Hacia otro período de transición

En esta edición de 2007 de la *Serie de informes sobre el hambre en el mundo* se ofrecen pruebas de que el hambre y la salud deficientes son problemas que se pueden solucionar. Se muestra, además, que el progreso es desigual, especialmente en los países en desarrollo, pero también en las naciones avanzadas y ricas. Las fluctuaciones diacrónicas de estatura de la población de Estados Unidos y de Europa indican que el progreso económico no comporta forzosamente beneficios equitativos para la salud y la calidad de vida de todos los grupos sociales. El proceso de transición nutricional que está ocurriendo actualmente ejemplifica que el progreso puede traer consigo problemas nuevos y que el crecimiento económico, la tecnología y los conocimientos no son suficientes para arrancar a las personas de los brazos del hambre y de la salud insuficiente. Es preciso hacer acopio de la voluntad y el compromiso político para aprovechar al máximo los beneficios que pueden ofrecer el crecimiento económico y los conocimientos actuales.

En esta sección se propone un camino a seguir: 10 medidas clave para ganar la lucha contra el hambre y mejorar la salud, con la idea de conseguir un uso más eficaz de los recursos y consecuencias más importantes en las vidas de las personas más vulnerables y marginadas. Cada medida creará por sí misma un avance considerable hacia la erradicación del hambre y la mejora de la salud. La aplicación de varias de estas acciones generará repercusiones de alcance y muy positivas. La opción que se prefiere es la incorporación de las 10 medidas en los planes nacionales de desarrollo en apoyo de las metas de los ODM. Probablemente haya que incluir en el proyecto intereses poderosos o bien enfrentarse a ellos para asegurarse de que los programas correctos llegan a quienes más los necesitan.

### Medida 1: Hacer frente a los problemas del hambre y la salud deficiente, haciendo hincapié en las enfermedades que conllevan el costo más elevado y en las personas más pobres

La meta establecida en relación con el hambre es de importancia fundamental para conseguir los ODM relativos a la salud, no en vano el hambre y la salud están íntimamente relacionadas. Las operaciones sanitarias que no tengan en cuenta el problema del hambre harán menos mella y, a largo plazo, serán más costosas. Y, a la inversa, las operaciones contra el hambre que presten atención a los problemas de salud tratarán muchas de las causas interrelacionadas y alcanzarán un mayor efecto y eficacia.

Las soluciones básicas propuestas, que se comentaron en la Parte III, hacían hincapié en:

- tratar los factores subyacentes comunes;
- combinar estratégicamente los recursos y herramientas disponibles, incluidos recursos alimentarios y no alimentarios; y
- aplicar a mayor escala las medidas que han dado buenos resultados.

Si los programas se elaboran en torno a los vínculos recíprocos entre el hambre y la salud, conseguirán tratar de manera más holística los problemas mutuos de esta reciprocidad.

El hecho de que los problemas relacionados con el hambre y la salud se aborden simultáneamente no impide que también las intervenciones selectivas específicas desempeñen una importante función, por ejemplo, la de mejorar el tratamiento del paludismo. En el pasado, este tipo de intervenciones han contribuido enormemente a reducir enfermedades y salvar vidas. No obstante, no deben imponerse las intervenciones selectivas como si fueran una solución universal: habría que elaborar y ejecutar los programas con el objetivo de crear sinergias, teniendo en cuenta la tarea de erradicar el hambre y mejorar la salud básica que se indica claramente entre los objetivos más amplios. No se puede permitir que los meros intereses profesionales obstaculicen la búsqueda de planteamientos comunes.

Debe adjudicarse una mayor proporción de recursos a los problemas que afligen a un mayor número de personas. La desnutrición relacionada con la diarrea y las enfermedades respiratorias agudas, por ejemplo, es una de las principales causas de salud deficiente y mortalidad entre los niños de los países en desarrollo, por eso habría que dirigir una porción de recursos mucho mayor directamente a la lucha contra esas dos patologías. La financiación debería seguir el ya tradicional principio que tiene establecido la sanidad pública de que el objetivo es salvar el mayor número de vidas.

### Medida 2: Destinar la ayuda a las etapas más críticas del ciclo vital

En todas las etapas del ciclo vital es fundamental poseer unos niveles óptimos de macronutrientes y micronutrientes. No obstante, en la Parte III se proponían las dos "oportunidades vitales", o los dos momentos del ciclo vital más oportunos para la acción, y se demostraba que, si se aplica en esas etapas, la ayuda tiene más repercusiones en la salud y el bienestar a largo plazo. La primera de esas "etapas decisivas" se produce durante los primeros años de vida (incluida la vida embrionaria y los primeros 36 meses después del nacimiento); y la segunda, durante la adolescencia (en la que se incluyen los niños en edad escolar). Se debería dar prioridad a estas dos etapas críticas del ciclo vital a la hora de aplicar las soluciones.

Después de seis meses de alimentación exclusiva con leche materna, la introducción de alimentos complementarios, energéticamente densos, con la combinación apropiada de macronutrientes y micronutrientes, es fundamental para prevenir trastornos del crecimiento. Las experiencias de los programas de salud y nutrición manternoinfantil han demostrado que proporcionar ayuda alimentaria es relativamente fácil y rentable, especialmente cuando se destina a las mujeres embarazadas y lactantes y a los niños pequeños. No obstante, ese tipo de programas suelen sufrir limitaciones por falta de recursos.

La alimentación en la escuela es una forma sencilla y rentable de atender a los niños en edad escolar y adolescentes. Contribuye a que los niños, especialmente las chicas, sigan asistiendo al colegio y a que sus dietas mejoren. Las escuelas constituyen un vehículo importante de transmisión de conocimientos sobre salud y régimen alimentario. Sin embargo, la limitación de los recursos obliga a que, normalmente, la alimentación escolar se limite sólo a los niños de escuela primaria.

## Medida 3: Centrarse en la prevención además de en el tratamiento

Los responsables de la formulación de políticas deben establecer los servicios básicos de prevención de forma más exhaustiva. Esos servicios pueden incluir:

- el fomento de métodos alimentarios y de puericultura, como lactancia materna, almacenamiento y preparación de los alimentos en condiciones higiénicas, planificación familiar y fomento de la prevención de enfermedades;
- la prestación de asistencia básica, incluidos: atención prenatal, asistencia de comadronas a los partos, cuidados neonatales, uso de sales de rehidratación por vía oral, vacunación, suministro de fármacos básicos, tratamientos antiparasitarios sistemáticos y control del paludismo en aquellas zonas donde esta enfermedad sea endémica;
- el aumento del suministro y la variedad de los alimentos disponibles en la localidad;
- la mejora del abastecimiento del agua y el saneamiento en las comunidades marginadas; y
- la sensibilización, concienciación y transmisión de conocimientos.

Las medidas preventivas, como la vacunación y el uso de mosquiteros para prevenir el paludismo, tienen la gran ventaja de que fomentan en los beneficiarios el sentido de apropiación e incrementan su respaldo a los sistemas de asistencia sanitaria de su propia localidad.

Cada vez más, los indicios apuntan a que la ayuda nutritiva y alimentaria que acompaña al tratamiento de la tuberculosis, del VIH y de otras enfermedades infecciosas aumenta la observancia del tratamiento por parte de los pacientes y mejora los resultados, especialmente entre los más pobres. Esta ayuda debería convertirse en una parte integral de los programas de tratamiento, junto con la intensificación de las investigaciones para mejorar la eficacia de la ayuda alimentaria y nutricional que se ofrece de forma paralela al tratamiento.

## Medida 4: Aumentar el contenido de micronutrientes de los alimentos del lugar

El problema generalizado de las carencias de micronutrientes demuestra que las calorías no son de por sí suficientes para conseguir una buena salud. Es necesario que se conozca y comprenda mucho mejor la importancia de los micronutrientes a lo largo de todo el ciclo vital.

Actualmente, se están enriqueciendo alimentos en varios países, pero es preciso trabajar mucho más todavía en este campo. El enriquecimiento con micronutrientes múltiples de los productos y complementos alimentarios que se consumen habitualmente podría ser una estrategia rentable para luchar contra las carencias múltiples que presentan niños en edad escolar, adolescentes, refugiados y personas desplazadas en el interior de su país. Además, habría que considerar más detenidamente el enriquecimiento de alimentos en los hogares.

## Medida 5: Fomentar la variedad dietética

Millones de personas no consumen frutas, verduras ni productos lácteos. Ésta es una de las principales causas del hambre oculta. La mejora de la variedad dietética, con el objetivo de combatir las carencias de micronutrientes en todas las etapas del ciclo vital, es fundamental para la salud general de una persona.

Para ayudar a las comunidades a elaborar dietas variadas, es preciso un planteamiento multisectorial y estrategias innovadoras, que podrían contemplar:

- que los escolares participaran en el cultivo de huertos en los colegios para mejorar sus dietas y aprender técnicas de producción de alimentos;
- el sentido de apropiación en la comunidad y el uso de recursos naturales para ampliar la producción de alimentos en la localidad;

- criterios medioambientales mínimos para garantizar la biodiversidad y la conservación de las fuentes de alimentos propias; y
- enfocar e integrar la protección de la biodiversidad y el desarrollo rural entre las batallas más importantes que se deben librar en la lucha contra el hambre y la salud deficiente.

## Medida 6: **Respaldar los objetivos y prioridades nacionales**

Siempre que sea posible, las intervenciones de los donantes deberían respaldar los objetivos y prioridades nacionales a través de las estructuras gubernamentales ya existentes. La lucha contra el hambre y la salud deficiente requiere un planteamiento a largo plazo, como ilustra el caso de Tailandia que se describe en el *Intermezzo* 10. Las intervenciones que se financian y se apoyan en estructuras paralelas no son generalmente sostenibles y deberían llevarse a cabo únicamente como último recurso. Respaldar las prioridades nacionales y reforzar las instituciones municipales constituye una inversión que brindará una mayor capacidad para luchar contra el hambre y la salud deficiente y, por lo tanto, resultados mucho más importantes a largo plazo.

A menudo, las intervenciones de los donantes se saltan las estructuras gubernamentales, porque éstos alegan que la mayor parte de la ayuda que se canaliza a través de los gobiernos no llega a los pobres tal y como debería. Hay dos razones por las que esto ocurre:

- la incapacidad del país para gestionar sus propios recursos y ayudas con eficacia; y
- la corrupción, que constituye un problema en varios países en desarrollo.

Si bien en el caso de algunos países estas alegaciones están fundamentadas, no ocurre así en todos ellos. Sencillamente, las intervenciones que se financian y se basan en estructuras paralelas y pasan por encima de las prioridades nacionales no suelen contribuir a la creación de soluciones sostenibles.

## Medida 7: **Conseguir que se oiga la voz de las personas que padecen hambre**

Hay que dar a las personas afectadas por el hambre la oportunidad de explicar sus propias necesidades, y se les debe brindar la información necesaria para que tomen las decisiones que más les convengan.

Es fundamental concentrarse en la construcción y el mantenimiento de la cohesión social. Los programas sanitarios y para la reducción del hambre deben prestar una atención muy especial a las realidades culturales de las personas vulnerables y marginadas, para garantizarles unos resultados equitativos y justos.

Incluir el derecho a la nutrición y a la salud en las constituciones nacionales es un buen principio, al igual que emplear mucho más planteamientos participativos en la elaboración y aplicación de los programas sanitarios y contra el hambre. En última instancia, el objetivo debe ser conseguir la emancipación de las personas que pasan y marginadas, incluidos los pueblos indígenas, los refugiados y las personas desplazadas en el interior de sus propios países, una autonomía que les permita retomar el control de sus propias vidas.

Las diferencias de género que discriminan a las mujeres y limitan su contribución a la economía imponen costos sociales y económicos elevadísimos a los individuos, los hogares y las sociedades, e impiden su avance. Tales diferencias también repercuten muy negativamente en las intervenciones de ayuda. Se impone la necesidad de trabajar por un entorno que promueva la educación y la preparación para la vida práctica de las chicas adolescentes y el empoderamiento de las mujeres. Las campañas de apoyo a las mujeres deben transmitir también el mensaje de que tienen consecuencias positivas en los hogares y en las sociedades en su totalidad.

## Medida 8: **Mejorar la rendición de cuentas y el seguimiento de los programas**

Aclarar las responsabilidades y facultades de cada uno sirve para asegurarse de que se adopten con prontitud las medidas correctivas pertinentes. Es preciso responsabilizar a los dirigentes por sus acciones o por su falta de acción. La autoridad tiene un precio y hay que ganársela.

Quienes dependen de las estructuras gubernamentales recibirán un mejor servicio si saben qué directivo es el responsable de que una prestación funcione correctamente. De igual forma, será más probable que los donantes respalden los servicios gubernamentales si las relaciones de rendición de cuentas están bien definidas.

El seguimiento debe realizarse mucho más cerca de las personas más necesitadas, y en el ámbito subnacional de una forma regular, de manera que sea posible reseguir los progresos efectuados, por ejemplo en el camino hacia los ODM. Tendría que existir un seguimiento riguroso y regular, que garantice que las intervenciones:

- funcionen eficazmente;
- beneficien a los destinatarios seleccionados;
- produzcan debidamente los beneficios previstos y tengan los efectos deseados;
- permitan adoptar medidas correctivas inmediatas cuando se detecten los problemas; y
- permitan desglosar los datos por sexo y grupo vulnerable para determinar cuáles son las tendencias en el ámbito local.

Los programas nacionales deben incluir una labor paralela de vigilancia, seguimiento y evaluación nutricional. Estas herramientas no tienen que ser rígidas; es más, pueden ser flexibles gracias al uso de tecnologías de la información pertinentes, que se pueden poner al servicio de la ejecución de los programas y de la formulación de las políticas.

## Medida 9: **Evitar los desplazamientos masivos de personas**

Si se presta atención al hambre en el marco del sistema de alerta temprana, las iniciativas de socorro y recuperación pueden servir para evitar los desplazamientos masivos de personas, que son la causa principal de muerte y enfermedad en situaciones de crisis.

El conocimiento de las condiciones nutricionales de partida de las poblaciones es un factor decisivo para impedir crisis en gran escala. La vigilancia nutricional como elemento de prevención de las crisis y de mitigación de los efectos de las catástrofes puede contribuir a precisar con exactitud las zonas geográficas vulnerables a las crisis alimentarias y nutricionales, para dirigir la ayuda con mayor rapidez y atender con más eficacia a quienes la necesiten.

## Medida 10: **Fomentar los conocimientos sobre el hambre y la salud**

Transmitir los conocimientos puede ser más complejo que prestar un servicio. Un servicio puede prestarse con arreglo a modalidades bien definidas y medirse en función de los resultados obtenidos. La transmisión de conocimientos requiere que las personas asimilen información nueva y modifiquen su conducta en consecuencia. Los gobiernos y los responsables de los proyectos no pueden controlar la higiene personal de la población, el tamaño y la composición de sus comidas o sus visitas a los centros de salud.

Los planteamientos que hacen hincapié en la formación y en la capacitación y se basan en la transmisión de conocimientos, por sus propias características, arraigan mucho más y permanecen de una generación a la siguiente. Es de importancia capital que muy especialmente las madres, los niños pequeños y los niños en edad escolar, los adolescentes y las personas marginadas puedan adquirir sin problemas conocimientos sobre dietas, preparación de alimentos, estilos de vida y salud. Además, los líderes y los responsables de la toma de decisiones deben disponer de las investigaciones más avanzadas y la información más reciente.

Se pueden adaptar los conocimientos y los mensajes clave para que se ajusten a grupos específicos, por ejemplo, a las mujeres, los adolescentes y los pueblos indígenas, de manera que la erradicación del hambre se convierta en un objetivo también para los individuos y las familias, además de para los políticos.

Educar a las niñas es una de las inversiones más importantes que puede hacer una familia, una comunidad o un gobierno. La educación suele modificar radicalmente las aptitudes de una mujer para sacar adelante a una familia sana y segura nutritivamente e impedir la propagación de las enfermedades.

## En conclusión

Las soluciones actuales no están beneficiando equitativamente a muchas de las personas necesitadas, por lo que se impone la adopción de medidas urgentes si se desea erradicar el hambre en las próximas décadas. Está muy claro que el alto precio que se cobran el hambre y la salud deficiente y sus repercusiones en el desarrollo de las naciones son motivos más que lógicos para tomar medidas ya. Estas medidas deben encaminarse a luchar contra el sufrimiento humano que provocan el hambre y la salud deficiente, y a eliminar las barreras que separan a quienes tienen a su alcance suficiente comida y asistencia sanitaria de buena calidad de todas aquellas personas que están privadas de los elementos más fundamentales para su bienestar. La única opción es comprometerse a ir más allá de los ODM, erradicar el hambre y poner al alcance de las personas marginadas que padecen hambre una asistencia sanitaria de calidad.

Esta última parte de la *Serie de informes sobre el hambre en el mundo 2007: El hambre y la salud* comenzó con las pertinentes palabras de Anton Chejov: "El conocimiento no tiene valor alguno si no se lleva a la práctica". La presente edición agrupa los conocimientos que existen actualmente sobre el hambre y la salud y presenta las lecciones aprendidas y las experiencias adquiridas en todo el mundo. Y, lo que es más importante, como camino a seguir hacia el progreso, el informe plantea soluciones básicas, de eficacia probada y rentables, corroboradas por 10 medidas clave, que persiguen el objetivo de ayudar a líderes, comunidades, familias y personas a hacer frente al hambre y la salud deficiente en aras de una mayor equidad.

En este mundo de riquezas, conocimientos y habilidades técnicas, la comunidad mundial debe trabajar para garantizar que, tras el próximo proceso de transición económica y nutricional, se acabe con el hambre. Esto se puede conseguir en las próximas décadas si se garantiza el acceso a los alimentos de buena calidad, lo cual permitirá lograr una buena calidad de vida para todos. Como dijo Eleanor Roosevelt hace casi un siglo:

*"Siempre he sostenido que la libertad del género humano es la libertad de poder comer"*[11].

## *Intermezzo 10:* La nutrición, una prioridad para Tailandia

### Compromisos políticos

Tailandia presentó en 1977 su primer Plan Nacional para la Alimentación y la Nutrición. En él se reconocía que la desnutrición era un problema polifacético que requería un planteamiento multisectorial. Dirigía el plan el Comité Nacional para la Alimentación y la Nutrición, que representaba a los ministerios de Agricultura, Educación, Salud y del Interior y Desarrollo Comunitario. También se nombró un comité complementario para las provincias.

En el primer Plan Nacional para la Alimentación y la Nutrición (1977–1981) se aseguraba el compromiso político de apoyar las intervenciones de lucha contra la malnutrición proteínica y energética entre las madres, las mujeres gestantes y los niños menores de 5 años y en edad escolar.

### Lecciones aprendidas

Pese a los compromisos políticos para la colaboración intersectorial e intrasectorial, el programa no se llegó a aplicar completamente debido a su mala planificación, la escasa financiación de operaciones multisectoriales y la insistencia desmedida en la planificación vertical. Como resultado, para 1980, las conclusiones de los estudios destacaban que la desnutrición seguía siendo un problema grave en todos los grupos, y que el 53% de los niños menores de 5 años sufría malnutrición proteínica y energética. Pero, a pesar de los fallos evidentes, el programa sirvió para sensibilizar sobre los problemas nutricionales a los responsables de la formulación de políticas, al sector público y al sector privado.

### Cambios en la estrategia

En el Plan Nacional de Desarrollo de la Salud 1982–1986 se incorporaron esas lecciones y se ofreció un planteamiento muy participativo, basado en las comunidades. Se estableció el compromiso de prestar atención sanitaria a nivel comunitario de la siguiente manera:

- se capacitó a 50.000 sanitarios voluntarios y 500.000 interlocutores sanitarios en pequeñas localidades;
- se aseguró que en cada distrito hubiera al menos un hospital, poniendo a disposición y aprovechando de esta manera más plenamente las instalaciones sanitarias, los hospitales comunitarios y los centros de salud de cada una de las divisiones territoriales de los distritos; y
- se reconoció que la desnutrición era signo de pobreza y de ignorancia y, por lo tanto, se elaboraron intervenciones selectivas dirigidas a las madres, las mujeres embarazadas, los bebés y los niños.

Con el Plan se potenciaron también objetivos cuantificables, incluida la erradicación del bocio por carencia de yodo en nueve provincias donde la enfermedad era endémica.

### El camino del progreso

Ese planteamiento de acciones basadas en las comunidades contrastaba con la idea tradicional tailandesa de desarrollo vertical. Entre las estrategias que se emplearon para luchar contra la desnutrición y mejorar el estado nutricional de la población se incluía la vigilancia y la información, educación y comunicación sobre nutrición, producción de alimentos nutritivos en el seno de las comunidades, producción de alimentos complementarios y programas de alimentación suplementaria en los pueblos, programas de alimentación escolar en 5.000 escuelas, alimentos enriquecidos y capacitación.

### Resultados

En el plazo de nueve años, la prevalencia de la malnutrición proteínica y energética entre los niños menores de 5 años se había reducido del 51% al 21%; la malnutrición proteínica y energética moderada y grave estaba prácticamente erradicada: había caído del 15% a menos del 1%. La seguridad alimentaria se amplió con tecnologías agrícolas para el incremento de las cosechas y piscifactorías de agua dulce, ganaderías y otras mejoras. La asistencia sanitaria primaria alcanzó el 80% en los municipios seleccionados. Se ofreció capacitación a interlocutores de salud y voluntarios en los pueblos. Los mecanismos de establecimiento de metas y de responsabilidad con las comunidades produjeron mejoras de planificación en todos los niveles, integración de las actividades de desarrollo y una mejor gestión de la nutrición.

El planteamiento que hizo Tailandia logró resultados excelentes en la disminución de la desnutrición. Se tardó entre 10 y 15 años: hicieron falta unos 5 ó 6 años para conseguir que se concientizara a la opinión pública sobre el problema y se lograra un compromiso político firme. Durante el período consiguiente de implementación, se mantuvo el apoyo político, se afianzaron las estructuras de gestión y coordinación, se establecieron objetivos de desarrollo pertinentes y se reconoció la participación de las comunidades como piedra angular del proceso de desarrollo.

*Colaboración a la* Serie de informes sobre el hambre en el mundo *de Rosemary Fernholz y Channa Jayasekera de la Universidad de Duke.*

# Mapa 8 – Compromisos nacionales en la esfera de la salud

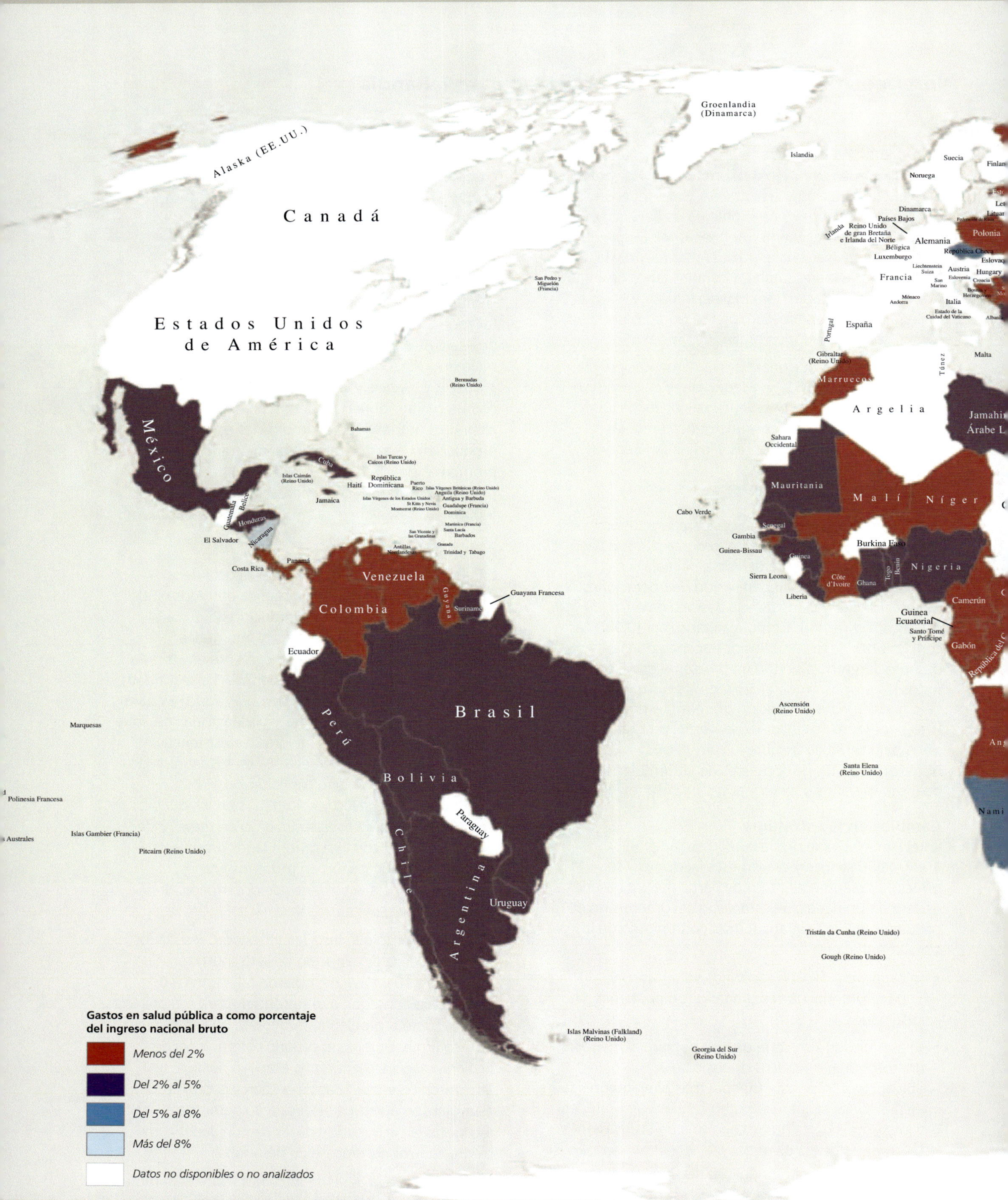


*Los límites y nombres indicados y las denominaciones empleadas en este mapa no entrañan, por parte de las Naciones Unidas, aprobación o aceptación oficial alguna. Mapa elaborado por la Dependencia de VAM del PMA.*

Fuente de los datos: OMS, 2007

wfp vam
vulnerability analysis and mapping

# Parte V: Compendio de referencias

## ¿Qué países están progresando más rápidamente en la lucha contra el hambre y los problemas de salud?

El **Compendio de referencias** ofrece los últimos datos disponibles sobre la situación de los países en desarrollo relativa al hambre y la salud.

# Compendio de referencias

## Perspectiva general: notas técnicas

Este compendio se articula en torno a 10 preguntas que abarcan algunas de las cuestiones más importantes que deben considerar los responsables de la formulación de políticas a la hora de enfrentarse al problema del hambre y la salud deficiente. Los 10 cuadros siguientes brindan respuestas a cada una de esas preguntas por medio de 68 indicadores de la salud y el hambre. Los cuadros constituyen un punto de partida para evaluar los logros de un país en cada uno de los indicadores.

### Estructura de los cuadros

En el título de cada cuadro se plantea una pregunta a la que los datos contenidos en el cuadro contribuyen a responder. El encabezamiento del cuadro está dividido en grupos de indicadores, seguidos de una definición de cada indicador y del año en el que se recopilaron los datos correspondientes.

Un período de años seguido de un asterisco (por ejemplo: 1996–2006*) indica que los datos se refieren al último año del período indicado para el cual se dispone de datos. Un período de años seguido de dos asteriscos (por ejemplo: 1990–2006**) indica los progresos realizados con respecto a cada indicador desde el año de partida hasta el último año del período para el cual se dispone datos.

Un guión (–) indica que no se dispone de datos.

Un cero (0) indica que el valor es nulo.

En cada cuadro figura una lista de definiciones, cálculos y métodos y se indican las fuentes de los datos.

### Terminología de los indicadores

Se ha procurado abreviar las descripciones de los indicadores en la medida de lo posible, sin modificar el significado del indicador tal y como lo haya proporcionado la fuente. Esto podría ser motivo de incoherencias entre los cuadros, pues las diversas fuentes utilizan redacciones diferentes para los mismos encabezamientos.

### Fuentes de los datos y metodología

Los datos que ofrece este compendio proceden de fuentes diversas. La principal es la OMS (Organización Mundial de la Salud), cuyas clasificaciones regionales (véase más adelante) se aplicaron en la elaboración de todos los cuadros, gráficos y figuras. Otras fuentes son la FAO, el UNICEF, la Oficina del Alto Comisionado de las Naciones Unidas para los Refugiados (ACNUR) y el Departamento de Agricultura de los Estados Unidos (USDA). En la medida de lo posible, los datos presentados proceden directamente de las fuentes originales o de las instituciones encargadas de recopilar datos a escala nacional. Salvo indicación en contrario, la información corresponde al último año del período para el cual se dispone de datos fiables de la fuente indicada, que podría no ser el mismo año para cada grupo de datos.

### Clasificación de los países

En los cuadros se presentan los datos relativos a 166 países en desarrollo y en transición, 82 de los cuales son países de bajos ingresos y con déficit de alimentos (PBIDA). Estas denominaciones no expresan un juicio de valor sobre el desarrollo de un determinado país. El término "país" no designa necesariamente un territorio políticamente independiente, sino que puede referirse a cualquier territorio cuyas autoridades notifiquen estadísticas diferentes. Las clasificaciones regionales siguen el sistema de la OMS.

## Definición de países de bajos ingresos y con déficit de alimentos

Tal y como establece la FAO, en los países de bajos ingresos y con déficit de alimentos (PBIDA) se incluyen todos los países que presentan un déficit de alimentos, entendido como un déficit en las importaciones netas de cereales, junto con ingresos per cápita inferiores al "nivel histórico" que utiliza el Banco Mundial a fin de determinar los requisitos para tener derecho a la asistencia de la Asociación Internacional de Fomento y a los préstamos del Banco Internacional de Reconstrucción y Fomento, reembolsables en un período de 20 años. La denominación PBIDA se aplica a países clasificados en las categorías I y II del Banco Mundial. El nivel histórico del PIB per cápita para 2003, según la metodología del *Atlas del Banco Mundial*, era de 1.465 dólares EE.UU. En 2006, la FAO clasificó 82 países como PBIDA.

La lista oficial de PBIDA en 2005 era la siguiente:

Afganistán, Albania, Angola, Armenia, Azerbaiyán, Bangladesh, Benin, Belarús, Bosnia y Herzegovina, Burkina Faso, Burundi, Bhután, Cabo Verde, Camboya, Camerún, Chad, China, Comoras, Côte d'Ivoire, Ecuador, Egipto, Eritrea, Etiopía, Filipinas, Gambia, Georgia, Ghana, Guinea, Guinea-Bissau, Guinea Ecuatorial, Haití, Honduras, India, Indonesia, Iraq, Islas Salomón, Kenya, Kirguistán, Kiribati, Lesotho, Liberia, Madagascar, Malawi, Malí, Marruecos, Mauritania, Mongolia, Mozambique, Nepal, Nicaragua, Níger, Nigeria, Pakistán, Papua Nueva Guinea, República Centroafricana, República del Congo, República Democrática del Congo, República Popular Democrática de Corea, República Democrática Popular Lao, República Unida de Tanzanía, Rwanda, Santo Tomé y Príncipe, Senegal, Sierra Leona, Siria, Somalia, Sri Lanka, Swazilandia, Sudán, Tayikistán, Timor-Leste, Togo, Tonga, Turkmenistán, Tuvalu, Uganda, Uzbekistán, Vanuatu, Yemen, Djibouti, Zambia y Zimbabwe.

**Los PBIDA se indican con letras rojas en los cuadros.**

## Desgloses por regiones, como sigue:

Las referencias a los subgrupos "África subsahariana" y "sur de Asia" siguen en determinados cuadros de este informe la clasificación que ha establecido el UNICEF. No obstante, el Compendio de referencias se ciñe al desglose de la OMS.

### África subsahariana

Angola, Benin, Botswana, Burkina Faso, Burundi, Cabo Verde, Camerún, Chad, Comoras, Côte d'Ivoire, Eritrea, Etiopía, Gabón, Gambia, Ghana, Guinea, Guinea Ecuatorial, Guinea-Bissau, Kenya, Lesotho, Liberia, Madagascar, Malawi, Malí, Mauricio, Mauritania, Mozambique, Namibia, Níger, Nigeria, República Centroafricana, República del Congo, República Democrática del Congo, República Unida de Tanzanía, Rwanda, Santo Tomé y Príncipe, Senegal, Seychelles, Sierra Leona, Somalia, Swazilandia, Sudáfrica, Togo, Uganda, Zambia, Zimbabwe.

### Sur de Asia

Afganistán, Bangladesh, Bhután, India, Maldivas, Nepal, Pakistán, Sri Lanka.

## Cuadro 1: ¿Qué aspecto tiene un mundo con hambre?

| | Subalimentación | | | | | | | Disponibilidad de alimentos | | | |
|---|---|---|---|---|---|---|---|---|---|---|---|
| | Población total (millones) | | Número de personas subalimentadas (millones) | | Porcentaje de personas subalimentadas en el total de la población (%) | | Cambio en la prevalencia | Consumo de energía alimentaria (kcal/persona/día) | | Déficit nutricional (miles de toneladas) | Déficit en la distribución de alimentos (miles de toneladas) |
| | 1990–92 | 2001–03 | 1990–92 | 2001–03 | 1990–92 | 2001–03 | 1992–2002 | 1990–92 | 2001–03 | | |
| **ÁFRICA** | | | | | | | | | | | |
| Angola | 9,6 | 13,2 | 5,6 | 5,0 | 58,0 | 38,0 | 0,7 | 1.780 | 2.070 | 0 | 68 |
| Argelia | 25,6 | 31,3 | 1,3 | 1,5 | 5,0 | 5,0 | 0,9 | 2.920 | 3.040 | 0 | 0 |
| Benin | 4,8 | 6,6 | 1,0 | 0,9 | 20,0 | 14,0 | 0,7 | 2.330 | 2.530 | 0 | 0 |
| Botswana | 1,4 | 1,8 | 0,3 | 0,5 | 23,0 | 30,0 | 1,3 | 2.260 | 2.180 | – | – |
| Burkina Faso | 9,2 | 12,6 | 1,9 | 2,1 | 21,0 | 17,0 | 0,8 | 2.350 | 2.460 | 0 | 221 |
| Burundi | 5,7 | 6,6 | 2,7 | 4,5 | 48,0 | 67,0 | 1,4 | 1.900 | 1.640 | 502 | 583 |
| Cabo Verde | – | – | – | – | – | – | – | – | – | 0 | 0 |
| Camerún | 12,0 | 15,7 | 4,0 | 4,0 | 33,0 | 25,0 | 0,8 | 2.120 | 2.270 | 0 | 66 |
| Chad | 6,0 | 8,3 | 3,5 | 2,7 | 58,0 | 33,0 | 0,6 | 1.780 | 2.160 | 393 | 530 |
| Comoras | – | – | – | – | – | – | – | – | – | – | – |
| Congo, República del | 2,6 | 3,6 | 1,4 | 1,2 | 54,0 | 34,0 | 0,6 | 1.860 | 2.150 | – | – |
| Congo, República Democrática del | 38,8 | 51,3 | 12,2 | 37,0 | 31,0 | 72,0 | 2,3 | 2.170 | 1.610 | 4.260 | 4.709 |
| Côte d'Ivoire | 12,9 | 16,4 | 2,3 | 2,2 | 18,0 | 14,0 | 0,8 | 2.470 | 2.630 | 0 | 141 |
| Eritrea | 3,2 | 4,0 | 2,2 | 2,9 | 68,0 | 73,0 | 1,1 | 1.550 | 1.520 | 429 | 456 |
| Etiopía | 55,6 | 69,0 | 38,2 | 31,5 | 61,0 | 46,0 | 0,8 | 1.550 | 1.860 | 3.261 | 3.664 |
| Gabón | 1,0 | 1,3 | 0,1 | 0,1 | 10,0 | 5,0 | 0,5 | 2.450 | 2.670 | – | – |
| Gambia | 1,0 | 1,4 | 0,2 | 0,4 | 22,0 | 27,0 | 1,2 | 2.370 | 2.280 | 0 | 21 |
| Ghana | 15,7 | 20,5 | 5,8 | 2,4 | 37,0 | 12,0 | 0,3 | 2.080 | 2.650 | 0 | 34 |
| Guinea | 6,4 | 8,4 | 2,5 | 2,0 | 39,0 | 24,0 | 0,6 | 2.110 | 2.420 | 0 | 88 |
| Guinea Ecuatorial | – | – | – | – | – | – | – | – | – | – | – |
| Guinea-Bissau | – | – | – | – | – | – | – | – | – | 28 | 58 |
| Kenya | 24,4 | 31,5 | 9,5 | 9,7 | 39,0 | 31,0 | 0,8 | 1.980 | 2.150 | 265 | 940 |
| Lesotho | 1,6 | 1,8 | 0,3 | 0,2 | 17,0 | 12,0 | 0,7 | 2.440 | 2.620 | 152 | 192 |
| Liberia | 2,1 | 3,2 | 0,7 | 1,6 | 34,0 | 49,0 | 1,4 | 2.210 | 1.940 | 0 | 64 |
| Madagascar | 12,3 | 16,9 | 4,3 | 6,5 | 35,0 | 38,0 | 1,1 | 2.080 | 2.040 | 0 | 412 |
| Malawi | 9,6 | 11,9 | 4,8 | 4,0 | 50,0 | 34,0 | 0,7 | 1.880 | 2.140 | 117 | 453 |
| Malí | 9,3 | 12,6 | 2,7 | 3,5 | 29,0 | 28,0 | 1 | 2.220 | 2.220 | 0 | 161 |
| Mauricio | 1,1 | 1,2 | 0,1 | 0,1 | 6,0 | 6,0 | 0,9 | 2.890 | 2.960 | – | – |
| Mauritania | 2,1 | 2,8 | 0,3 | 0,3 | 15,0 | 10,0 | 0,6 | 2.560 | 2.780 | 0 | 7 |
| Mozambique | 13,9 | 18,5 | 9,2 | 8,3 | 66,0 | 45,0 | 0,7 | 1.730 | 2.070 | 0 | 96 |
| Namibia | 1,5 | 2,0 | 0,5 | 0,4 | 34,0 | 23,0 | 0,7 | 2.070 | 2.260 | – | – |
| Níger | 7,9 | 11,5 | 3,2 | 3,7 | 41,0 | 32,0 | 0,8 | 2.020 | 2.160 | 37 | 564 |
| Nigeria | 88,7 | 120,9 | 11,8 | 11,5 | 13,0 | 9,0 | 0,7 | 2.540 | 2.700 | 0 | 0 |
| República Centroafricana | 3,0 | 3,8 | 1,5 | 1,7 | 50,0 | 45,0 | 0,9 | 1.860 | 1.940 | 88 | 231 |
| Rwanda | 6,4 | 8,2 | 2,8 | 3,0 | 43,0 | 36,0 | 0,8 | 1.950 | 2.070 | 0 | 26 |
| Santo Tomé y Príncipe | – | – | – | – | – | – | – | – | – | – | – |
| Senegal | 7,5 | 9,9 | 1,8 | 2,2 | 23,0 | 23,0 | 1 | 2.280 | 2.310 | 0 | 105 |
| Seychelles | – | – | – | – | – | – | – | – | – | – | – |
| Sierra Leona | 4,1 | 4,8 | 1,9 | 2,4 | 46,0 | 50,0 | 1,1 | 1.990 | 1.930 | 199 | 451 |
| Sudáfrica | – | – | – | – | – | – | | – | – | – | – |
| Swazilandia | 0,9 | 1,1 | 0,1 | 0,2 | 14,0 | 19,0 | 1,3 | 2.450 | 2.360 | 0 | 14 |
| Tanzanía, República Unida de | 27,0 | 36,3 | 9,9 | 16,1 | 37,0 | 44,0 | 1,2 | 2.050 | 1.960 | 706 | 1.028 |
| Togo | 3,5 | 4,8 | 1,2 | 1,2 | 33,0 | 25,0 | 0,7 | 2.150 | 2.320 | 227 | 281 |
| Uganda | 17,9 | 25,0 | 4,2 | 4,6 | 24,0 | 19,0 | 0,8 | 2.270 | 2.380 | 0 | 205 |
| Zambia | 8,4 | 10,7 | 4,0 | 5,1 | 48,0 | 47,0 | 1 | 1.930 | 1.930 | 428 | 663 |
| Zimbabwe | 10,7 | 12,8 | 4,8 | 5,7 | 45,0 | 45,0 | 1 | 1.980 | 2.010 | 685 | 862 |
| **CONTINENTE AMERICANO** | | | | | | | | | | | |
| Antigua y Barbuda | – | – | – | – | – | – | – | – | – | – | – |
| Argentina | 33,0 | 38,0 | 0,7 | 0,9 | – | – | 1,1 | 3.000 | 2.980 | – | – |

| | Subalimentación | | | | | | | Disponibilidad de alimentos | | | |
|---|---|---|---|---|---|---|---|---|---|---|---|
| | Población total (millones) | | Número de personas subalimentadas (millones) | | Porcentaje de personas subalimentadas en el total de la población (%) | | Cambio en la prevalencia | Consumo de energía alimentaria (kcal/persona/día) | | Déficit nutricional (miles de toneladas) | Déficit en la distribución de alimentos (miles de toneladas) |
| | 1990–92 | 2001–03 | 1990–92 | 2001–03 | 1990–92 | 2001–03 | 1992–2002 | 1990–92 | 2001–03 | | |
| Bahamas | – | – | – | – | – | – | – | – | – | – | – |
| Barbados | – | – | – | – | – | – | – | – | – | – | – |
| Belice | – | – | – | – | – | – | – | – | – | – | – |
| Bolivia | 6,8 | 8,6 | 1,9 | 2,0 | 28,0 | 23,0 | 0,8 | 2.110 | 2.220 | 0 | 128 |
| Brasil | 151,2 | 176,3 | 18,5 | 14,4 | 12,0 | 8,0 | 0,7 | 2.810 | 3.060 | – | – |
| Chile | 13,3 | 15,6 | 1,1 | 0,6 | 8,0 | 4,0 | 0,5 | 2.610 | 2.860 | – | – |
| Colombia | 35,7 | 43,5 | 6,1 | 5,9 | 17,0 | 14,0 | 0,8 | 2.440 | 2.580 | 0 | 440 |
| Costa Rica | 3,2 | 4,1 | 0,2 | 0,2 | 6,0 | 4,0 | 0,8 | 2.720 | 2.850 | – | – |
| Cuba | 10,7 | 11,3 | 0,7 | 0,2 | 7,0 | – | 0,2 | 2.720 | 3.190 | – | – |
| Dominica | – | – | – | – | – | – | – | – | – | – | – |
| Ecuador | 10,5 | 12,8 | 0,9 | 0,6 | 8,0 | 5,0 | 0,6 | 2.510 | 2.710 | 0 | 179 |
| El Salvador | 5,2 | 6,4 | 0,6 | 0,7 | 12,0 | 11,0 | 0,9 | 2.490 | 2.560 | 0 | 73 |
| Granada | – | – | – | – | – | – | – | – | – | – | – |
| Guatemala | 9,0 | 12,0 | 1,4 | 2,8 | 16,0 | 23,0 | 1,5 | 2.350 | 2.210 | 0 | 289 |
| Guyana | 0,7 | 0,8 | 0,2 | 0,1 | 21,0 | 9,0 | 0,4 | 2.350 | 2.730 | – | – |
| Haití | 7,0 | 8,2 | 4,6 | 3,8 | 65,0 | 47,0 | 0,7 | 1.780 | 2.090 | 0 | 221 |
| Honduras | 5,0 | 6,8 | 1,1 | 1,5 | 23,0 | 22,0 | 1 | 2.310 | 2.360 | 281 | 415 |
| Jamaica | 2,4 | 2,6 | 0,3 | 0,3 | 14,0 | 10,0 | 0,7 | 2.500 | 2.680 | 0 | 0 |
| México | 84,8 | 102,0 | 4,6 | 5,1 | 5,0 | 5,0 | 0,9 | 3.100 | 3.180 | – | – |
| Nicaragua | 3,9 | 5,3 | 1,2 | 1,5 | 30,0 | 27,0 | 0,9 | 2.220 | 2.290 | 0 | 134 |
| Panamá | 2,5 | 3,1 | 0,5 | 0,8 | 21,0 | 25,0 | 1,2 | 2.320 | 2.260 | – | – |
| Paraguay | 4,3 | 5,7 | 0,8 | 0,8 | 18,0 | 15,0 | 0,8 | 2.400 | 2.530 | – | – |
| Perú | 22,2 | 26,8 | 9,3 | 3,3 | 42,0 | 12,0 | 0,3 | 1.960 | 2.570 | 0 | 226 |
| República Dominicana | 7,2 | 8,6 | 1,9 | 2,3 | 27,0 | 27,0 | 1 | 2.260 | 2.290 | 0 | 26 |
| Saint Kitts y Nevis | – | – | – | – | – | – | – | – | – | – | – |
| San Vicente y las Granadinas | – | – | – | – | – | – | – | – | – | – | – |
| Santa Lucía | – | – | – | – | – | – | – | – | – | – | – |
| Suriname | 0,4 | 0,4 | 0,1 | 0,0 | 13,0 | 10,0 | 0,7 | 2.530 | 2.660 | – | – |
| Trinidad y Tabago | 1,2 | 1,3 | 0,2 | 0,1 | 13,0 | 11,0 | 0,8 | 2.630 | 2.760 | – | – |
| Uruguay | 3,1 | 3,4 | 0,2 | 0,1 | 7,0 | 3,0 | 0,5 | 2.660 | 2.850 | – | – |
| Venezuela, República Bolivariana de | 20,0 | 25,2 | 2,3 | 4,5 | 11,0 | 18,0 | 1,6 | 2.460 | 2.350 | – | – |
| **SUDESTE ASIÁTICO** | | | | | | | | | | | |
| Bangladesh | 112,1 | 143,8 | 39,2 | 43,1 | 35,0 | 30,0 | 0,9 | 2.070 | 2.200 | 0 | 231 |
| Bhután | – | – | – | – | – | – | – | – | – | – | – |
| Corea, República Popular Democrática de | 20,3 | 22,5 | 3,6 | 7,9 | 18,0 | 35,0 | 2 | 2.470 | 2.150 | 7 | 362 |
| India | 863,3 | 1049,5 | 214,8 | 212,0 | 25,0 | 20,0 | 0,8 | 2.370 | 2.440 | 0 | 1.152 |
| Indonesia | 185,2 | 217,1 | 16,4 | 13,8 | 9,0 | 6,0 | 0,7 | 2.700 | 2.880 | 0 | 0 |
| Maldivas | – | – | – | – | – | – | – | – | – | – | – |
| Myanmar | 41,2 | 48,8 | 4,0 | 2,7 | 10,0 | 5,0 | 0,6 | 2.630 | 2.900 | – | – |
| Nepal | 19,1 | 24,6 | 3,9 | 4,1 | 20,0 | 17,0 | 0,8 | 2.340 | 2.450 | 0 | 223 |
| Sri Lanka | 17,0 | 18,9 | 4,8 | 4,1 | 28,0 | 22,0 | 0,8 | 2.230 | 2.390 | 0 | 0 |
| Tailandia | 55,1 | 62,2 | 16,8 | 13,4 | 30,0 | 21,0 | 0,7 | 2.200 | 2.410 | – | – |
| Timor-Leste | – | – | – | – | – | – | – | – | – | – | – |
| **EUROPA** | | | | | | | | | | | |
| Albania | 3,2 | 3,1 | 0,2 | 0,2 | 5,0 | 6,0 | 1,1 | 2.870 | 2.860 | – | – |
| Armenia | 3,4 | 3,1 | 1,8 | 0,9 | 52,0 | 29,0 | 0,6 | 1.960 | 2.260 | – | – |
| Azerbaiyán | 7,7 | 8,3 | 2,6 | 0,8 | 34,0 | 10,0 | 0,3 | 2.140 | 2.620 | 0 | 0 |
| Belarús | 10,3 | 9,9 | 0,1 | 0,3 | – | 3,0 | 2,8 | 3.190 | 2.960 | – | – |
| Bosnia y Herzegovina | 3,6 | 4,1 | 0,3 | 0,4 | 9,0 | 9,0 | 1 | 2.690 | 2.710 | – | – |

| | Subalimentación | | | | | | | Disponibilidad de alimentos | | | |
|---|---|---|---|---|---|---|---|---|---|---|---|
| | Población total (millones) | | Número de personas subalimentadas (millones) | | Porcentaje de personas subalimentadas en el total de la población (%) | | Cambio en la prevalencia | Consumo de energía alimentaria (kcal/persona/día) | | Déficit nutricional (miles de toneladas) | Déficit en la distribución de alimentos (miles de toneladas) |
| | 1990–92 | 2001–03 | 1990–92 | 2001–03 | 1990–92 | 2001–03 | 1992–2002 | 1990–92 | 2001–03 | | |
| Bulgaria | 8,5 | 8,0 | 0,7 | 0,7 | 8,0 | 9,0 | 1,2 | 2.900 | 2.850 | – | – |
| Chipre | – | – | – | – | – | – | – | – | – | – | – |
| Croacia | 4,5 | 4,4 | 0,7 | 0,3 | 16,0 | 7,0 | 0,4 | 2.520 | 2.770 | – | – |
| Eslovaquia | 5,3 | 5,4 | 0,2 | 0,3 | 4,0 | 6,0 | 1,6 | 2.920 | 2.830 | – | – |
| Eslovenia | 2,0 | 2,0 | 0,1 | 0,1 | 3,0 | 3,0 | 0,9 | 2.950 | 2.970 | – | – |
| Estonia | 1,5 | 1,3 | 0,1 | 0,0 | 9,0 | 3,0 | 0,3 | 2.760 | 3.160 | – | – |
| Federación de Rusia | 148,4 | 144,1 | 6,4 | 4,1 | 4,0 | 3,0 | 0,7 | 2.930 | 3.080 | – | – |
| Georgia | 5,4 | 5,2 | 2,4 | 0,7 | 44,0 | 13,0 | 0,3 | 2.050 | 2.520 | 0 | 0 |
| Hungría | 10,2 | 9,9 | 0,1 | 0,0 | – | – | 0,6 | 3.340 | 3.500 | – | – |
| Israel | – | – | – | – | – | – | – | | | – | – |
| Kazajstán | 16,7 | 15,5 | 0,2 | 1,2 | – | 8,0 | 7,8 | 3.280 | 2.710 | 0 | 0 |
| Kirguistán | 4,5 | 5,1 | 1,0 | 0,2 | 21,0 | 4,0 | 0,2 | 2.400 | 3.050 | 0 | 0 |
| Letonia | 2,5 | 2,3 | 0,1 | 0,1 | 3,0 | 3,0 | 0,9 | 2.960 | 3.020 | – | – |
| Lituania | 3,6 | 3,5 | 0,2 | 0,0 | 4,0 | – | 0,2 | 2.870 | 3.370 | – | – |
| Macedonia, ex República Yugoslava de | 2,0 | 2,0 | 0,3 | 0,1 | 15,0 | 7,0 | 0,4 | 2.520 | 2.800 | – | – |
| Malta | – | – | – | – | – | – | – | – | – | – | – |
| Moldova | 4,4 | 4,3 | 0,2 | 0,5 | 5,0 | 11,0 | 1,9 | 2.930 | 2.730 | – | – |
| Polonia | 38,5 | 38,6 | 0,3 | 0,3 | – | – | 1 | 3.340 | 3.370 | – | – |
| República Checa | 10,3 | 10,2 | 0,2 | 0,1 | – | – | 0,6 | 3.080 | 3.240 | – | – |
| Rumania | 22,8 | 22,4 | 0,3 | 0,1 | – | – | 0,3 | 3.210 | 3.520 | – | – |
| Serbia y Montenegro | 10,5 | 10,5 | 0,5 | 1,1 | 5,0 | 10,0 | 2,2 | 2.910 | 2.670 | – | – |
| Tayikistán | 5,7 | 6,2 | 1,2 | 3,8 | 22,0 | 61,0 | 2,8 | 2.310 | 1.840 | 108 | 169 |
| Turkmenistán | 4,1 | 4,8 | 0,5 | 0,4 | 12,0 | 8,0 | 0,7 | 2.550 | 2.750 | 0 | 0 |
| Turquía | 58,7 | 70,3 | 1,0 | 2,0 | – | 3,0 | 1,7 | 3.490 | 3.340 | – | – |
| Ucrania | 51,7 | 48,9 | 1,2 | 1,2 | – | 3,0 | 1,1 | 3.040 | 3.030 | – | – |
| Uzbekistán | 22,3 | 25,7 | 1,7 | 6,7 | 8,0 | 26,0 | 3,4 | 2.660 | 2.270 | 0 | 0 |
| **MEDITERRÁNEO ORIENTAL** | | | | | | | | | | | |
| Afganistán | – | – | – | – | – | – | – | – | – | 220 | 833 |
| Arabia Saudita | 17,1 | 23,5 | 0,7 | 0,9 | 4,0 | 4,0 | 0,9 | 2.770 | 2.820 | – | – |
| Bahrein | – | – | – | – | – | – | – | – | – | – | – |
| Djibouti | – | – | – | – | – | – | – | – | – | – | – |
| Egipto | 57,0 | 70,5 | 2,5 | 2,4 | 4,0 | 3,0 | 0,8 | 3.200 | 3.350 | 0 | 0 |
| Emiratos Árabes Unidos | 2,1 | 2,9 | 0,1 | 0,1 | 4,0 | – | 0,4 | 2.930 | 3.220 | – | – |
| Irán, República Islámica del | 58,0 | 68,1 | 2,1 | 2,7 | 4,0 | 4,0 | 1,1 | 2.980 | 3.090 | – | – |
| Iraq | – | – | – | – | – | – | – | – | – | – | – |
| Jamahiriya Árabe Libia | 4,4 | 5,4 | 0,0 | 0,0 | – | – | 1,1 | 3.270 | 3.330 | – | – |
| Jordania | 3,4 | 5,3 | 0,1 | 0,4 | 4,0 | 7,0 | 1,9 | 2.820 | 2.680 | – | – |
| Kuwait | 2,1 | 2,4 | 0,5 | 0,1 | 24,0 | 5,0 | 0,2 | 2.340 | 3.060 | – | – |
| Líbano | 2,8 | 3,6 | 0,1 | 0,1 | – | 3,0 | 1,2 | 3.160 | 3.170 | – | – |
| Marruecos | 25,0 | 30,1 | 1,5 | 1,9 | 6,0 | 6,0 | 1,1 | 3.030 | 3.070 | 0 | 0 |
| Omán | – | – | – | – | – | – | – | – | – | – | – |
| Pakistán | 113,7 | 149,9 | 27,8 | 35,2 | 24,0 | 23,0 | 1 | 2.300 | 2.340 | 0 | 220 |
| Qatar | – | – | – | – | – | – | – | – | – | – | – |
| República Árabe Siria | 13,1 | 17,4 | 0,7 | 0,6 | 5,0 | 4,0 | 0,7 | 2.830 | 3.060 | – | – |
| Somalia | – | – | – | – | – | – | – | – | – | 550 | 587 |
| Sudán | 25,5 | 32,9 | 7,9 | 8,8 | 31,0 | 27,0 | – | 2.170 | 2.260 | 31 | 592 |
| Túnez | 8,4 | 9,7 | 0,1 | 0,1 | – | – | 1 | 3.150 | 3.250 | 0 | 0 |
| Yemen | 12,5 | 19,3 | 4,2 | 7,1 | 34,0 | 37,0 | 1,1 | 2.040 | 2.020 | – | – |

| | Subalimentación | | | | | | | Disponibilidad de alimentos | | | |
|---|---|---|---|---|---|---|---|---|---|---|---|
| | Población total (millones) | | Número de personas subalimentadas (millones) | | Porcentaje de personas subalimentadas en el total de la población (%) | | Cambio en la prevalencia | Consumo de energía alimentaria (kcal/persona/día) | | Déficit nutricional (miles de toneladas) | Déficit en la distribución de alimentos (miles de toneladas) |
| | 1990–92 | 2001–03 | 1990–92 | 2001–03 | 1990–92 | 2001–03 | 1992–2002 | 1990–92 | 2001–03 | | |
| **PACÍFICO OCCIDENTAL** | | | | | | | | | | | |
| Brunei Darussalam | – | – | – | – | – | – | – | – | – | – | – |
| Camboya | 10,1 | 13,8 | 4,4 | 4,6 | 43,0 | 33,0 | 0,8 | 1.860 | 2.060 | – | – |
| China | 1175,7 | 1302,2 | 193,6 | 150,0 | 16,0 | 12,0 | 0,7 | 2.710 | 2.940 | – | – |
| Fiji | – | – | – | – | – | – | – | – | – | – | – |
| Filipinas | 62,5 | 78,6 | 16,2 | 15,2 | 26,0 | 19,0 | 0,7 | 2.260 | 2.450 | 0 | 136 |
| Islas Cook | – | – | – | – | – | – | – | – | – | – | – |
| Islas Marshall | – | – | – | – | – | – | – | – | – | – | – |
| Islas Salomón | – | – | – | – | – | – | – | – | – | – | – |
| Kiribati | – | – | – | – | – | – | – | – | – | – | – |
| Malasia | 18,3 | 24,0 | 0,5 | 0,6 | 3,0 | 3,0 | 1 | 2.830 | 2.870 | – | – |
| Micronesia, Estados Federados de | – | – | – | – | – | – | – | – | – | – | – |
| Mongolia | 2,3 | 2,6 | 0,8 | 0,7 | 34,0 | 28,0 | 0,8 | 2.060 | 2.250 | – | – |
| Nauru | – | – | – | – | – | – | – | – | – | – | – |
| Niue | – | – | – | – | – | – | – | – | – | – | – |
| Palau | – | – | – | – | – | – | – | – | – | – | – |
| Papua Nueva Guinea | – | – | – | – | – | – | – | – | – | – | – |
| República de Corea | 43,3 | 47,4 | 0,8 | 0,8 | – | – | 0,9 | 3.000 | 3.040 | – | – |
| República Democrática Popular Lao | 4,2 | 5,5 | 1,2 | 1,2 | 29,0 | 21,0 | 0,7 | 2.110 | 2.320 | – | – |
| Samoa | – | – | – | – | – | – | – | – | – | – | – |
| Singapur | – | – | – | – | – | – | – | – | – | – | – |
| Tonga | – | – | – | – | – | – | – | – | – | – | – |
| Tuvalu | – | – | – | – | – | – | – | – | – | – | – |
| Vanuatu | – | – | – | – | – | – | – | – | – | – | – |
| Viet Nam | 67,5 | 80,3 | 20,6 | 13,8 | 31,0 | 17,0 | 0,6 | 2.180 | 2.580 | 0 | 0 |

### Definiciones de los indicadores

**Variación de la prevalencia:** División del valor actual (2000-2002) por el valor de referencia (1990-1992). Un valor de 0-1 representa una reducción de la prevalencia; un valor superior a 1 indica que la prevalencia ha aumentado desde 1990-1992.

**Consumo de energía alimentaria:** Cantidad de alimentos disponibles en el país, en kilocalorías por día, dividida por el número total de habitantes, expresada como cantidad total disponible diariamente.

**Déficit nutricional:** Cantidad de alimentos necesaria para elevar el consumo alimentario de toda la población hasta satisfacer las necesidades nutricionales mínimas, independientemente de los diferentes grupos de ingresos.

**Déficit en la distribución de alimentos:** Cantidad de alimentos necesaria para que el consumo alimentario de cada grupo de ingresos alcance la meta nutricional.

### Fuentes

- **Población, subalimentación y consumo de alimentos:** Organización de las Naciones Unidas para la Agricultura y la Alimentación (FAO). 2006. *El estado de la inseguridad alimentaria en el mundo 2006*. Roma.
- **Disponibilidad de alimentos:** Departamento de Agricultura de los Estados Unidos. 2005. *Food Security Assessment Report GFA 17*. Washington D.C.

**Cuadro 2: ¿Cuántas personas pasan hambre a lo largo del ciclo vital?**

| | Prevalencia del retraso del crecimiento en menores de 5 años (%) | Prevalencia de insuficiencia ponderal en menores de 5 años (%) | | Prevalencia de emaciación en menores de 5 años (%) | Bebés con bajo peso al nacer (%) | Porcentaje de mujeres con bajo índice de masa corporal (%) |
|---|---|---|---|---|---|---|
| | 1997–2006* | 1990 | 1997–2006* | 1995–2005* | 2002 | 1992–2002* |
| **ÁFRICA** | | | | | | |
| Angola | 50,8 | 40,6 | 27,5 | 6 | 12 | – |
| Argelia | 21,6 | – | 10,2 | 8 | 7 | – |
| Benin | 39,1 | – | 21,5 | 8 | 16 | 10,5 |
| Botswana | 29,1 | – | 10,7 | 5 | 10 | – |
| Burkina Faso | 43,1 | 32,7 | 35,2 | 19 | 19 | 13,2 |
| Burundi | 63,1 | 32,7 | 38,9 | 8 | 16 | – |
| Cabo Verde | – | – | – | – | 13 | – |
| Camerún | 35,4 | 15,1 | 15,1 | 5 | 11 | 7,9 |
| Chad | 44,8 | 38,8 | 33,9 | 14 | 17 | 21 |
| Comoras | 46,9 | 18,5 | 25 | 8 | 25 | 10,3 |
| Congo, República del | 31,2 | 23,9 | 11,8 | 7 | – | – |
| Congo, República Democrática del | 44,4 | 34,4 | 33,6 | 13 | 12 | – |
| Côte d'Ivoire | 31,5 | 23,8 | 18,2 | 7 | 17 | 7,4 |
| Eritrea | 43,7 | 41 | 34,5 | 13 | 21 | 40,6 |
| Etiopía | 50,7 | 46,2 | 34,6 | 11 | 15 | 26 |
| Gabón | 26,3 | – | 8,8 | 3 | 14 | 6,6 |
| Gambia | 24,1 | 26,2 | 15,4 | 8 | 17 | – |
| Ghana | 35,6 | 27,3 | 18,8 | 7 | 11 | 11,2 |
| Guinea | 39,3 | – | 22,5 | 9 | 12 | 11,9 |
| Guinea Ecuatorial | 42,6 | – | 15,7 | – | 13 | – |
| Guinea-Bissau | 36,1 | – | 21,9 | 10 | 22 | – |
| Kenya | 35,8 | 22,6 | 16,5 | 6 | 11 | 11,9 |
| Lesotho | 53 | 15,8 | 15 | 4 | 14 | – |
| Liberia | 45,3 | – | 22,8 | 6 | – | – |
| Madagascar | 52,8 | 40,9 | 36,8 | 13 | 14 | 20,6 |
| Malawi | 52,5 | 23,9 | 18,4 | 5 | 16 | 6,5 |
| Malí | 42,7 | – | 30,1 | 11 | 23 | – |
| Mauricio | – | 23,9 | – | 14 | 13 | – |
| Mauritania | 39,5 | 47,6 | 30,4 | 13 | – | 8,6 |
| Mozambique | 47 | 27 | 21,2 | 4 | 14 | 10,9 |
| Namibia | 29,5 | – | 20,3 | 9 | 14 | 13,8 |
| Níger | 54,2 | 42,6 | 43,6 | 14 | 17 | 20,7 |
| Nigeria | 43 | 35,5 | 27,2 | 9 | 14 | 16,2 |
| República Centroafricana | 44,6 | 27,3 | 21,8 | 9 | 14 | 15,3 |
| Rwanda | 48,3 | 29,4 | 20,3 | 4 | 9 | 5,9 |
| Santo Tomé y Príncipe | 35,2 | – | 10,1 | 4 | – | – |
| Senegal | 20,1 | 21,6 | 14,5 | 8 | 18 | – |
| Seychelles | – | 5,7 | – | – | – | – |
| Sierra Leona | 38,4 | – | 24,7 | 10 | – | – |
| Sudáfrica | 30,9 | – | 9,6 | 3 | 15 | – |
| Swazilandia | 36,6 | – | 9,1 | 1 | 9 | – |
| Tanzanía, República Unida de | 44,4 | 28,9 | 16,7 | 3 | 13 | – |
| Togo | 29,8 | – | 23,2 | 12 | 15 | 10,9 |
| Uganda | 44,8 | 23 | 19 | 4 | 12 | 9,4 |
| Zambia | 52,5 | 20,5 | 23,3 | 6 | 12 | 13 |
| Zimbabwe | 33,7 | 11,5 | 11,5 | 5 | 11 | 4,5 |
| **CONTINENTE AMERICANO** | | | | | | |
| Antigua y Barbuda | – | – | – | – | 8 | – |
| Argentina | 8,2 | 1,9 | 2,3 | 1 | 7 | – |

| | Prevalencia del retraso del crecimiento en menores de 5 años (%) | Prevalencia de insuficiencia ponderal en menores de 5 años (%) | | Prevalencia de emaciación en menores de 5 años (%) | Bebés con bajo peso al nacer (%) | Porcentaje de mujeres con bajo índice de masa corporal (%) |
|---|---|---|---|---|---|---|
| | 1997–2006* | 1990 | 1997–2006* | 1995–2005* | 2002 | 1992–2002* |
| Bahamas | – | – | – | – | 7 | – |
| Barbados | – | – | – | – | 10 | – |
| Belice | – | – | – | – | 6 | – |
| Bolivia | 32,5 | 11,3 | 5,9 | 1 | 9 | 0,9 |
| Brasil | – | 7 | 3,7 | 2 | 10 | 6,2 |
| Chile | 2,7 | 2,5 | 0,8 | 0 | 5 | – |
| Colombia | 16,2 | 10,1 | 5,1 | 1 | 9 | 3,1 |
| Costa Rica | – | 2,8 | – | 2 | 7 | – |
| Cuba | 9,6 | – | 4,3 | 2 | 6 | – |
| Dominica | – | – | – | – | 10 | – |
| Ecuador | 29 | 16,5 | 6,2 | – | 16 | – |
| El Salvador | 24,6 | 15,2 | 6,1 | 1 | 13 | – |
| Granada | – | – | – | – | 9 | – |
| Guatemala | 54,3 | 33,2 | 17,7 | 2 | 13 | 2 |
| Guyana | 13,8 | 18,3 | 11,9 | 11 | 12 | – |
| Haití | 28,3 | 26,8 | 13,9 | 5 | 21 | – |
| Honduras | 29,9 | 18 | 8,6 | 1 | 14 | – |
| Jamaica | 4,5 | 4,6 | 3,1 | 4 | 9 | – |
| México | 15,5 | 14,2 | 3,4 | 2 | 9 | – |
| Nicaragua | 25,2 | 11 | 7,8 | 2 | 12 | 3,8 |
| Panamá | 21,5 | 15,8 | 6,3 | 1 | 10 | – |
| Paraguay | – | – | – | 1 | 9 | – |
| Perú | 31,3 | 10,7 | 5,2 | 1 | 11 | 0,7 |
| República Dominicana | 11,7 | 10,3 | 4,2 | 2 | 11 | – |
| Saint Kitts y Nevis | – | – | – | – | 9 | – |
| San Vicente y las Granadinas | – | – | – | – | 10 | – |
| Santa Lucía | – | – | – | – | 8 | – |
| Suriname | 14,5 | – | 11,4 | 7 | 13 | – |
| Trinidad y Tabago | 5,3 | 6,7 | 4,4 | 4 | 23 | – |
| Uruguay | 13,9 | 7,4 | 6 | 1 | 8 | – |
| Venezuela, República Bolivariana de | 16,7 | 7,7 | 4,8 | 4 | 7 | – |
| **SUDESTE ASIÁTICO** | | | | | | |
| Bangladesh | 50,5 | 65,8 | 42,7 | 13 | 30 | 45,4 |
| Bhután | 47,7 | 37,9 | 14,1 | 3 | 15 | – |
| Corea, República Popular Democrática de | 44,7 | – | 17,8 | 7 | 7 | – |
| India | 51 | 56,1 | 44,4 | 16 | 30 | 41,2 |
| Indonesia | 28,6 | 35,5 | 19,7 | – | 9 | – |
| Maldivas | 31,9 | 39 | 25,7 | 13 | 22 | – |
| Myanmar | 40,6 | 32,4 | 29,6 | 9 | 15 | – |
| Nepal | 57,1 | 48,5 | 43 | 10 | 21 | 26,6 |
| Sri Lanka | 18,4 | 37,3 | 22,8 | 14 | 22 | – |
| Tailandia | 15,5 | 25,3 | 7,3 | 5 | 9 | – |
| Timor-Leste | 55,7 | – | 40,6 | 12 | 10 | – |
| **EUROPA** | | | | | | |
| Albania | 39,2 | 8,1 | 17 | 11 | 3 | – |
| Armenia | 18,2 | 3,3 | 4,2 | 5 | 7 | 5 |
| Azerbaiyán | 24,1 | 10,1 | 14 | 2 | 11 | – |
| Belarús | – | – | – | – | 5 | – |
| Bosnia y Herzegovina | 12,1 | – | 4,2 | 6 | 4 | – |

| | Prevalencia del retraso del crecimiento en menores de 5 años (%) | Prevalencia de insuficiencia ponderal en menores de 5 años (%) | | Prevalencia de emaciación en menores de 5 años (%) | Bebés con bajo peso al nacer (%) | Porcentaje de mujeres con bajo índice de masa corporal (%) |
|---|---|---|---|---|---|---|
| | 1997–2006* | 1990 | 1997–2006* | 1995–2005* | 2002 | 1992–2002* |
| Bulgaria | 8,8 | – | 1,6 | – | 10 | – |
| Chipre | – | – | – | – | 7 | – |
| Croacia | – | – | – | 1 | 6 | – |
| Eslovaquia | – | – | – | – | 7 | – |
| Eslovenia | – | – | – | – | 6 | – |
| Estonia | – | – | – | – | 6 | – |
| Federación de Rusia | – | – | – | 4 | 6 | – |
| Georgia | 15,2 | – | 3,4 | 2 | 9 | – |
| Hungría | – | – | – | – | 8 | – |
| Israel | – | – | – | – | 8 | – |
| Kazajstán | 13,9 | – | 3,8 | 2 | 7 | 9,8 |
| Kirguistán | 32,6 | – | 8,2 | 3 | 5 | 6,2 |
| Letonia | – | – | – | – | 4 | – |
| Lituania | – | – | – | – | 6 | – |
| Macedonia, ex República Yugoslava de | 1,2 | – | 1,2 | 4 | 5 | – |
| Malta | – | – | – | – | 0 | – |
| Moldova | 11,3 | – | 3,2 | 4 | 5 | – |
| Polonia | – | – | – | – | 6 | – |
| República Checa | 2,6 | – | 2,1 | – | 4 | – |
| Rumania | 12,8 | – | 3,5 | 2 | 9 | – |
| Serbia y Montenegro | 9,8 | – | 2,2 | – | 4 | – |
| Tayikistán | 42 | – | – | 5 | 15 | – |
| Turkmenistán | 27,7 | – | 10 | 6 | 6 | 10,1 |
| Turquía | 19,1 | 10,4 | 7 | 1 | 16 | 2,6 |
| Ucrania | 5,6 | – | 4,1 | 0 | 5 | – |
| Uzbekistán | 26,2 | – | 6,2 | 7 | 7 | 9,8 |
| **MEDITERRÁNEO ORIENTAL** | | | | | | |
| Afganistán | 53,6 | – | 46,2 | 7 | – | – |
| Arabia Saudita | – | – | – | 11 | 11 | – |
| Bahrein | – | 7,2 | – | 5 | 8 | – |
| Djibouti | 28,6 | 22,9 | 23,9 | 18 | – | – |
| Egipto | 23,8 | 10,4 | 5,4 | 4 | 12 | 0,6 |
| Emiratos Árabes Unidos | – | – | – | 15 | 15 | – |
| Irán, República Islámica del | 19,7 | – | 9,1 | 5 | 7 | – |
| Iraq | 28,3 | 11,9 | 12,9 | 8 | 15 | – |
| Jamahiriya Árabe Libia | – | – | – | – | 7 | – |
| Jordania | 12 | 6,4 | 3,6 | 2 | 10 | 2,3 |
| Kuwait | 6,7 | 10,5 | 1,9 | 11 | 7 | – |
| Líbano | 5,8 | – | 4,3 | 5 | 6 | – |
| Marruecos | 23,1 | 9,5 | 9,9 | 9 | 11 | 3,9 |
| Omán | 15,9 | 24,3 | 13,1 | 7 | 8 | – |
| Pakistán | 41,5 | 40,2 | 31,3 | 13 | 19 | – |
| Qatar | – | – | – | 2 | 10 | – |
| República Árabe Siria | 24,1 | 12,1 | 9,1 | 4 | 6 | – |
| Somalia | 29 | – | 23 | 17 | – | – |
| Sudán | 47,6 | 33,9 | 38,4 | 16 | 31 | – |
| Túnez | 16 | 9 | 4,4 | 2 | 7 | – |
| Yemen | 59,8 | 30 | 42,7 | 12 | 32 | 25,2 |

| | Prevalencia del retraso del crecimiento en menores de 5 años (%) | Prevalencia de insuficiencia ponderal en menores de 5 años (%) | | Prevalencia de emaciación en menores de 5 años (%) | Bebés con bajo peso al nacer (%) | Porcentaje de mujeres con bajo índice de masa corporal (%) |
|---|---|---|---|---|---|---|
| | 1997–2006* | 1990 | 1997–2006* | 1995–2005* | 2002 | 1992–2002* |
| **PACÍFICO OCCIDENTAL** | | | | | | |
| Brunei Darussalam | – | – | – | – | 10 | – |
| Camboya | 49,2 | 47,4 | 39,5 | 15 | 11 | 21,2 |
| China | 18,6 | 17,4 | 6,1 | – | 6 | – |
| Fiji | – | – | – | – | 10 | – |
| Filipinas | 33,8 | 33,5 | 20,7 | 6 | 20 | – |
| Islas Cook | – | – | – | – | 3 | – |
| Islas Marshall | – | – | – | – | 12 | – |
| Islas Salomón | – | – | – | – | 13 | – |
| Kiribati | – | – | – | – | 5 | – |
| Malasia | 20 | 25 | 16,2 | – | 10 | – |
| Micronesia, Estados Federados de | – | – | – | – | 18 | – |
| Mongolia | 23,5 | 12,3 | 4,8 | 3 | 8 | – |
| Nauru | – | – | – | – | – | – |
| Niue | – | – | – | – | – | – |
| Palau | – | – | – | – | 9 | – |
| Papua Nueva Guinea | 43,9 | – | 18,1 | – | 11 | – |
| República de Corea | – | – | – | – | 4 | – |
| República Democrática Popular Lao | 48,2 | 44 | 36,4 | 15 | 14 | – |
| Samoa | 8,7 | – | 2,1 | – | 4 | – |
| Singapur | 4,4 | 14,4 | 3,3 | 2 | 8 | – |
| Tonga | – | – | – | – | – | – |
| Tuvalu | – | – | – | – | 5 | – |
| Vanuatu | – | – | – | – | 6 | – |
| Viet Nam | 43,4 | 45 | 26,7 | 8 | 9 | – |

### Definiciones de los indicadores

**Prevalencia del retraso de crecimiento entre los niños menores de 5 años:** Proporción de niños cuya relación estatura/edad es inferior en dos desviaciones típicas a la mediana de la población de referencia.

**Prevalencia de la insuficiencia ponderal entre los niños menores de 5 años:** Proporción de niños cuya relación peso/estatura es inferior a la mediana de la población de referencia en dos desviaciones típicas (insuficiencia ponderal moderada) o en tres desviaciones típicas (insuficiencia ponderal grave).

**Prevalencia de la emaciación entre los niños menores de 5 años:** Proporción de niños cuya relación peso/estatura es inferior en dos desviaciones típicas a la mediana de la población de referencia.

**Recién nacidos con bajo peso al nacer:** Porcentaje de nacidos vivos que pesan menos de 2,5 kilogramos.

**Bajo índice de masa corporal:** El índice de masa corporal (IMC) se obtiene dividiendo el peso en kilogramos por el cuadrado de la estatura en metros. Un valor inferior a 18,5 indica insuficiencia ponderal.

### Fuentes

- **Insuficiencia ponderal, retraso del crecimiento y bajo peso al nacer:** Organización Mundial de la Salud (OMS). 2007. *Estadísticas sanitarias mundiales 2007*.Ginebra.
- **Emaciación:** Fondo de las Naciones Unidas para la Infancia (UNICEF). 2006. *Estado Mundial de la Infancia 2007: La mujer y la infancia. El doble dividendo de la igualdad de género*. Nueva York.
- **IMC:** Comité Permanente de Nutrición. 2004. *Fifth Report on the World Nutrition Situation*. Ginebra.

### Nota

Un período de años seguido de un asterisco indica que los datos se refieren al último año del período para el cual se dispone de datos.

## Cuadro 3: ¿Qué aspecto tiene un mundo aquejado de salud deficiente?

| | Esperanza de vida al nacer (años) | | Esperanza de vida saludable al nacer (años) | | Acceso a los servicios sanitarios | | | | Acceso a suministros de agua potable mejorados (%) | | Acceso a instalaciones de saneamiento mejoradas (%) | |
|---|---|---|---|---|---|---|---|---|---|---|---|---|
| | | | | | Trabajadores de los servicios sanitarios | | Servicios sanitarios básicos | | | | | |
| | Hombres 2005 | Mujeres 2005 | Hombres 2002 | Mujeres 2002 | Médicos (por 1.000 habitantes) | Enfermeros (por 1.000 habitantes) | Índice de vacunación (DPT3) | Cobertura de los centros de asistencia prenatal (mínimo 4 visitas) | Población urbana, 2004 (%) | Población rural, 2004 (%) | Población urbana, 2004 (%) | Población rural, 2004 (%) |
| **ÁFRICA** | | | | | | | | | | | | |
| Angola | 39 | 41 | 32 | 35 | 0,08 | 1,15 | 47 | – | 75 | 40 | 56 | 16 |
| Argelia | 70 | 72 | 60 | 62 | 1,13 | 2,21 | 88 | – | 88 | 80 | 99 | 82 |
| Benin | 52 | 53 | 43 | 45 | 0,04 | 0,84 | 93 | 61 | 78 | 57 | 59 | 11 |
| Botswana | 42 | 41 | 36 | 35 | 0,4 | 2,65 | 97 | 97 | 100 | 90 | 57 | 25 |
| Burkina Faso | 48 | 49 | 35 | 36 | 0,06 | 0,41 | 96 | 18 | 94 | 54 | 42 | 6 |
| Burundi | 46 | 48 | 33 | 37 | 0,03 | 0,19 | 74 | 79 | 92 | 77 | 47 | 35 |
| Cabo Verde | 67 | 72 | 59 | 63 | 0,49 | 0,87 | 73 | 99 | 86 | 73 | 61 | 19 |
| Camerún | 50 | 51 | 41 | 42 | 0,19 | 1,6 | 80 | 52 | 86 | 44 | 58 | 43 |
| Chad | 46 | 48 | 40 | 42 | 0,04 | 0,27 | 20 | 13 | 41 | 43 | 24 | 4 |
| Comoras | 62 | 67 | 54 | 55 | 0,15 | 0,74 | 80 | 53 | 92 | 82 | 41 | 29 |
| Congo, República del | 54 | 55 | 45 | 47 | 0,2 | 0,96 | 65 | – | 84 | 27 | 28 | 25 |
| Congo, República Democrática del | 44 | 48 | 35 | 39 | 0,11 | 0,53 | 73 | – | 82 | 29 | 42 | 25 |
| Côte d'Ivoire | 42 | 47 | 38 | 41 | 0,12 | 0,6 | 56 | 35 | 97 | 74 | 46 | 29 |
| Eritrea | 59 | 63 | 49 | 51 | 0,05 | 0,58 | 83 | 49 | 74 | 57 | 32 | 3 |
| Etiopía | 50 | 53 | 41 | 42 | 0,03 | 0,21 | 69 | 10 | 81 | 11 | 44 | 7 |
| Gabón | 54 | 57 | 50 | 53 | 0,29 | 5,16 | 38 | 63 | 95 | 47 | 37 | 30 |
| Gambia | 53 | 57 | 48 | 51 | 0,11 | 1,21 | 88 | – | 95 | 77 | 72 | 46 |
| Ghana | 56 | 58 | 49 | 50 | 0,15 | 0,92 | 84 | 69 | 88 | 64 | 27 | 11 |
| Guinea | 53 | 55 | 44 | 46 | 0,11 | 0,55 | 69 | 48 | 78 | 35 | 31 | 11 |
| Guinea Ecuatorial | 45 | 47 | 45 | 46 | 0,3 | 0,45 | 33 | 37 | 45 | 42 | 60 | 46 |
| Guinea–Bissau | 46 | 48 | 40 | 41 | 0,12 | 0,67 | 80 | 62 | 79 | 49 | 57 | 23 |
| Kenya | 51 | 51 | 44 | 45 | 0,14 | 1,14 | 76 | 52 | 83 | 46 | 46 | 41 |
| Lesotho | 42 | 41 | 30 | 33 | 0,05 | 0,62 | 83 | 88 | 92 | 76 | 61 | 32 |
| Liberia | 41 | 44 | 34 | 37 | 0,03 | 0,18 | 87 | 84 | 72 | 52 | 49 | 7 |
| Madagascar | 56 | 60 | 47 | 50 | 0,29 | 0,32 | 61 | 38 | 77 | 35 | 48 | 26 |
| Malawi | 47 | 46 | 35 | 35 | 0,02 | 0,59 | 93 | 55 | 98 | 68 | 62 | 61 |
| Malí | 45 | 47 | 37 | 38 | 0,08 | 0,49 | 85 | 30 | 78 | 36 | 59 | 39 |
| Mauricio | 69 | 76 | 60 | 65 | 1,06 | 3,69 | 97 | – | 100 | 100 | 95 | 94 |
| Mauritania | 55 | 60 | 43 | 46 | 0,11 | 0,64 | 71 | 16 | 59 | 44 | 49 | 8 |
| Mozambique | 46 | 45 | 36 | 38 | 0,03 | 0,21 | 72 | 41 | 72 | 26 | 53 | 19 |
| Namibia | 52 | 52 | 43 | 44 | 0,3 | 3,06 | 86 | 69 | 98 | 81 | 50 | 13 |
| Níger | 42 | 41 | 36 | 35 | 0,03 | 0,22 | 89 | 11 | 80 | 36 | 43 | 4 |
| Nigeria | 47 | 48 | 41 | 42 | 0,28 | 1,7 | 25 | 47 | 67 | 31 | 53 | 36 |
| República Centroafricana | 42 | 42 | 37 | 38 | 0,08 | 0,3 | 40 | 39 | 93 | 61 | 47 | 12 |
| Rwanda | 44 | 47 | 36 | 40 | 0,05 | 0,42 | 95 | 10 | 92 | 69 | 56 | 38 |
| Santo Tomé y Príncipe | 57 | 60 | 54 | 55 | 0,49 | 1,55 | 97 | – | 89 | 73 | 32 | 20 |
| Senegal | 54 | 57 | 47 | 49 | 0,06 | 0,32 | 84 | 64 | 92 | 60 | 79 | 34 |
| Seychelles | 68 | 77 | 57 | 65 | 1,51 | 7,93 | 99 | – | 100 | 75 | – | 100 |
| Sierra Leona | 37 | 40 | 27 | 30 | 0,03 | 0,36 | 64 | 68 | 75 | 46 | 53 | 30 |
| Sudáfrica | 50 | 52 | 43 | 45 | 0,77 | 4,08 | 94 | 72 | 99 | 73 | 79 | 46 |
| Swazilandia | 38 | 37 | 33 | 35 | 0,16 | 6,3 | 71 | – | 87 | 54 | 59 | 44 |
| Tanzanía, República Unida de | 48 | 50 | 40 | 41 | 0,02 | 0,37 | 90 | 69 | 87 | 56 | 54 | 41 |
| Togo | 52 | 56 | 44 | 46 | 0,04 | 0,43 | 82 | 46 | 85 | 49 | 53 | 43 |
| Uganda | 48 | 51 | 42 | 44 | 0,08 | 0,61 | 84 | 40 | 80 | 36 | 71 | 15 |
| Zambia | 40 | 40 | 35 | 35 | 0,12 | 1,74 | 80 | 71 | 90 | 40 | 59 | 52 |
| Zimbabwe | 43 | 42 | 34 | 33 | 0,16 | 0,72 | – | 64 | 98 | 72 | 63 | 47 |

| | Esperanza de vida al nacer (años) | | Esperanza de vida saludable al nacer (años) | | Acceso a los servicios sanitarios | | | | Acceso a suministros de agua potable mejorados (%) | | Acceso a instalaciones de saneamiento mejoradas (%) | |
|---|---|---|---|---|---|---|---|---|---|---|---|---|
| | | | | | Trabajadores de los servicios sanitarios | | Servicios sanitarios básicos | | | | | |
| | Hombres 2005 | Mujeres 2005 | Hombres 2002 | Mujeres 2002 | Médicos (por 1.000 habitantes) | Enfermeros (por 1.000 habitantes) | Índice de vacunación (DPT3) | Cobertura de los centros de asistencia prenatal (mínimo 4 visitas) | Población urbana, 2004 (%) | Población rural, 2004 (%) | Población urbana, 2004 (%) | Población rural, 2004 (%) |
| **CONTINENTE AMERICANO** | | | | | | | | | | | | |
| Antigua y Barbuda | 70 | 75 | 60 | 64 | 0,17 | 3,28 | 99 | 82 | 95 | 89 | 98 | 94 |
| Argentina | 72 | 78 | 62 | 68 | 3,01 | 0,8 | 92 | 95 | 98 | 80 | 92 | 83 |
| Bahamas | 70 | 76 | 61 | 66 | 1,05 | 4,47 | 93 | – | 98 | 86 | 100 | 100 |
| Barbados | 71 | 78 | 63 | 68 | 1,21 | 3,7 | 92 | – | 100 | 100 | 99 | 100 |
| Belice | 67 | 74 | 58 | 62 | 1,05 | 1,26 | 96 | 96 | 100 | 82 | 71 | 25 |
| Bolivia | 63 | 67 | 54 | 55 | 1,22 | 3,19 | 81 | 69 | 95 | 68 | 60 | 22 |
| Brasil | 68 | 75 | 57 | 62 | 1,15 | 3,84 | 96 | 76 | 96 | 57 | 83 | 37 |
| Chile | 74 | 81 | 65 | 70 | 1,09 | 0,63 | 91 | 95 | 100 | 58 | 95 | 62 |
| Colombia | 71 | 78 | 58 | 66 | 1,35 | 0,55 | 87 | 79 | 99 | 71 | 96 | 54 |
| Costa Rica | 75 | 80 | 65 | 69 | 1,32 | 0,92 | 91 | 70 | 100 | 92 | 89 | 97 |
| Cuba | 75 | 79 | 67 | 70 | 5,91 | 7,44 | 99 | 100 | 95 | 78 | 99 | 95 |
| Dominica | 72 | 76 | 62 | 66 | 0,5 | 4,17 | 98 | 100 | 100 | 90 | 86 | 75 |
| Ecuador | 70 | 75 | 60 | 64 | 1,48 | 1,57 | 94 | – | 97 | 89 | 94 | 82 |
| El Salvador | 69 | 74 | 57 | 62 | 1,24 | 0,8 | 89 | 76 | 94 | 70 | 77 | 39 |
| Granada | 66 | 70 | 58 | 60 | 0,5 | 3,7 | 99 | 98 | 97 | 93 | 96 | 97 |
| Guatemala | 65 | 71 | 55 | 60 | 0,9 | 4,05 | 81 | 68 | 99 | 92 | 90 | 82 |
| Guyana | 63 | 64 | 53 | 57 | 0,48 | 2,29 | 93 | – | 83 | 83 | 86 | 60 |
| Haití | 53 | 56 | 43 | 44 | 0,25 | 0,11 | 43 | 42 | 52 | 56 | 57 | 14 |
| Honduras | 65 | 70 | 56 | 61 | 0,57 | 1,29 | 91 | 84 | 95 | 81 | 87 | 54 |
| Jamaica | 70 | 74 | 64 | 66 | 0,85 | 1,65 | 88 | 99 | 98 | 88 | 91 | 69 |
| México | 72 | 77 | 63 | 68 | 1,98 | 0,9 | 98 | 86 | 100 | 87 | 91 | 41 |
| Nicaragua | 68 | 73 | 60 | 63 | 0,37 | 1,07 | 86 | 72 | 90 | 63 | 56 | 34 |
| Panamá | 74 | 78 | 64 | 68 | 1,5 | 1,54 | 85 | 72 | 99 | 79 | 89 | 51 |
| Paraguay | 70 | 76 | 60 | 64 | 1,11 | 1,69 | 75 | 89 | 99 | 68 | 94 | 61 |
| Perú | 70 | 74 | 60 | 62 | 1,17 | 0,67 | 84 | 69 | 89 | 65 | 74 | 32 |
| República Dominicana | 65 | 72 | 57 | 62 | 1,88 | 1,84 | 77 | 93 | 97 | 91 | 81 | 73 |
| Saint Kitts y Nevis | 69 | 72 | 60 | 63 | 1,19 | 5,02 | 99 | 100 | 99 | 99 | 96 | 96 |
| San Vicente y las Granadinas | 66 | 74 | 60 | 62 | 0,87 | 2,38 | 99 | 92 | – | 93 | – | 96 |
| Santa Lucía | 72 | 78 | 61 | 64 | 5,17 | 2,28 | 95 | 100 | 98 | 98 | 89 | 89 |
| Suriname | 66 | 71 | 57 | 61 | 0,45 | 1,62 | 83 | 91 | 98 | 73 | 99 | 76 |
| Trinidad y Tabago | 67 | 74 | 60 | 64 | 0,79 | 2,87 | 95 | 98 | 92 | 88 | 100 | 100 |
| Uruguay | 71 | 79 | 63 | 69 | 3,65 | 0,85 | 96 | 94 | 100 | 100 | 100 | 99 |
| Venezuela, República Bolivariana de | 72 | 78 | 62 | 67 | 1,94 | – | 87 | 90 | 85 | 70 | 71 | 48 |
| **SUDESTE ASIÁTICO** | | | | | | | | | | | | |
| Bangladesh | 62 | 63 | 55 | 53 | 0,26 | 0,14 | 88 | 11 | 82 | 72 | 51 | 35 |
| Bhután | 62 | 65 | 53 | 53 | 0,05 | 0,14 | 95 | – | 86 | 60 | 65 | 70 |
| Corea, República Popular Democrática de | 65 | 68 | 58 | 60 | 3,29 | 3,85 | 79 | – | 79 | 43 | 67 | 20 |
| India | 62 | 64 | 53 | 54 | 0,6 | 0,8 | 59 | 30 | 95 | 83 | 59 | 22 |
| Indonesia | 66 | 69 | 57 | 59 | 0,13 | 0,62 | 70 | 81 | 87 | 69 | 73 | 40 |
| Maldivas | 67 | 69 | 59 | 57 | 0,92 | 2,7 | 98 | 81 | 98 | 76 | 100 | 42 |
| Myanmar | 56 | 62 | 50 | 53 | 0,36 | 0,38 | 73 | 76 | 80 | 77 | 88 | 72 |
| Nepal | 61 | 61 | 52 | 51 | 0,21 | 0,22 | 75 | 15 | 96 | 89 | 62 | 30 |
| Sri Lanka | 68 | 75 | 59 | 64 | 0,55 | 1,58 | 99 | 98 | 98 | 74 | 98 | 89 |
| Tailandia | 67 | 73 | 58 | 62 | 0,37 | 2,82 | 98 | 86 | 98 | 100 | 98 | 99 |
| Timor-Leste | 63 | 68 | 48 | 52 | 0,1 | 1,79 | 55 | – | 77 | 56 | 66 | 33 |

| | Esperanza de vida al nacer (años) | | Esperanza de vida saludable al nacer (años) | | Acceso a los servicios sanitarios | | | | Acceso a suministros de agua potable mejorados (%) | | Acceso a instalaciones de saneamiento mejoradas (%) | |
|---|---|---|---|---|---|---|---|---|---|---|---|---|
| | | | | | Trabajadores de los servicios sanitarios | | Servicios sanitarios básicos | | | | | |
| | Hombres 2005 | Mujeres 2005 | Hombres 2002 | Mujeres 2002 | Médicos (por 1.000 habitantes) | Enfermeros (por 1.000 habitantes) | Índice de vacunación (DPT3) | Cobertura de los centros de asistencia prenatal (mínimo 4 visitas) | Población urbana, 2004 (%) | Población rural, 2004 (%) | Población urbana, 2004 (%) | Población rural, 2004 (%) |
| **EUROPA** | | | | | | | | | | | | |
| Albania | 69 | 73 | 59 | 63 | 1,31 | 3,62 | 98 | 42 | 99 | 94 | 99 | 84 |
| Armenia | 65 | 72 | 59 | 63 | 3,59 | 4,35 | 90 | 65 | 99 | 80 | 96 | 61 |
| Azerbaiyán | 64 | 67 | 56 | 59 | 3,55 | 7,11 | 93 | – | 95 | 59 | 73 | 36 |
| Belarús | 63 | 75 | 57 | 65 | 4,55 | 11,63 | 99 | – | 100 | 100 | 93 | 61 |
| Bosnia y Herzegovina | 70 | 77 | 62 | 66 | 1,34 | 4,13 | 93 | – | 99 | 96 | 99 | 92 |
| Bulgaria | 69 | 76 | 63 | 67 | 3,56 | 3,75 | 96 | – | 100 | 97 | 100 | 96 |
| Chipre | 77 | 82 | 67 | 68 | 2,34 | 3,76 | 98 | – | 100 | 100 | 100 | 100 |
| Croacia | 72 | 79 | 64 | 69 | 2,44 | 5,05 | 96 | – | 100 | 100 | 100 | 100 |
| Eslovaquia | 70 | 78 | 67 | 72 | 3,18 | 6,77 | 99 | – | 100 | 99 | 100 | 98 |
| Eslovenia | 74 | 81 | 70 | 75 | 2,25 | 7,21 | 96 | – | – | – | – | – |
| Estonia | 67 | 78 | 59 | 69 | 4,48 | 8,5 | 96 | – | 100 | 99 | 97 | 96 |
| Federación de Rusia | 59 | 72 | 53 | 64 | 4,25 | 8,05 | 98 | – | 100 | 88 | 93 | 70 |
| Georgia | 68 | 75 | 62 | 67 | 4,09 | 3,47 | 84 | – | 96 | 67 | 96 | 91 |
| Hungría | 69 | 77 | 62 | 68 | 3,33 | 8,85 | 99 | – | 100 | 98 | 100 | 85 |
| Israel | 78 | 82 | 70 | 72 | 3,82 | 6,26 | 95 | – | 100 | 100 | 100 | – |
| Kazajstán | 58 | 69 | 53 | 59 | 3,54 | 6,01 | 98 | 71 | 97 | 73 | 87 | 52 |
| Kirguistán | 61 | 68 | 52 | 58 | 2,51 | 6,14 | 98 | 81 | 98 | 66 | 75 | 51 |
| Letonia | 65 | 76 | 58 | 68 | 3,01 | 5,27 | 99 | – | 100 | 96 | 82 | 71 |
| Lituania | 65 | 77 | 59 | 68 | 3,97 | 7,62 | 94 | – | – | – | – | – |
| Macedonia, ex República Yugoslava de | 71 | 76 | 62 | 65 | 2,19 | 5,19 | 97 | – | – | – | – | – |
| Malta | 77 | 81 | 70 | 73 | 3,18 | 5,83 | 92 | – | 100 | 100 | 100 | – |
| Moldova | 65 | 72 | 57 | 62 | 2,64 | 6,06 | 98 | – | 97 | 88 | 86 | 52 |
| Polonia | 71 | 79 | 63 | 68 | 2,47 | 4,9 | 99 | – | – | – | – | – |
| República Checa | 73 | 79 | 66 | 71 | 3,51 | 9,71 | 97 | – | 100 | 100 | 99 | 97 |
| Rumania | 68 | 76 | 61 | 65 | 1,9 | 3,89 | 97 | – | 91 | 16 | 89 | – |
| Serbia y Montenegro | 70 | 76 | 63 | 69 | 2,06 | 4,64 | – | – | 99 | 86 | 97 | 77 |
| Tayikistán | 64 | 66 | 63 | 65 | 2,03 | 4,58 | 81 | – | 92 | 48 | 70 | 45 |
| Turkmenistán | 57 | 65 | 52 | 57 | 4,18 | 9,04 | 99 | 83 | 93 | 54 | 77 | 50 |
| Turquía | 69 | 74 | 61 | 63 | 1,35 | 1,7 | 90 | 42 | 98 | 93 | 96 | 72 |
| Ucrania | 61 | 73 | 55 | 64 | 2,95 | 7,62 | 96 | – | 99 | 91 | 98 | 93 |
| Uzbekistán | 63 | 69 | 58 | 61 | 2,74 | 9,82 | 99 | – | 95 | 75 | 78 | 61 |
| **MEDITERRÁNEO ORIENTAL** | | | | | | | | | | | | |
| Afganistán | 42 | 42 | 35 | 36 | 0,19 | 0,22 | 76 | – | 63 | 31 | 49 | 29 |
| Arabia Saudita | 68 | 74 | 60 | 63 | 1,37 | 2,97 | 96 | 73 | 97 | – | 100 | – |
| Bahrein | 73 | 76 | 64 | 64 | 1,09 | 4,27 | 98 | 61 | 100 | – | 100 | – |
| Djibouti | 53 | 56 | 43 | 43 | 0,18 | 0,36 | 71 | – | 76 | 59 | 88 | 50 |
| Egipto | 66 | 70 | 58 | 60 | 0,54 | 2 | 98 | 41 | 99 | 97 | 86 | 58 |
| Emiratos Árabes Unidos | 76 | 79 | 64 | 64 | 2,02 | 4,18 | 94 | 94 | 100 | 100 | 98 | 95 |
| Irán, República Islámica del | 68 | 73 | 56 | 59 | 0,45 | 1,31 | 95 | 77 | 99 | 84 | – | – |
| Iraq | – | – | 49 | 51 | 0,66 | 1,25 | 81 | 78 | 97 | 50 | 95 | 48 |
| Jamahiriya Árabe Libia | 70 | 75 | 62 | 65 | 1,29 | 3,6 | – | 81 | – | – | 97 | 96 |
| Jordania | 69 | 73 | 60 | 62 | 2,03 | 3,24 | 95 | 91 | 99 | 91 | 94 | 87 |
| Kuwait | 77 | 79 | 67 | 67 | 1,53 | 3,91 | 99 | 81 | – | – | – | – |
| Líbano | 68 | 73 | 59 | 62 | 3,25 | 1,18 | 92 | 87 | 100 | 100 | 100 | 87 |
| Marruecos | 69 | 73 | 59 | 61 | 0,51 | 0,78 | 98 | 8 | 99 | 56 | 88 | 52 |
| Omán | 71 | 77 | 63 | 65 | 1,32 | 3,5 | 99 | 71 | – | – | 97 | – |

| | Esperanza de vida al nacer (años) | | Esperanza de vida saludable al nacer (años) | | Acceso a los servicios sanitarios | | | | Acceso a suministros de agua potable mejorados (%) | | Acceso a instalaciones de saneamiento mejoradas (%) | |
|---|---|---|---|---|---|---|---|---|---|---|---|---|
| | | | | | Trabajadores de los servicios sanitarios | | Servicios sanitarios básicos | | | | | |
| | Hombres 2005 | Mujeres 2005 | Hombres 2002 | Mujeres 2002 | Médicos (por 1.000 habitantes) | Enfermeros (por 1.000 habitantes) | Índice de vacunación (DPT3) | Cobertura de los centros de asistencia prenatal (mínimo 4 visitas) | Población urbana, 2004 (%) | Población rural, 2004 (%) | Población urbana, 2004 (%) | Población rural, 2004 (%) |
| Pakistán | 61 | 62 | 54 | 52 | 0,74 | 0,46 | 72 | 16 | 96 | 89 | 92 | 41 |
| Qatar | 77 | 78 | 67 | 64 | 2,22 | 4,94 | 97 | 58 | 100 | 100 | 100 | 100 |
| República Árabe Siria | 70 | 75 | 60 | 63 | 1,4 | 1,94 | 99 | 51 | 98 | 87 | 99 | 81 |
| Somalia | 45 | 45 | 36 | 38 | 0,04 | 0,19 | 35 | 32 | 32 | 27 | 48 | 14 |
| Sudán | 57 | 62 | 47 | 50 | 0,22 | 0,84 | 59 | 75 | 78 | 64 | 50 | 24 |
| Túnez | 70 | 75 | 61 | 64 | 1,34 | 2,87 | 98 | 79 | 99 | 82 | 96 | 65 |
| Yemen | 59 | 62 | 48 | 51 | 0,33 | 0,65 | 86 | 11 | 71 | 65 | 86 | 28 |
| **PACÍFICO OCCIDENTAL** | | | | | | | | | | | | |
| Brunei Darussalam | 76 | 79 | 65 | 66 | 1,01 | 2,67 | 99 | 100 | – | – | – | – |
| Camboya | 51 | 57 | 46 | 49 | 0,16 | 0,61 | 82 | 9 | 64 | 35 | 53 | 8 |
| China | 71 | 74 | 63 | 65 | 1,06 | 1,05 | 87 | – | 93 | 67 | 69 | 28 |
| Fiji | 66 | 72 | 57 | 61 | 0,34 | 1,96 | 75 | – | 43 | 51 | 87 | 55 |
| Filipinas | 64 | 71 | 57 | 62 | 0,58 | 1,69 | 79 | 70 | 87 | 82 | 80 | 59 |
| Islas Cook | 70 | 75 | 61 | 63 | 0,78 | 2,72 | 99 | – | 98 | 88 | 100 | 100 |
| Islas Marshall | 60 | 64 | 54 | 56 | 0,47 | 2,98 | 77 | – | 82 | 96 | 93 | 58 |
| Islas Salomón | 68 | 72 | 55 | 57 | 0,13 | 0,8 | 80 | – | 94 | 65 | 98 | 18 |
| Kiribati | 62 | 68 | 52 | 56 | 0,3 | 2,36 | 62 | 88 | 77 | 53 | 59 | 22 |
| Malasia | 69 | 74 | 62 | 65 | 0,7 | 1,35 | 90 | – | 100 | 96 | 95 | 93 |
| Micronesia, Estados Federados de | 67 | 70 | 57 | 58 | 0,6 | 3,83 | 94 | – | 95 | 94 | 61 | 14 |
| Mongolia | 62 | 69 | 53 | 58 | 2,63 | 3,13 | 99 | 97 | 87 | 30 | 75 | 37 |
| Nauru | 58 | 65 | 53 | 57 | 1,45 | 5,45 | 80 | – | – | – | – | – |
| Niue | 68 | 74 | 59 | 62 | 1,5 | 5,5 | 85 | – | 100 | 100 | 100 | 100 |
| Palau | 68 | 72 | 59 | 60 | 1,11 | 1,44 | 98 | – | 79 | 94 | 96 | 52 |
| Papua Nueva Guinea | 59 | 63 | 51 | 52 | 0,05 | 0,53 | 61 | 78 | 88 | 32 | 67 | 41 |
| República de Corea | 75 | 82 | 65 | 71 | 1,57 | 1,75 | 96 | – | 97 | 71 | – | – |
| República Democrática Popular Lao | 59 | 61 | 47 | 47 | 0,59 | 1,03 | 49 | 29 | 100 | 100 | 58 | 60 |
| Samoa | 66 | 70 | 59 | 60 | 0,7 | 2,02 | 64 | – | 90 | 87 | 100 | 100 |
| Singapur | 78 | 82 | 69 | 71 | 1,4 | 4,24 | 96 | – | 100 | – | 100 | – |
| Tonga | 72 | 70 | 62 | 62 | 0,34 | 3,16 | 99 | – | 100 | 100 | 98 | 96 |
| Tuvalu | 61 | 63 | 53 | 53 | 0,55 | 2,64 | 93 | – | 94 | 92 | 93 | 84 |
| Vanuatu | 67 | 70 | 58 | 59 | 0,11 | 2,35 | 66 | – | 86 | 52 | 78 | 42 |
| Viet Nam | 69 | 74 | 60 | 63 | 0,53 | 0,56 | 95 | 29 | 99 | 80 | 92 | 50 |

### Definiciones de los indicadores

**Esperanza de vida al nacer:** Número medio de años que puede esperar vivir una persona con arreglo al índice actual de mortalidad correspondiente a cada grupo de edad de la población en el momento del nacimiento; se expresa en años.

**Esperanza al nacer de llevar una vida saludable:** Número medio de años que una persona puede aspirar a vivir "con una salud plena", teniendo en cuenta los años que no vive con una salud plena a causa de enfermedades o accidentes.

**Médicos/enfermeros:** Número de médicos y enfermeros que trabajan en un país por cada 1.000 habitantes.

**Tasa de vacunación contra la difteria, la tos ferina y el tétanos (vacuna DPT3):** Porcentaje de niños que antes de cumplir su primer año de vida están completamente vacunados contra la difteria, la tos ferina y el tétanos.

**Cobertura de los centros de asistencia prenatal:** Porcentaje de mujeres que recurren a servicios de asistencia prenatal prestados por personal sanitario cualificado, al menos cuatro veces por motivos relacionados con el embarazo (expresado como porcentaje de nacidos vivos durante un período determinado).

**Acceso a un suministro de agua potable mejorado:** Acceso a un sistema mejorado de abastecimiento de agua, que proporcione 20 litros diarios per cápita a una distancia inferior o igual a 1 kilómetro.

**Acceso a instalaciones de saneamiento mejoradas:** Las tecnologías de saneamiento mejoradas abarcan la conexión al alcantarillado público, la conexión a un sistema séptico, las letrinas de sifón, las letrinas de pozo mejoradas con ventilación y las letrinas de pozo simple.

### Fuentes

- Organización Mundial de la Salud (OMS). 2007. *Estadísticas sanitarias mundiales 2007.* Ginebra.

## Cuadro 4: ¿Cuántas personas padecen una salud deficiente durante su vida?

| | Tasa de mortalidad materna (por 100.000 nacidos vivos) | Tasa de mortalidad infantil (por 1.000 nacidos vivos) | Total de población menor de 5 años (miles) | Probabilidad de muerte antes de los 5 años de edad por 1.000 nacidos vivos | | Porcentaje de muertes prematuras por enfermedades contagiosas |
|---|---|---|---|---|---|---|
| | 2000 | 2005 | 2005 | 1990 | 2005 | 2002 |
| **ÁFRICA** | | | | | | |
| Angola | 1.700 | 154 | 2.974 | 260 | 260 | 84 |
| Argelia | 140 | 34 | 3.160 | 69 | 39 | 50 |
| Benin | 850 | 89 | 1.441 | 185 | 150 | 82 |
| Botswana | 100 | 87 | 218 | 58 | 120 | 93 |
| Burkina Faso | 1.000 | 96 | 2.459 | 210 | 191 | 87 |
| Burundi | 1.000 | 114 | 1.326 | 190 | 190 | 81 |
| Cabo Verde | 150 | 26 | 72 | 60 | 35 | 51 |
| Camerún | 730 | 87 | 2.453 | 139 | 149 | 81 |
| Chad | 1.100 | 124 | 1.867 | 201 | 208 | 85 |
| Comoras | 480 | 53 | 127 | – | 71 | 70 |
| Congo, República del | 510 | 81 | 750 | 110 | 108 | 79 |
| Congo República Democrática del | 990 | 129 | 11.209 | 205 | 205 | 82 |
| Côte d'Ivoire | 690 | 118 | 2.773 | 157 | 195 | 78 |
| Eritrea | 630 | 50 | 759 | 147 | 78 | 81 |
| Etiopía | 850 | 109 | 13.063 | 204 | 164 | 82 |
| Gabón | 420 | 60 | 193 | 92 | 91 | 72 |
| Gambia | 540 | 97 | 231 | 151 | 137 | 75 |
| Ghana | 540 | 68 | 3.102 | 122 | 112 | 74 |
| Guinea | 740 | 98 | 1.590 | 240 | 150 | 80 |
| Guinea Ecuatorial | 880 | 123 | 88 | 170 | 205 | 79 |
| Guinea-Bissau | 1.100 | 124 | 310 | 253 | 200 | 86 |
| Kenya | 1.000 | 79 | 5.736 | 97 | 120 | 81 |
| Lesotho | 550 | 102 | 231 | 101 | 132 | 90 |
| Liberia | 760 | 157 | 631 | 235 | 235 | 83 |
| Madagascar | 550 | 74 | 3.106 | 168 | 119 | 79 |
| Malawi | 1.800 | 79 | 2.340 | 221 | 125 | 89 |
| Malí | 1.200 | 120 | 2.602 | 250 | 218 | 86 |
| Mauricio | 24 | 13 | 98 | 23 | 15 | 11 |
| Mauritania | 1.000 | 78 | 526 | 133 | 125 | 79 |
| Mozambique | 1.000 | 100 | 3.291 | 235 | 145 | 91 |
| Namibia | 300 | 46 | 268 | 86 | 62 | 83 |
| Níger | 1.600 | 150 | 2.851 | 320 | 256 | 87 |
| Nigeria | 800 | 100 | 22.257 | 230 | 194 | 83 |
| República Centroafricana | 1.100 | 115 | 640 | 168 | 193 | 84 |
| Rwanda | 1.400 | 118 | 1.500 | 173 | 203 | 85 |
| Santo Tomé y Príncipe | – | 75 | 23 | 118 | 118 | 67 |
| Senegal | 690 | 77 | 1.845 | 148 | 136 | 76 |
| Seychelles | – | 12 | 14 | 19 | 13 | 16 |
| Sierra Leona | 2.000 | 165 | 958 | 302 | 282 | 86 |
| Sudáfrica | 230 | 55 | 5.223 | 60 | 68 | 77 |
| Swazilandia | 370 | 110 | 136 | 110 | 160 | 91 |
| Tanzanía, República Unida de | 1.500 | 76 | 6.045 | 161 | 122 | 85 |
| Togo | 570 | 78 | 1.014 | 152 | 139 | 79 |
| Uganda | 880 | 79 | 5.970 | 160 | 136 | 84 |
| Zambia | 750 | 102 | 2.011 | 180 | 182 | 92 |
| Zimbabwe | 1.100 | 81 | 1.752 | 80 | 132 | 90 |
| **CONTINENTE AMERICANO** | | | | | | |
| Antigua y Barbuda | – | 11 | 8 | – | 12 | 21 |
| Argentina | 70 | 15 | 3.340 | 29 | 18 | 18 |

| | Tasa de mortalidad materna (por 100.000 nacidos vivos) | Tasa de mortalidad infantil (por 1.000 nacidos vivos) | Total de población menor de 5 años (miles) | Probabilidad de muerte antes de los 5 años de edad por 1.000 nacidos vivos | | Porcentaje de muertes prematuras por enfermedades contagiosas |
|---|---|---|---|---|---|---|
| | 2000 | 2005 | 2005 | 1990 | 2005 | 2002 |
| Bahamas | 60 | 13 | 30 | 29 | 15 | 35 |
| Barbados | 95 | 11 | 16 | 17 | 12 | 26 |
| Belice | 140 | 15 | 34 | 42 | 17 | 40 |
| Bolivia | 420 | 52 | 1.239 | 125 | 65 | 55 |
| Brasil | 260 | 31 | 18.024 | 60 | 33 | 30 |
| Chile | 30 | 8 | 1.237 | 21 | 10 | 17 |
| Colombia | 130 | 17 | 4.726 | 35 | 21 | 25 |
| Costa Rica | 25 | 11 | 393 | 18 | 12 | 22 |
| Cuba | 33 | 6 | 682 | 13 | 7 | 10 |
| Dominica | – | 13 | 7 | 17 | 15 | 19 |
| Ecuador | 130 | 22 | 1.445 | 57 | 25 | 37 |
| El Salvador | 150 | 23 | 805 | 60 | 27 | 41 |
| Granada | – | 17 | 10 | 37 | 21 | 23 |
| Guatemala | 240 | 32 | 2.020 | 82 | 43 | 60 |
| Guyana | 170 | 47 | 75 | 88 | 63 | 56 |
| Haití | 680 | 84 | 1.147 | 150 | 120 | 84 |
| Honduras | 110 | 31 | 979 | 59 | 40 | 52 |
| Jamaica | 87 | 17 | 258 | 20 | 20 | 30 |
| México | 83 | 22 | 10.857 | 46 | 27 | 27 |
| Nicaragua | 230 | 30 | 731 | 68 | 37 | 46 |
| Panamá | 160 | 19 | 343 | 34 | 24 | 38 |
| Paraguay | 170 | 20 | 825 | 41 | 23 | 45 |
| Perú | 410 | 23 | 2.997 | 78 | 27 | 43 |
| República Dominicana | 150 | 26 | 1.003 | 65 | 31 | 56 |
| Saint Kitts y Nevis | – | 18 | 4 | 36 | 20 | 26 |
| San Vicente y las Granadinas | – | 17 | 12 | 25 | 20 | 27 |
| Santa Lucía | – | 12 | 14 | 21 | 14 | 20 |
| Suriname | 110 | 30 | 45 | 48 | 39 | 37 |
| Trinidad y Tabago | 110 | 17 | 90 | 33 | 19 | 40 |
| Uruguay | 20 | 14 | 282 | 23 | 15 | 12 |
| Venezuela, República Bolivariana de | 78 | 18 | 2.860 | 33 | 21 | 24 |
| **SUDESTE ASIÁTICO** | | | | | | |
| Bangladesh | 380 | 54 | 17.399 | 149 | 73 | 60 |
| Bhután | 420 | 65 | 293 | 166 | 75 | 65 |
| Corea, República Popular Democrática de | 67 | 42 | 1.723 | 55 | 55 | 44 |
| India | 540 | 56 | 120.011 | 123 | 74 | 58 |
| Indonesia | 230 | 28 | 21.571 | 91 | 36 | 41 |
| Maldivas | 110 | 33 | 46 | 111 | 42 | 55 |
| Myanmar | 360 | 75 | 4.657 | 130 | 105 | 60 |
| Nepal | 740 | 56 | 3.639 | 145 | 74 | 64 |
| Sri Lanka | 92 | 12 | 1.628 | 32 | 14 | 19 |
| Tailandia | 44 | 18 | 5.012 | 37 | 21 | 43 |
| Timor-Leste | 660 | 52 | 179 | 177 | 61 | 63 |
| **EUROPA** | | | | | | |
| Albania | 55 | 16 | 253 | 45 | 18 | 17 |
| Armenia | 55 | 26 | 162 | 54 | 29 | 13 |
| Azerbaiyán | 94 | 74 | 602 | 105 | 89 | 36 |
| Belarús | 36 | 10 | 449 | 19 | 12 | 7 |
| Bosnia y Herzegovina | 31 | 13 | 186 | 22 | 15 | 7 |

| | Tasa de mortalidad materna (por 100.000 nacidos vivos) | Tasa de mortalidad infantil (por 1.000 nacidos vivos) | Total de población menor de 5 años (miles) | Probabilidad de muerte antes de los 5 años de edad por 1.000 nacidos vivos | | Porcentaje de muertes prematuras por enfermedades contagiosas |
|---|---|---|---|---|---|---|
| | 2000 | 2005 | 2005 | 1990 | 2005 | 2002 |
| Bulgaria | 32 | 12 | 335 | 18 | 15 | 5 |
| Chipre | 47 | 4 | 49 | 12 | 5 | 12 |
| Croacia | 10 | 6 | 207 | 12 | 7 | 5 |
| Eslovaquia | 10 | 7 | 255 | 14 | 8 | 4 |
| Eslovenia | 17 | 3 | 86 | 10 | 4 | 4 |
| Estonia | 38 | 6 | 64 | 16 | 7 | 6 |
| Federación de Rusia | 65 | 14 | 7.225 | 27 | 18 | 8 |
| Georgia | 32 | 41 | 242 | 47 | 45 | 13 |
| Hungría | 11 | 7 | 477 | 17 | 8 | 3 |
| Israel | 13 | 5 | 666 | 12 | 6 | 9 |
| Kazajstán | 210 | 63 | 1.075 | 63 | 73 | 16 |
| Kirguistán | 110 | 58 | 541 | 80 | 67 | 35 |
| Letonia | 61 | 9 | 101 | 18 | 11 | 7 |
| Lituania | 19 | 7 | 150 | 13 | 9 | 4 |
| Macedonia, ex República Yugoslava de | 13 | 15 | 117 | 38 | 17 | 8 |
| Malta | – | 5 | 20 | 11 | 6 | 8 |
| Moldova | 36 | 14 | 207 | 35 | 16 | 11 |
| Polonia | 10 | 6 | 1.811 | 18 | 7 | 4 |
| República Checa | 9 | 3 | 453 | 13 | 4 | 3 |
| Rumania | 58 | 16 | 1.054 | 31 | 19 | 11 |
| Serbia y Montenegro | 9 | 12 | – | 28 | 15 | 7 |
| Tayikistán | 100 | 59 | 834 | 115 | 71 | 49 |
| Turkmenistán | 31 | 81 | 488 | 97 | 104 | 35 |
| Turquía | 70 | 26 | 7.212 | 82 | 29 | 31 |
| Ucrania | 38 | 13 | 1.924 | 26 | 17 | 9 |
| Uzbekistán | 24 | 57 | 2.841 | 79 | 68 | 30 |
| **MEDITERRÁNEO ORIENTAL** | | | | | | |
| Afganistán | 1.900 | 165 | 5.535 | 260 | 257 | 76 |
| Arabia Saudita | 23 | 21 | 3.200 | 44 | 26 | 22 |
| Bahrein | 33 | 9 | 65 | 19 | 11 | 10 |
| Djibouti | 730 | 88 | 120 | 175 | 133 | 76 |
| Egipto | 84 | 28 | 8.933 | 104 | 33 | 32 |
| Emiratos Árabes Unidos | 54 | 8 | 337 | 15 | 9 | 12 |
| Irán, República Islámica del | 76 | 31 | 6.035 | 72 | 36 | 22 |
| Iraq | 250 | 102 | 4.322 | 50 | 125 | 57 |
| Jamahiriya Árabe Libia | 97 | 18 | 636 | – | 19 | 31 |
| Jordania | 41 | 22 | 732 | 40 | 26 | 31 |
| Kuwait | 12 | 9 | 241 | 16 | 11 | 18 |
| Líbano | 150 | 27 | 322 | 37 | 30 | 18 |
| Marruecos | 220 | 36 | 3.378 | 89 | 40 | 44 |
| Omán | 87 | 10 | 301 | 32 | 12 | 24 |
| Pakistán | 500 | 79 | 21.115 | 130 | 99 | 70 |
| Qatar | 7 | 18 | 67 | 26 | 21 | 16 |
| República Árabe Siria | 160 | 14 | 2.526 | 39 | 15 | 30 |
| Somalia | 1.100 | 133 | 1.482 | 225 | 225 | 76 |
| Sudán | 590 | 62 | 5.216 | 120 | 90 | 60 |
| Túnez | 120 | 20 | 806 | 52 | 24 | 18 |
| Yemen | 570 | 76 | 3.668 | 139 | 102 | 61 |

| | Tasa de mortalidad materna (por 100.000 nacidos vivos) | Tasa de mortalidad infantil (por 1.000 nacidos vivos) | Total de población menor de 5 años (miles) | Probabilidad de muerte antes de los 5 años de edad por 1.000 nacidos vivos | | Porcentaje de muertes prematuras por enfermedades contagiosas |
|---|---|---|---|---|---|---|
| | 2000 | 2005 | 2005 | 1990 | 2005 | 2002 |
| **PACÍFICO OCCIDENTAL** | | | | | | |
| Brunei Darussalam | 37 | 8 | 40 | 11 | 9 | 16 |
| Camboya | 450 | 98 | 1.835 | 115 | 143 | 72 |
| China | 56 | 23 | 84.483 | 49 | 27 | 23 |
| Fiji | 75 | 16 | 92 | 22 | 18 | 27 |
| Filipinas | 200 | 25 | 9.863 | 62 | 33 | 45 |
| Islas Cook | – | 17 | 2 | 32 | 20 | 29 |
| Islas Marshall | – | 51 | 7 | 92 | 58 | 31 |
| Islas Salomón | 130 | 24 | 72 | 38 | 29 | 49 |
| Kiribati | – | 48 | 12 | 88 | 65 | 45 |
| Malasia | 41 | 10 | 2.734 | 22 | 12 | 26 |
| Micronesia, Estados Federados de | – | 34 | 16 | 58 | 42 | 40 |
| Mongolia | 110 | 39 | 270 | 108 | 49 | 37 |
| Nauru | – | 25 | 2 | – | 30 | 19 |
| Niue | – | – | 0 | – | – | 33 |
| Palau | – | 10 | 2 | 21 | 11 | 28 |
| Papua Nueva Guinea | 300 | 55 | 815 | 94 | 74 | 64 |
| República de Corea | 20 | 5 | 2.412 | 9 | 5 | 7 |
| República Democrática Popular Lao | 650 | 62 | 895 | 163 | 79 | 71 |
| Samoa | – | 24 | 26 | 50 | 29 | 31 |
| Singapur | 15 | 3 | 216 | 9 | 3 | 9 |
| Tonga | – | 20 | 12 | 32 | 24 | 29 |
| Tuvalu | – | 31 | 1 | 54 | 38 | 34 |
| Vanuatu | – | 31 | 30 | 62 | 38 | 39 |
| Viet Nam | 130 | 16 | 7.969 | 53 | 19 | 40 |

### Definiciones de los indicadores

**Tasa de mortalidad materna:** Número de muertes anuales de mujeres por causas relacionadas con el embarazo, por cada 100.000 nacidos vivos.

**Tasa de mortalidad infantil:** Número de muertes de bebés menores de 12 meses por cada 1.000 nacidos vivos.

**Probabilidad de muerte para los menores de 5 años por 1.000 nacidos vivos:** Se refiere al riesgo de mortalidad infantil definido como la probabilidad de muerte antes de los 5 años de edad; se expresa como número de fallecimientos por cada 1.000 nacidos vivos. También se conoce como tasa de mortalidad entre los menores de 5 años.

**Años de vida perdidos por enfermedades contagiosas:** Los años de vida perdidos se calculan a partir del número de fallecimientos por enfermedades contagiosas multiplicado por la esperanza media de vida a la edad a la que se produce la muerte. En los años de vida perdidos se toma en cuenta la edad a la que se produce la muerte al aplicar un coeficiente de ponderación más elevado a los fallecimientos que se producen a una edad menor y un coeficiente de ponderación más bajo a los fallecimientos que se producen a una edad mayor. El indicador mide los años de vida perdidos por una causa de muerte peculiar en forma de porcentaje del número total de años de vida perdidos derivado de la mortalidad prematura entre la población.

### Fuentes

- Organización Mundial de la Salud. 2007. *Estadísticas sanitarias mundiales 2007.* Ginebra.

## Cuadro 5: ¿Quién corre peligro de padecer hambre y salud deficiente durante las situaciones de crisis?

| | Número de refugiados | | Malnutrición aguda entre los refugiados (%) | Cambios demográficos entre los refugiados (%) (1999–2006) | Número de PDI (miles) | |
|---|---|---|---|---|---|---|
| | 1999 | 2006 | | | 1994–1999* | 2000–2006* |
| **ÁFRICA** | | | | | | |
| Angola | 13.100 | 13.090 | – | 0 | 304 | 258 |
| Argelia | 165.200 | 94.180 | 7,7 | –43 | – | – |
| Benin | 3.700 | 10.797 | – | 192 | – | – |
| Botswana | 1.300 | 3.160 | – | 143 | – | – |
| Burkina Faso | – | – | – | – | – | – |
| Burundi | 22.100 | 13.176 | 2,8 | –40 | 100 | 56 |
| Cabo Verde | – | – | – | – | – | – |
| Camerún | 49.200 | 35.083 | – | –29 | – | – |
| Chad | 23.500 | 286.743 | 17,7 | 1.120 | – | – |
| Comoras | – | – | – | – | – | – |
| Congo, República del | 39.900 | 55.788 | – | 40 | – | – |
| Congo, República Democrática del | 285.300 | 208.371 | 3,6 | –27 | – | 1.000 |
| Côte d'Ivoire | 138.400 | 27.288 | 12,2 | –80 | – | 858 |
| Eritrea | 3.000 | 4.621 | – | 54 | – | 1.100 |
| Etiopía | 257.700 | 96.980 | 10,3 | –62 | – | – |
| Gabón | 15.100 | 8.429 | – | –44 | – | – |
| Gambia | 17.200 | 13.761 | – | –20 | – | – |
| Ghana | 13.300 | 44.938 | 9,5 | 238 | 174 | – |
| Guinea | 501.500 | 31.468 | 3,3 | –94 | – | – |
| Guinea Ecuatorial | – | 0 | – | – | – | – |
| Guinea-Bissau | 7.100 | 7.804 | – | 10 | 196 | – |
| Kenya | 223.700 | 272.531 | 22,2 | 22 | – | – |
| Lesotho | – | 0 | – | – | – | – |
| Liberia | 96.300 | 16.185 | 5,9 | –83 | 320 | 532 |
| Madagascar | – | – | – | – | – | – |
| Malawi | 1.700 | 3.943 | – | 132 | – | – |
| Malí | 8.300 | 10.585 | – | 28 | 3 | – |
| Mauricio | – | – | – | – | – | – |
| Mauritania | – | – | 15,2 | – | – | – |
| Mozambique | 220 | 2.558 | – | 1.063 | – | – |
| Namibia | 7.400 | 5.462 | – | –26 | – | – |
| Níger | – | – | – | – | – | – |
| Nigeria | 6.900 | 8.768 | – | 27 | – | – |
| República Centroafricana | 49.300 | 12.357 | 8,8 | –75 | – | – |
| Rwanda | 34.400 | 49.192 | 5,2 | 43 | 626 | – |
| Santo Tomé y Príncipe | – | 0 | – | – | – | – |
| Senegal | 21.500 | 20.591 | – | –4 | – | – |
| Seychelles | – | – | – | – | – | – |
| Sierra Leona | 6.600 | 27.365 | 11,0 | 315 | 782 | 500 |
| Sudáfrica | 14.500 | 35.086 | – | 142 | – | – |
| Swazilandia | – | – | – | – | – | – |
| Tanzanía, República Unida de | 622.200 | 485.295 | 2,8 | –22 | – | – |
| Togo | 12.100 | 6.328 | – | –48 | – | 3 |
| Uganda | 218.200 | 272.007 | 8,2 | 25 | – | – |
| Zambia | 206.400 | 120.253 | 1,5 | –42 | – | – |
| Zimbabwe | 2.100 | 3.519 | – | 68 | – | – |
| **CONTINENTE AMERICANO** | | | | | | |
| Antigua y Barbuda | – | – | – | – | – | – |
| Argentina | 2.300 | 3.158 | – | 37 | – | – |
| Bahamas | 100 | – | – | – | – | – |

| | Número de refugiados | | Malnutrición aguda entre los refugiados (%) | Cambios demográficos entre los refugiados (%) (1999–2006) | Número de PDI (miles) | |
|---|---|---|---|---|---|---|
| | 1999 | 2006 | | | 1994–1999* | 2000–2006* |
| Barbados | – | – | – | – | – | – |
| Belice | 2.900 | 488 | – | –83 | – | – |
| Bolivia | – | – | – | – | – | – |
| Brasil | 2.400 | 3.492 | – | 46 | – | – |
| Chile | 320 | 1.134 | – | 254 | – | – |
| Colombia | – | – | – | – | – | 3.000 |
| Costa Rica | 22.900 | 11.515 | – | –50 | – | – |
| Cuba | – | – | – | – | – | – |
| Dominica | – | – | – | – | – | – |
| Ecuador | 310 | 11.789 | – | 3.703 | – | – |
| El Salvador | – | – | – | – | – | – |
| Granada | – | – | – | – | – | – |
| Guatemala | – | – | – | – | 8 | – |
| Guyana | – | – | – | – | – | – |
| Haití | – | 0 | – | – | – | – |
| Honduras | – | – | – | – | – | – |
| Jamaica | 40 | – | – | – | – | – |
| México | 24.500 | 3.319 | – | –86 | – | – |
| Nicaragua | – | – | – | – | – | – |
| Panamá | 1.300 | 1.848 | – | 42 | – | – |
| Paraguay | – | – | – | – | – | – |
| Perú | – | – | – | – | – | – |
| República Dominicana | 630 | – | – | – | – | – |
| Saint Kitts y Nevis | – | – | – | – | – | – |
| San Vicente y las Granadinas | – | – | – | – | – | – |
| Santa Lucía | – | – | – | – | – | – |
| Suriname | – | 0 | – | – | – | – |
| Trinidad y Tabago | – | – | – | – | – | – |
| Uruguay | – | – | – | – | – | – |
| Venezuela, República Bolivariana de | 190 | 2.357 | – | 1.141 | – | – |
| **SUDESTE ASIÁTICO** | | | | | | |
| Bangladesh | 22.200 | 26.311 | 16,8 | 19 | – | – |
| Bhután | – | – | – | – | – | – |
| Corea, República Popular Democrática de | – | – | – | – | – | – |
| India | 180.000 | 158.366 | – | –12 | – | – |
| Indonesia | 162.500 | 301 | – | –100 | – | – |
| Maldivas | – | – | – | – | – | – |
| Myanmar | – | 0 | – | – | – | – |
| Nepal | 127.900 | 128.175 | 8,8 | 0 | – | – |
| Sri Lanka | – | – | – | – | 613 | 325 |
| Tailandia | 100.100 | 133.117 | – | 33 | – | – |
| Timor-Leste | – | 3 | – | – | – | – |
| **EUROPA** | | | | | | |
| Albania | 3.900 | 56 | – | –99 | – | – |
| Armenia | 296.200 | 113.714 | – | –62 | – | – |
| Azerbaiyán | 221.600 | 2.618 | – | –99 | 570 | 663 |
| Belarús | – | – | – | – | – | – |
| Bosnia y Herzegovina | 65.600 | 10.318 | – | –84 | 810 | 924 |
| Bulgaria | 550 | 4.504 | – | 719 | – | – |
| Chipre | 120 | 924 | – | 670 | 265 | – |

| | Número de refugiados | | Malnutrición aguda entre los refugiados (%) | Cambios demográficos entre los refugiados (%) (1999–2006) | Número de PDI (miles) | |
|---|---|---|---|---|---|---|
| | 1999 | 2006 | | | 1994–1999* | 2000–2006* |
| Croacia | 28.400 | 2.443 | – | –91 | 307 | 50 |
| Eslovaquia | – | – | – | – | – | – |
| Eslovenia | 4.400 | 254 | – | –94 | – | – |
| Estonia | – | 5 | – | – | – | – |
| Federación de Rusia | 80.100 | 1.425 | – | –98 | 498 | 561 |
| Georgia | 5.200 | 1.373 | – | –74 | 280 | 272 |
| Hungría | 5.000 | 8.075 | – | 62 | – | – |
| Israel | – | – | – | – | – | – |
| Kazajstán | 14.800 | 4.412 | – | –70 | – | – |
| Kirguistán | 10.800 | 366 | – | –97 | 6 | – |
| Letonia | – | – | – | – | – | – |
| Lituania | – | – | – | – | – | – |
| Macedonia, ex República Yugoslava de | 21.200 | 1.240 | – | –94 | – | – |
| Malta | 270 | 2.404 | – | 790 | – | – |
| Moldova | – | – | – | – | 8 | 8 |
| Polonia | 940 | 6.790 | – | 622 | – | – |
| República Checa | 1.200 | 1.887 | – | – | – | – |
| Rumania | 1.200 | 1.658 | – | 38 | – | – |
| Serbia y Montenegro[a] | – | 98.997 | – | – | – | 249 |
| Tayikistán | 4.500 | 929 | – | –79 | 17 | – |
| Turkmenistán | 18.500 | 750 | – | –96 | – | – |
| Turquía | 2.800 | 2.633 | – | –6 | – | – |
| Ucrania | 2.700 | 2.275 | – | –16 | – | – |
| Uzbekistán | 1.000 | 1.415 | – | 42 | – | – |
| **MEDITERRÁNEO ORIENTAL** | | | | | | |
| Afganistán | – | 35 | 4,0 | – | 332 | 759 |
| Arabia Saudita | 5.600 | 240.772 | – | 4.200 | – | – |
| Bahrein | – | 1 | – | – | – | – |
| Djibouti | 23.600 | 9.259 | – | –61 | – | – |
| Egipto | 6.300 | 88.022 | – | 1.297 | – | – |
| Emiratos Árabes Unidos | – | – | – | – | – | – |
| Irán, República Islámica del | 1.835.700 | 968.370 | – | –47 | – | – |
| Iraq | 128.900 | 44.406 | – | –66 | – | 1.800 |
| Jamahiriya Árabe Libia | – | 2.760 | – | – | – | – |
| Jordania | 1.000 | 500.229 | – | 49.923 | – | – |
| Kuwait | 4.300 | 50 | – | –99 | – | – |
| Líbano | 4.200 | 20.164 | – | 380 | – | – |
| Marruecos | – | – | – | – | – | – |
| Omán | – | 7 | – | – | – | – |
| Pakistán | 1.202.000 | 1.044.462 | 5,1 | –13 | – | – |
| Qatar | – | – | – | – | – | – |
| República Árabe Siria | 6.500 | 702.209 | – | 10.703 | – | – |
| Somalia | – | 669 | – | – | 2 | 400 |
| Sudán | – | 196.200 | 16,2 | – | – | 1.330 |
| Túnez | – | – | – | – | – | – |
| Yemen | 60.500 | 95.794 | – | 58 | – | – |
| **PACÍFICO OCCIDENTAL** | | | | | | |
| Brunei Darussalam | – | – | – | – | – | – |
| Camboya | – | – | – | – | 124 | – |
| China | 293.300 | 301.027 | – | 3 | – | – |

| | Número de refugiados | | Malnutrición aguda entre los refugiados (%) | Cambios demográficos entre los refugiados (%) (1999–2006) | Número de PDI (miles) | |
|---|---|---|---|---|---|---|
| | 1999 | 2006 | | | 1994–1999* | 2000–2006* |
| Fiji | – | 0 | – | – | – | – |
| Filipinas | – | – | – | – | – | – |
| Islas Cook | – | – | – | – | – | – |
| Islas Marshall | – | – | – | – | – | – |
| Islas Salomón | – | – | – | – | – | – |
| Kiribati | – | – | – | – | – | – |
| Malasia | 50.500 | 37.170 | – | –26 | – | – |
| Micronesia, Estados Federados de | – | 2 | – | – | – | – |
| Mongolia | – | 5 | – | – | – | – |
| Nauru | – | – | – | – | – | – |
| Niue | – | – | – | – | – | – |
| Palau | – | – | – | – | – | – |
| Papua Nueva Guinea | – | 10.183 | – | – | – | – |
| República de Corea | – | – | – | – | – | – |
| República Democrática Popular Lao | – | 0 | – | – | – | – |
| Samoa | – | – | – | – | – | – |
| Singapur | – | – | – | – | – | – |
| Tonga | – | – | – | – | – | – |
| Tuvalu | – | – | – | – | – | – |
| Vanuatu | – | 720 | – | – | – | – |
| Viet Nam | 15.000 | 2.357 | – | –84 | – | – |

### Definiciones de los indicadores

**Número de refugiados:** Sólo se incluyen los países que acogen a más de 1.000 refugiados.

**Cambios demográficos entre los refugiados:** Porcentaje de variaciones entre las cifras de 1999 y las de 2006.

**Personas desplazadas internamente (PDI):** Personas que se han visto obligadas a abandonar sus hogares, pero que no han cruzado una frontera estatal reconocida internacionalmente.

**Malnutrición aguda entre los refugiados:** Prevalencia de la emaciación (relación peso/estatura inferior en dos desviaciones típicas a la mediana de la población de referencia) y/o edemas.

### Fuentes

- **Número de refugiados/PDI:** Alto Comisionado de las Naciones Unidas para los Refugiados. 2006. *Statistical Yearbook* 2006; 2000; 1999; 1994.
- **Malnutrición aguda:** Comité Permanente de Nutrición de las Naciones Unidas. 2007. El documento puede consultarse en la dirección siguiente: http://www.unsystem.org/SCN/Publications/RNIS/rniscountry.html

### Notas

* Un período de años seguido de un asterisco indica que los datos se refieren al último año del período para el cual se dispone de datos.

[a] Los datos de Serbia y Montenegro incluyen a las PDI de Montenegro procedentes de Serbia (Kosovo), pues no se les han concedido los mismos derechos que a los ciudadanos montenegrinos.

## Cuadro 6a: ¿Cuántas personas sufren hambre oculta y enfermedades infantiles?

| | Hambre oculta en madres y gestantes | | Hambre oculta en niños | | | Enfermedades infantiles en menores de 5 años | | |
|---|---|---|---|---|---|---|---|---|
| | Prevalencia estimada de la anemia por carencia de hierro en mujeres de 15 a 49 años (%) | Cálculo anual de defectos congénitos del tubo neural | Porcentaje de niños menores de 5 años con anemia por carencia de hierro | Porcentaje aproximado de niños menores de 6 años con carencia de vitamina A | Número aproximado de niños nacidos con problemas cerebrales (carencia de yodo) | Porcentaje de muertes infantiles por infecciones respiratorias agudas | Porcentaje de muertes infantiles por trastornos diarreicos | Porcentaje de muertes infantiles por paludismo |
| | 2004 | 2004 | 2004 | 2004 | 2004 | 2000 | 2000 | 2000 |
| **ÁFRICA** | | | | | | | | |
| Angola | 59 | 1.400 | 72 | 55 | 235.000 | 24,8 | 19,1 | 8,3 |
| Argelia | – | – | – | – | – | 13,7 | 11,9 | 0,5 |
| Benin | 65 | 550 | 82 | 70 | 10.000 | 21,1 | 17,1 | 27,2 |
| Botswana | 31 | 100 | 37 | 30 | 9.000 | 1,4 | 1,1 | 0,0 |
| Burkina Faso | 48 | 1.230 | 83 | 46 | 180.000 | 23,3 | 18,8 | 20,3 |
| Burundi | 60 | 600 | 82 | 44 | 125.000 | 22,8 | 18,2 | 8,4 |
| Cabo Verde | – | – | – | – | – | 13,3 | 12,2 | 4,3 |
| Camerún | 32 | 1.100 | 58 | 36 | 65.000 | 21,5 | 17,3 | 22,8 |
| Chad | 56 | 800 | 76 | 45 | 100.000 | 22,8 | 18,1 | 22,3 |
| Comoras | – | – | – | – | – | 16,3 | 13,6 | 19,4 |
| Congo, República del | 48 | 300 | 55 | 32 | 59.000 | 13,6 | 11,2 | 25,7 |
| Congo, República Democrática del | 54 | 5.250 | 58 | 58 | – | 23,1 | 18,1 | 16,9 |
| Côte d'Ivoire | – | – | – | – | – | 19,6 | 14,8 | 20,5 |
| Eritrea | 53 | 300 | 75 | 30 | 16.000 | 18,6 | 15,6 | 13,6 |
| Etiopía | 58 | 6.000 | 85 | 30 | 685.000 | 22,3 | 17,3 | 6,1 |
| Gabón | 32 | <100 | 43 | 41 | 11.500 | 10,7 | 8,8 | 28,3 |
| Gambia | 53 | 100 | 75 | 64 | 10.000 | 15,5 | 12,2 | 29,4 |
| Ghana | 40 | 1.300 | 65 | 60 | 120.000 | 14,6 | 12,2 | 33,0 |
| Guinea | 43 | 700 | 73 | 40 | 83.000 | 20,9 | 16,5 | 24,5 |
| Guinea Ecuatorial | – | – | – | – | – | 17,3 | 13,6 | 24,0 |
| Guinea-Bissau | 53 | 150 | 83 | 31 | 12.500 | 23,4 | 18,6 | 21,0 |
| Kenya | 43 | 2.000 | 60 | 70 | 105.000 | 19,9 | 16,5 | 13,6 |
| Lesotho | 43 | 100 | 51 | 54 | 11.000 | 4,7 | 3,9 | 0,0 |
| Liberia | 44 | 330 | 69 | 38 | 29.000 | 23,0 | 17,3 | 18,9 |
| Madagascar | 42 | 1.400 | 73 | 42 | 43.000 | 20,7 | 16,9 | 20,1 |
| Malawi | 27 | 1.100 | 80 | 59 | 115.000 | 22,6 | 18,1 | 14,1 |
| Malí | 47 | 1.300 | 77 | 47 | 270.000 | 23,9 | 18,3 | 16,9 |
| Mauricio | – | – | – | – | – | 3,9 | 1,2 | 0,0 |
| Mauritania | 42 | 250 | 74 | 17 | 24.000 | 22,3 | 16,2 | 12,2 |
| Mozambique | 54 | 1.500 | 80 | 26 | 134.000 | 21,2 | 16,5 | 18,9 |
| Namibia | 35 | 100 | 42 | 59 | 12.000 | 3,0 | 2,5 | 0,0 |
| Níger | 47 | 1.300 | 57 | 41 | 130.000 | 25,1 | 19,8 | 14,3 |
| Nigeria | 47 | 9.500 | 69 | 25 | 370.000 | 20,1 | 15,7 | 24,1 |
| República Centroafricana | 49 | 300 | 74 | 68 | 16.000 | 18,7 | 14,7 | 18,5 |
| Rwanda | 43 | 700 | 69 | 39 | 46.000 | 23,2 | 18,5 | 4,6 |
| Santo Tomé y Príncipe | – | – | – | – | – | 21,2 | 16,0 | 0,6 |
| Senegal | 43 | 750 | 71 | 61 | 86.000 | 20,7 | 17,1 | 27,6 |
| Seychelles | – | – | – | – | – | 10,1 | 0,0 | 0,0 |
| Sierra Leona | 68 | 500 | 86 | 47 | 40.000 | 25,5 | 19,7 | 12,4 |
| Sudáfrica | 26 | 1.500 | 37 | 33 | 160.000 | 0,9 | 0,8 | 0,0 |
| Swazilandia | 32 | <100 | 47 | 38 | 4.000 | 11,8 | 9,6 | 0,2 |
| Tanzanía, República Unida de | 45 | – | 65 | 37 | – | 21,1 | 16,8 | 22,7 |
| Togo | 45 | 350 | 72 | 35 | 25.000 | 17,1 | 13,8 | 25,3 |
| Uganda | 30 | 2.600 | 64 | 66 | 111.000 | 21,1 | 17,2 | 23,1 |
| Zambia | 46 | 900 | 63 | 66 | 115.000 | 21,8 | 17,5 | 19,4 |
| Zimbabwe | 44 | 800 | 53 | 28 | 35.000 | 14,7 | 12,1 | 0,2 |

| | Hambre oculta en madres y gestantes | | Hambre oculta en niños | | | Enfermedades infantiles en menores de 5 años | | |
|---|---|---|---|---|---|---|---|---|
| | Prevalencia estimada de la anemia por carencia de hierro en mujeres de 15 a 49 años (%) | Cálculo anual de defectos congénitos del tubo neural | Porcentaje de niños menores de 5 años con anemia por carencia de hierro | Porcentaje aproximado de niños menores de 6 años con carencia de vitamina A | Número aproximado de niños nacidos con problemas cerebrales (carencia de yodo) | Porcentaje de muertes infantiles por infecciones respiratorias agudas | Porcentaje de muertes infantiles por trastornos diarreicos | Porcentaje de muertes infantiles por paludismo |
| | 2004 | 2004 | 2004 | 2004 | 2004 | 2000 | 2000 | 2000 |
| **CONTINENTE AMERICANO** | | | | | | | | |
| Antigua y Barbuda | – | – | – | – | – | 1,5 | 2,4 | 0,0 |
| Argentina | – | – | – | – | – | 3,4 | 1,3 | 0,0 |
| Bahamas | – | – | – | – | – | 5,3 | 0,8 | 0,0 |
| Barbados | – | – | – | – | – | 0,0 | 0,0 | 0,0 |
| Belice | – | – | – | – | – | 6,9 | 3,5 | 0,0 |
| Bolivia | 30 | 380 | 59 | 23 | 13.000 | 17,1 | 14,3 | 0,7 |
| Brasil | 21 | 5.250 | 45 | 15 | 50.000 | 13,2 | 12,0 | 0,5 |
| Chile | – | – | – | – | – | 6,2 | 0,5 | 0,0 |
| Colombia | – | – | – | – | – | 10,4 | 10,3 | 0,2 |
| Costa Rica | – | – | – | – | – | 4,0 | 3,0 | 0,0 |
| Cuba | – | – | – | – | – | 4,1 | 1,3 | 0,0 |
| Dominica | – | – | – | – | – | 0,0 | 0,0 | 0,0 |
| Ecuador | – | – | – | – | – | 12,0 | 11,0 | 0,5 |
| El Salvador | 34 | 250 | 28 | 17 | 17.000 | 13,4 | 12,4 | 0,5 |
| Granada | – | – | – | – | – | 9,5 | 1,6 | 0,0 |
| Guatemala | 20 | 600 | 34 | 21 | 67.000 | 15,0 | 13,1 | 0,4 |
| Guyana | – | – | – | – | – | 5,2 | 21,4 | 0,7 |
| Haití | 54 | 400 | 66 | 32 | 29.000 | 20,2 | 16,5 | 0,7 |
| Honduras | 31 | 300 | 34 | 15 | 24.500 | 13,8 | 12,2 | 0,4 |
| Jamaica | – | – | – | – | – | 9,3 | 9,6 | 0,0 |
| México | – | – | – | – | – | 8,5 | 5,1 | 0,0 |
| Nicaragua | 40 | 350 | 47 | 9 | 6.500 | 13,7 | 12,2 | 0,4 |
| Panamá | – | – | – | – | – | 10,8 | 10,7 | 0,2 |
| Paraguay | 25 | 250 | 52 | 13 | 22.000 | 11,9 | 10,7 | 0,3 |
| Perú | 32 | 1.250 | 50 | 17 | 60.000 | 13,6 | 12,2 | 0,4 |
| República Dominicana | 31 | 400 | 25 | 18 | 23.000 | 13,0 | 11,7 | 0,6 |
| Saint Kitts y Nevis | – | – | – | – | – | 0,0 | 14,4 | 0,0 |
| San Vicente y las Granadinas | – | – | – | – | – | 10,5 | 0,5 | 0,0 |
| Santa Lucía | – | – | – | – | – | 1,3 | 1,3 | 0,0 |
| Suriname | – | – | – | – | – | 11,5 | 13,1 | 2,4 |
| Trinidad y Tabago | – | – | – | – | – | 2,0 | 1,3 | 0,0 |
| Uruguay | – | 210.000 | – | – | – | 5,4 | 2,3 | 0,0 |
| Venezuela, República Bolivariana de | 38 | 1.200 | 41 | 5 | 60.000 | 5,9 | 9,9 | 0,0 |
| **SUDESTE ASIÁTICO** | | | | | | | | |
| Bangladesh | 36 | 8.400 | 55 | 28 | 750.000 | 17,6 | 20,0 | 0,7 |
| Bhután | 55 | 150 | 81 | 32 | – | 18,8 | 20,9 | 0,8 |
| Corea, República Popular Democrática de | – | – | – | – | – | 15,2 | 18,9 | 0,7 |
| India | 51 | 50.000 | 75 | 57 | 6.600.000 | 18,5 | 20,3 | 0,9 |
| Indonesia | 26 | 6.800 | 48 | 26 | 445.000 | 14,4 | 18,3 | 0,5 |
| Maldivas | | – | – | – | – | 17,5 | 20,3 | 0,6 |
| Myanmar | 45 | 2.300 | 48 | 35 | 205.000 | 19,3 | 21,1 | 9,0 |
| Nepal | 62 | 1.600 | 65 | 33 | 200.000 | 18,5 | 20,5 | 0,8 |
| Sri Lanka | – | – | – | – | – | 8,5 | 13,5 | 0,4 |
| Tailandia | 27 | 2.200 | 22 | 22 | 140.000 | 11,5 | 16,2 | 0,3 |
| Timor-Leste | – | – | – | – | – | 19,6 | 21,9 | 0,4 |

| | Hambre oculta en madres y gestantes | | Hambre oculta en niños | | | Enfermedades infantiles en menores de 5 años | | |
|---|---|---|---|---|---|---|---|---|
| | Prevalencia estimada de la anemia por carencia de hierro en mujeres de 15 a 49 años (%) | Cálculo anual de defectos congénitos del tubo neural | Porcentaje de niños menores de 5 años con anemia por carencia de hierro | Porcentaje aproximado de niños menores de 6 años con carencia de vitamina A | Número aproximado de niños nacidos con problemas cerebrales (carencia de yodo) | Porcentaje de muertes infantiles por infecciones respiratorias agudas | Porcentaje de muertes infantiles por trastornos diarreicos | Porcentaje de muertes infantiles por paludismo |
| | 2004 | 2004 | 2004 | 2004 | 2004 | 2000 | 2000 | 2000 |
| **EUROPA** | | | | | | | | |
| Albania | – | – | – | – | – | 10,6 | 10,5 | 0,4 |
| Armenia | 12 | <100 | 24 | 12 | 3.500 | 11,8 | 10,5 | 0,5 |
| Azerbaiyán | 35 | 225 | 33 | 23 | 22.000 | 18,4 | 15,3 | 1,0 |
| Belarús | – | – | – | – | – | 9,0 | 1,5 | 0,0 |
| Bosnia y Herzegovina | – | – | – | – | – | 2,5 | 0,6 | 0,0 |
| Bulgaria | – | – | – | – | – | 16,1 | 2,3 | 0,0 |
| Chipre | – | – | – | – | – | 1,7 | 3,2 | 0,0 |
| Croacia | – | – | – | – | – | 1,3 | 0,3 | 0,0 |
| Eslovaquia | – | – | – | – | – | 0,0 | 0,0 | 0,0 |
| Eslovenia | – | – | – | – | – | 19,9 | 16,4 | 0,8 |
| Estonia | – | – | – | – | – | 2,1 | 1,4 | 0,0 |
| Federación de Rusia | – | – | – | – | – | 6,3 | 2,5 | 0,0 |
| Georgia | 31 | 100 | 33 | 11 | 11.000 | 12,5 | 11,5 | 0,3 |
| Hungría | – | – | – | – | – | 3,9 | 0,1 | 0,0 |
| Israel | – | – | – | – | – | 0,4 | 0,6 | 0,0 |
| Kazajstán | 36 | 400 | 49 | 19 | 54.000 | 16,9 | 14,5 | 0,8 |
| Kirguistán | 31 | 170 | 42 | 18 | 23.500 | 16,7 | 14,1 | 0,9 |
| Letonia | – | – | – | – | – | 1,2 | 0,0 | 0,0 |
| Lituania | – | – | – | – | – | 5,3 | 0,3 | 0,0 |
| Macedonia, ex República Yugoslava de | – | – | – | – | – | 4,3 | 5,0 | 0,0 |
| Malta | – | – | – | – | – | 0,0 | 0,0 | 0,0 |
| Moldova | – | – | – | – | – | 15,5 | 2,0 | 0,0 |
| Polonia | – | – | – | – | – | 2,7 | 0,1 | 0,0 |
| República Checa | – | – | – | – | – | 3,6 | 0,2 | 0,0 |
| Rumania | – | – | – | – | – | 27,1 | 2,5 | 0,0 |
| Serbia y Montenegro | – | – | – | – | – | 9,4 | 1,4 | 0,0 |
| Tayikistán | 42 | 300 | 45 | 18 | 43.000 | 9,1 | 6,0 | 0,0 |
| Turkmenistán | 46 | 200 | 36 | 18 | 11.000 | 18,8 | 15,6 | 0,9 |
| Turquía | 33 | 3.000 | 23 | 18 | 335.000 | 14,0 | 12,2 | 0,5 |
| Ucrania | – | – | – | – | – | 6,3 | 1,2 | 0,0 |
| Uzbekistán | 63 | 800 | 33 | 40 | 136.000 | 16,8 | 14,8 | 0,8 |
| **MEDITERRÁNEO ORIENTAL** | | | | | | | | |
| Afganistán | 61 | 2.250 | 65 | 53 | 535.000 | 24,8 | 18,9 | 1,0 |
| Arabia Saudita | – | – | – | – | – | 6,6 | 6,2 | 0,2 |
| Bahrein | – | – | – | – | – | 1,4 | 0,7 | 0,0 |
| Djibouti | – | – | – | – | – | 20,4 | 16,6 | 0,8 |
| Egipto | 28 | 3.800 | 31 | 7 | 225.000 | 14,6 | 12,8 | 0,4 |
| Emiratos Árabes Unidos | – | – | – | – | – | 4,7 | 6,3 | 0,0 |
| Irán, República Islámica del | 29 | 2.100 | 32 | 23 | 125.000 | 6,4 | 5,5 | 0,2 |
| Iraq | – | – | – | – | – | 17,6 | 13,2 | 0,7 |
| Jamahiriya Árabe Libia | – | – | – | – | – | 8,5 | 8,4 | 0,0 |
| Jordania | – | – | – | – | – | 11,7 | 10,7 | 0,3 |
| Kuwait | – | – | – | – | – | 4,4 | 0,7 | 0,0 |
| Líbano | 24 | 140 | 21 | 20 | 7.500 | 1,1 | 1,0 | 0,0 |
| Marruecos | 34 | 1.000 | 45 | 29 | – | 14,0 | 12,2 | 0,4 |
| Omán | – | – | – | – | – | 7,2 | 8,1 | 0,1 |

| | Hambre oculta en madres y gestantes | | Hambre oculta en niños | | | Enfermedades infantiles en menores de 5 años | | |
|---|---|---|---|---|---|---|---|---|
| | Prevalencia estimada de la anemia por carencia de hierro en mujeres de 15 a 49 años (%) | Cálculo anual de defectos congénitos del tubo neural | Porcentaje de niños menores de 5 años con anemia por carencia de hierro | Porcentaje aproximado de niños menores de 6 años con carencia de vitamina A | Número aproximado de niños nacidos con problemas cerebrales (carencia de yodo) | Porcentaje de muertes infantiles por infecciones respiratorias agudas | Porcentaje de muertes infantiles por trastornos diarreicos | Porcentaje de muertes infantiles por paludismo |
| | 2004 | 2004 | 2004 | 2004 | 2004 | 2000 | 2000 | 2000 |
| Pakistán | 59 | 11.000 | 56 | 35 | 2.100.000 | 19,3 | 14,0 | 0,7 |
| Qatar | – | – | – | – | – | 7,7 | 8,4 | 0,0 |
| República Árabe Siria | 30 | 1.000 | 40 | 8 | 40.000 | 9,9 | 9,6 | 0,2 |
| Somalia | – | – | – | – | – | 23,9 | 18,7 | 4,5 |
| Sudán | – | – | – | – | – | 15,5 | 12,9 | 21,2 |
| Túnez | – | – | – | – | – | 7,6 | 7,0 | 0,2 |
| Yemen | 49 | 1.800 | 59 | 40 | 143.000 | 19,8 | 16,1 | 7,5 |
| **PACÍFICO OCCIDENTAL** | | | | | | | | |
| Brunei Darussalam | – | – | – | – | – | 0,7 | 1,1 | 0,0 |
| Camboya | 58 | 950 | 63 | 42 | 85.000 | 20,6 | 16,6 | 0,9 |
| China | 21 | 38.000 | 8 | 12 | 940.000 | 13,4 | 11,8 | 0,4 |
| Fiji | – | – | – | – | – | 9,2 | 10,6 | 0,0 |
| Filipinas | 35 | 4.000 | 29 | 23 | 300.000 | 13,4 | 12,0 | 0,4 |
| Islas Cook | – | – | – | – | – | 1,1 | 0,7 | 0,0 |
| Islas Marshall | – | – | – | – | – | 13,5 | 14,1 | 0,0 |
| Islas Salomón | – | – | – | – | – | 9,5 | 8,8 | 0,1 |
| Kiribati | – | – | – | – | – | 11,5 | 21,9 | 0,7 |
| Malasia | – | – | – | – | – | 4,0 | 5,4 | 0,1 |
| Micronesia, Estados Federados de | – | – | – | – | – | 11,3 | 8,0 | 0,0 |
| Mongolia | 18 | <100 | 37 | 29 | 8.500 | 17,1 | 14,5 | 1,0 |
| Nauru | – | – | – | – | – | 30,3 | 37,8 | 0,0 |
| Niue | – | – | – | – | – | – | – | – |
| Palau | – | – | – | – | – | 12,4 | 9,7 | 0,0 |
| Papua Nueva Guinea | 43 | 350 | 40 | 37 | – | 18,5 | 15,3 | 0,8 |
| República de Corea | – | – | – | – | – | 1,8 | 0,4 | 0,0 |
| República Democrática Popular Lao | 48 | 400 | 54 | 42 | 27.000 | 19,1 | 15,6 | 0,7 |
| Samoa | – | – | – | – | – | 10,2 | 9,7 | 0,1 |
| Singapur | – | – | – | – | – | 9,0 | 0,4 | 0,0 |
| Tonga | – | – | – | – | – | 7,3 | 10,0 | 1,3 |
| Tuvalu | – | – | – | – | – | 13,5 | 13,2 | 0,0 |
| Vanuatu | – | – | – | – | – | 13,0 | 11,5 | 0,6 |
| Viet Nam | 33 | 3.300 | 39 | 12 | 180.000 | 11,5 | 10,4 | 0,4 |

### Definiciones de los indicadores

**Anemia por carencia de hierro entre las mujeres:** Porcentaje de mujeres en edad de procrear sometidas a análisis del nivel de hemoglobina, que presentan valores inferiores a 110 gramos/litro para las mujeres gestantes y a 120 gramos/litro para las mujeres no embarazadas.

**Defectos congénitos del tubo neural:** Defectos en el cerebro y la médula espinal del bebé, causados generalmente por falta de ácido fólico.

**Anemia por carencia de hierro entre los niños:** Porcentaje de niños sometidos a análisis de hemoglobina, que presentan valores inferiores a 80 gramos/litro.

**Enfermedades infantiles:** Proporción de fallecimientos entre los niños menores de 5 años, debidos a enfermedades respiratorias agudas, enfermedades diarreicas o paludismo.

**Carencia de vitamina A:** Porcentaje aproximado de niños menores de 6 años con carencia subclínica de vitamina A.

### Fuentes

- **Indicadores del hambre oculta:** Fondo de las Naciones Unidas para la Infancia. 2004. *Vitamin and Mineral Deficiency. A Global Progress Report*. Nueva York.
- **Enfermedades infantiles:** Organización Mundial de la Salud. 2007. *Estadísticas sanitarias mundiales 2007.* Ginebra.

### Notas

Los datos relativos a las carencias de vitaminas y minerales se han extraído de la mejor información disponible. Los datos relativos a la prevalencia se basan en un examen mundial de las encuestas sobre las carencias de vitaminas y minerales.

## Cuadro 6b: ¿Cuántas personas sufren enfermedades infecciosas?

| | Prevalencia de VIH entre adultos de 15 a 49 años (por 100.000 habitantes) | Número aproximado de personas que viven con VIH | Prevalencia de la tuberculosis (por 100.000 habitantes) | Número de casos de tuberculosis | | Porcentaje de cambio en el número de casos de tuberculosis | Porcentaje aproximado de pacientes de tuberculosis con VIH (%) |
|---|---|---|---|---|---|---|---|
| | 2005 | 2005 | 2005 | 1990 | 2005 | 1990–2005 | 2005 |
| **ÁFRICA** | | | | | | | |
| Angola | 3.281 | 320.000 | 333 | 10.271 | 37.175 | 262 | 19 |
| Argelia | 82 | – | 55 | 11.607 | 21.336 | 84 | – |
| Benin | 1.635 | 87.000 | 144 | 2.084 | 3.270 | 57 | 10 |
| Botswana | 23.624 | 270.000 | 556 | 2.938 | 10.058 | 242 | 72 |
| Burkina Faso | 2.004 | 150.000 | 461 | 1.497 | 3.484 | 133 | 11 |
| Burundi | 3.132 | 150.000 | 602 | 4.575 | 6.585 | 44 | 18 |
| Cabo Verde | – | – | 327 | 221 | 292 | 32 | – |
| Camerún | 4.899 | 510.000 | 206 | 5.892 | 21.499 | 265 | 26 |
| Chad | 3.111 | 180.000 | 495 | 2.591 | 6.311 | 144 | 18 |
| Comoras | <500 | – | 89 | 140 | 111 | –21 | – |
| Congo, República del | 4.731 | 120.000 | 449 | 591 | 9.853 | 1.567 | 26 |
| Congo, República Democrática del | 2.933 | 1.000.000 | 541 | 21.131 | 97.075 | 359 | 17 |
| Côte d'Ivoire | 6.442 | 750.000 | 659 | 7.841 | 19.681 | 151 | 32 |
| Eritrea | 2.180 | 59.000 | 515 | 3.699 | 3.549 | –4 | 13 |
| Etiopía | – | – | 546 | 88.634 | 124.262 | 40 | 11 |
| Gabón | 6.750 | 60.000 | 385 | 917 | 2.512 | 174 | 33 |
| Gambia | 2.091 | – | 352 | – | 2.031 | – | – |
| Ghana | 2.225 | 320.000 | 380 | 6.407 | 12.124 | 89 | 12 |
| Guinea | 1.475 | 85.000 | 431 | 1.988 | 6.863 | 245 | 9 |
| Guinea Ecuatorial | 2.857 | 8.900 | 355 | 260 | – | – | 17 |
| Guinea-Bissau | 3.483 | 32.000 | 293 | 1.163 | 1.774 | 53 | 20 |
| Kenya | 6.125 | 1.300.000 | 936 | 11.788 | 102.680 | 771 | 29 |
| Lesotho | 22.684 | 270.000 | 588 | 2.525 | 10.802 | 328 | 69 |
| Liberia | – | – | 507 | – | 3.432 | – | 17 |
| Madagascar | 451 | 49.000 | 396 | 6.261 | 18.993 | 203 | 3 |
| Malawi | 12.528 | 940.000 | 518 | 12.395 | 25.491 | 106 | 50 |
| Malí | 1.572 | 130.000 | 578 | 2.933 | 4.697 | 60 | 10 |
| Mauricio | 437 | – | 132 | 119 | 125 | 5 | – |
| Mauritania | 629 | – | 590 | 5.284 | 2.162 | –59 | – |
| Mozambique | 14.429 | 1.800.000 | 597 | 15.899 | 33.231 | 109 | 54 |
| Namibia | 17.676 | 230.000 | 577 | 2.671 | 14.920 | 459 | 61 |
| Níger | 998 | 79.000 | 294 | 5.200 | 7.873 | 51 | 6 |
| Nigeria | 3.547 | 2.900.000 | 536 | 20.122 | 62.598 | 211 | 20 |
| República Centroafricana | 9.990 | 250.000 | 483 | 2.124 | 3.210 | 51 | 43 |
| Rwanda | 3.133 | 190.000 | 673 | 6.387 | 7.220 | 13 | 18 |
| Santo Tomé y Príncipe | – | – | 258 | 17 | 136 | 700 | – |
| Senegal | 837 | – | 466 | 4.977 | 9.765 | 96 | – |
| Seychelles | – | – | 56 | 41 | 14 | –66 | – |
| Sierra Leona | 1.361 | 48.000 | 905 | 632 | 6.737 | 966 | 9 |
| Sudáfrica | 16.579 | 5.500.000 | 511 | 80.400 | 270.178 | 236 | 59 |
| Swazilandia | 34.457 | 220.000 | 1.211 | – | 8.062 | – | 79 |
| Tanzanía, República Unida de | 5.909 | 1.400.000 | 496 | 22.249 | 61.022 | 174 | 30 |
| Togo | 2.879 | 110.000 | 753 | 1.324 | 2.537 | 92 | 17 |
| Uganda | 6.304 | 1.000.000 | 559 | 14.740 | 41.040 | 178 | 31 |
| Zambia | 15.819 | 1.100.000 | 618 | 16.863 | 49.576 | 194 | 56 |
| Zimbabwe | 19.210 | 1.700.000 | 631 | 9.132 | 50.454 | 452 | 62 |
| **CONTINENTE AMERICANO** | | | | | | | |
| Antigua y Barbuda | – | – | 9 | 1 | 6 | 500 | – |
| Argentina | 456 | – | 51 | 12.309 | 9.770 | –21 | – |

| | Prevalencia de VIH entre adultos de 15 a 49 años (por 100.000 habitantes) | Número aproximado de personas que viven con VIH | Prevalencia de la tuberculosis (por 100.000 habitantes) | Número de casos de tuberculosis | | Porcentaje de cambio en el número de casos de tuberculosis | Porcentaje aproximado de pacientes de tuberculosis con VIH (%) |
|---|---|---|---|---|---|---|---|
| | 2005 | 2005 | 2005 | 1990 | 2005 | 1990–2005 | 2005 |
| Bahamas | 2.807 | 6.800 | 49 | 46 | – | – | 17 |
| Barbados | 1.236 | 2.700 | 12 | 5 | – | – | 9 |
| Belice | 2.110 | 3.700 | 55 | 57 | 102 | 79 | 13 |
| Bolivia | 120 | – | 280 | 11.166 | 9.748 | –13 | – |
| Brasil | 454 | 620.000 | 76 | 74.570 | 80.209 | 8 | 14 |
| Chile | 229 | – | 16 | 6.151 | 2.134 | –65 | – |
| Colombia | 509 | – | 66 | 12.447 | 10.360 | –17 | – |
| Costa Rica | 235 | – | 17 | 230 | 534 | 132 | – |
| Cuba | 52 | – | 11 | 546 | 770 | 41 | – |
| Dominica | – | – | 24 | 6 | – | – | – |
| Ecuador | 246 | – | 202 | 8.243 | 4.416 | –46 | – |
| El Salvador | 770 | – | 68 | 2.367 | 1.794 | –24 | – |
| Granada | – | – | 8 | 0 | – | – | – |
| Guatemala | 825 | 61.000 | 110 | 3.813 | 3.365 | –12 | 6 |
| Guyana | 2.072 | 12.000 | 194 | 168 | 639 | 280 | 13 |
| Haití | 3.377 | 190.000 | 405 | – | 14.311 | – | 19 |
| Honduras | 1.392 | 63.000 | 99 | 3.647 | 3.333 | –9 | 9 |
| Jamaica | 1.371 | 25.000 | 10 | 123 | 90 | –27 | 9 |
| México | 244 | – | 27 | 14.437 | 18.524 | 28 | – |
| Nicaragua | 215 | – | 74 | 2.944 | 1.907 | –35 | – |
| Panamá | 755 | 17.000 | 46 | 846 | 1.637 | 93 | 5 |
| Paraguay | 338 | – | 100 | 2.167 | 2.075 | –4 | – |
| Perú | 480 | – | 206 | 37.905 | 33.421 | –12 | – |
| República Dominicana | 1.036 | 66.000 | 116 | 2.597 | 5.003 | 93 | 6 |
| Saint Kitts y Nevis | – | – | 17 | 0 | – | – | – |
| San Vicente y las Granadinas | – | – | 42 | 2 | 7 | 250 | – |
| Santa Lucía | – | – | 22 | 13 | 14 | 8 | – |
| Suriname | 1.623 | 5.200 | 99 | 82 | 117 | 43 | 11 |
| Trinidad y Tabago | 2.538 | 27.000 | 13 | 120 | 166 | 38 | 16 |
| Uruguay | 362 | – | 33 | 886 | 622 | –30 | – |
| Venezuela, República Bolivariana de | 598 | – | 52 | 5.457 | 6.847 | 25 | – |
| **SUDESTE ASIÁTICO** | | | | | | | |
| Bangladesh | <100 | – | 406 | 48.673 | 123.118 | 153 | – |
| Bhután | <100 | – | 174 | 1.154 | 1.007 | –13 | – |
| Corea, República Popular Democrática de | – | – | 179 | – | 42.722 | – | – |
| India | 747 | 5.700.000 | 299 | 1.519.182 | 1.156.248 | –24 | 5 |
| Indonesia | 106 | 170.000 | 262 | 74.470 | 254.601 | 242 | 1 |
| Maldivas | – | – | 53 | 152 | 122 | –20 | – |
| Myanmar | 982 | 360.000 | 170 | 12.416 | 107.009 | 762 | 7 |
| Nepal | 447 | – | 244 | 10.142 | 33.448 | 230 | – |
| Sri Lanka | <100 | – | 80 | 6.666 | 9.249 | 39 | – |
| Tailandia | 1.144 | 580.000 | 204 | 46.510 | 57.895 | 24 | 8 |
| Timor-Leste | – | – | 713 | – | 3.767 | – | – |
| **EUROPA** | | | | | | | |
| Albania | – | – | 28 | 653 | 506 | –23 | – |
| Armenia | 121 | – | 79 | 590 | 2.206 | 274 | – |
| Azerbaiyán | 87 | – | 85 | 2.620 | 6.034 | 130 | – |
| Belarús | 242 | – | 70 | 3.039 | 5.308 | 75 | – |

| | Prevalencia de VIH entre adultos de 15 a 49 años (por 100.000 habitantes) | Número aproximado de personas que viven con VIH | Prevalencia de la tuberculosis (por 100.000 habitantes) | Número de casos de tuberculosis | | Porcentaje de cambio en el número de casos de tuberculosis | Porcentaje aproximado de pacientes de tuberculosis con VIH (%) |
|---|---|---|---|---|---|---|---|
| | 2005 | 2005 | 2005 | 1990 | 2005 | 1990–2005 | 2005 |
| Bosnia y Herzegovina | – | – | 57 | 4.073 | 2.111 | –48 | – |
| Bulgaria | – | – | 41 | 2.256 | 3.225 | 43 | – |
| Chipre | – | – | 5 | 29 | 34 | 17 | – |
| Croacia | – | – | 65 | 2.576 | 1.050 | –59 | – |
| Eslovaquia | <100 | – | 20 | 1.448 | 710 | –51 | – |
| Eslovenia | <100 | – | 15 | 722 | 269 | –63 | – |
| Estonia | 887 | 1.000 | 46 | 423 | 479 | 13 | 7 |
| Federación de Rusia | 775 | 940.000 | 150 | 50.641 | 127.930 | 153 | 6 |
| Georgia | 154 | – | 86 | 1.537 | 4.501 | 193 | – |
| Hungría | <100 | – | 25 | 3.588 | 1.808 | –50 | – |
| Israel | – | – | 6 | 234 | 402 | 72 | – |
| Kazajstán | 105 | – | 155 | 10.969 | 25.739 | 135 | – |
| Kirguistán | 111 | – | 133 | 2.306 | 6.329 | 174 | – |
| Letonia | 508 | – | 66 | 906 | 1.409 | 56 | – |
| Lituania | 116 | – | 63 | 1.471 | 2.114 | 44 | – |
| Macedonia, ex República Yugoslava de | 117 | – | 33 | – | 598 | – | – |
| Malta | <500 | – | 4 | 13 | 21 | 62 | – |
| Moldova | 815 | – | 149 | 1.728 | 5.141 | 198 | – |
| Polonia | 78 | – | 29 | 16.136 | 8.203 | –49 | – |
| República Checa | <100 | – | 11 | 1.937 | 973 | –50 | – |
| Rumania | – | – | 146 | 16.256 | 26.104 | 61 | – |
| Serbia y Montenegro | – | – | 42 | 4.194 | 3.208 | –24 | – |
| Tayikistán | 123 | – | 297 | 2.460 | 5.460 | 122 | – |
| Turkmenistán | <100 | – | 90 | 2.325 | 3.191 | 37 | – |
| Turquía | <100 | – | 44 | 24.468 | 19.744 | –19 | – |
| Ucrania | 1.036 | 410.000 | 120 | 16.465 | 39.608 | 141 | 8 |
| Uzbekistán | 174 | – | 139 | 9.414 | 21.513 | 129 | – |
| **MEDITERRÁNEO ORIENTAL** | | | | | | | |
| Afganistán | <100 | – | 288 | 4.332 | 21.844 | 404 | – |
| Arabia Saudita | – | – | 58 | 2.415 | 3.539 | 47 | – |
| Bahrein | – | – | 43 | 117 | 280 | 139 | – |
| Djibouti | 3.017 | 15.000 | 1.161 | 2.100 | 3.109 | 48 | 18 |
| Egipto | <100 | – | 32 | 2.142 | 11.446 | 434 | – |
| Emiratos Árabes Unidos | – | – | 24 | 285 | 103 | –64 | – |
| Irán, República Islámica del | 133 | – | 30 | 9.255 | 9.422 | 2 | – |
| Iraq | – | – | 76 | 14.735 | 9.454 | –36 | – |
| Jamahiriya Árabe Libia | – | – | 18 | 442 | 2.098 | 375 | – |
| Jordania | – | – | 6 | 439 | 367 | –16 | – |
| Kuwait | – | – | 28 | 277 | 517 | 87 | – |
| Líbano | 114 | – | 12 | – | 391 | – | – |
| Marruecos | 88 | – | 73 | 27.658 | 26.269 | –5 | – |
| Omán | – | – | 11 | 482 | 261 | –46 | – |
| Pakistán | 86 | – | 297 | 156.759 | 137.574 | –12 | – |
| Qatar | – | – | 65 | 184 | 325 | 77 | – |
| República Árabe Siria | – | – | 46 | 6.018 | 4.310 | –28 | – |
| Somalia | 870 | 44.000 | 286 | – | 12.904 | – | 5 |
| Sudán | 1.454 | 350.000 | 400 | 212 | 27.562 | 12.901 | 9 |
| Túnez | 115 | – | 28 | 2.054 | 2.079 | 1 | – |
| Yemen | – | – | 136 | 4.650 | 9.063 | 95 | – |

| | Prevalencia de VIH entre adultos de 15 a 49 años (por 100.000 habitantes) | Número aproximado de personas que viven con VIH | Prevalencia de la tuberculosis (por 100.000 habitantes) | Número de casos de tuberculosis | | Porcentaje de cambio en el número de casos de tuberculosis | Porcentaje aproximado de pacientes de tuberculosis con VIH (%) |
|---|---|---|---|---|---|---|---|
| | 2005 | 2005 | 2005 | 1990 | 2005 | 1990–2005 | 2005 |
| **PACÍFICO OCCIDENTAL** | | | | | | | |
| Brunei Darussalam | <100 | – | 63 | 143 | 163 | 14 | – |
| Camboya | 1.468 | 130.000 | 703 | 6.501 | 35.535 | 447 | 9 |
| China | 62 | 650.000 | 208 | 375.481 | 894.428 | 138 | 0 |
| Fiji | <500 | – | 30 | 226 | 132 | –42 | – |
| Filipinas | <100 | – | 450 | 317.008 | 137.100 | –57 | – |
| Islas Cook | – | – | 26 | 1 | 1 | 0 | – |
| Islas Marshall | <100 | – | 269 | – | 111 | – | – |
| Islas Salomón | – | – | 201 | 382 | 397 | 4 | – |
| Kiribati | – | – | 426 | 68 | 332 | 388 | – |
| Malasia | 391 | – | 131 | 11.702 | 15.342 | 31 | – |
| Micronesia, Estados Federados de | – | – | 123 | 367 | 98 | –73 | – |
| Mongolia | – | – | 206 | 1.659 | 4.618 | 178 | – |
| Nauru | – | – | 156 | 7 | 11 | 57 | – |
| Niue | – | – | 87 | 0 | – | – | – |
| Palau | – | – | 61 | | 10 | – | – |
| Papua Nueva Guinea | 1.621 | – | 475 | 2.497 | 12.564 | 403 | – |
| República de Corea | <100 | – | 135 | 63.904 | 38.290 | –40 | – |
| República Democrática Popular Lao | 103 | – | 306 | 1.826 | 3.777 | 107 | – |
| Samoa | – | – | 27 | 44 | 24 | –45 | – |
| Singapur | 158 | – | 28 | 1.591 | 1.356 | –15 | – |
| Tonga | – | – | 32 | 23 | 18 | –22 | – |
| Tuvalu | – | – | 495 | 23 | 12 | –48 | – |
| Vanuatu | – | – | 84 | 140 | 76 | –46 | – |
| Viet Nam | 421 | 260.000 | 235 | 50.203 | 94.994 | 89 | 3 |

### Definiciones de los indicadores

**Prevalencia del VIH entre adultos de edades comprendidas entre 15 y 49 años:** Número de adultos de entre 15 y 49 años de edad infectados por el VIH por cada 100.000 habitantes.

**Prevalencia de la tuberculosis:** Número de casos notificados de tuberculosis por cada 100.000 habitantes.

**Porcentaje aproximado de pacientes de tuberculosis con VIH:** Número aproximado de pacientes de tuberculosis infectados por el VIH, expresado como porcentaje.

### Fuentes

- **Prevalencia del VIH/SIDA y de la tuberculosis:** Organización Mundial de la Salud. 2007. *Estadísticas sanitarias mundiales 2007.* Ginebra.
- **Porcentaje de pacientes de tuberculosis con VIH:** Organización Mundial de la Salud. 2007. *TB/HIV. Networking for Policy Change: an Advocacy Training Manual.* Ginebra.

## Cuadro 7: ¿Cuántas personas se han visto afectadas por catástrofes naturales?

| | Número de catástrofes naturales en 2006 | Impacto en los seres humanos | | | | Pérdidas económicas, 2000–2007 (millones de dólares EE.UU.) |
|---|---|---|---|---|---|---|
| | | Número total de personas afectadas 2000–2007 | Número total de personas afectadas por tipo de catástrofe natural 2000–2007 | | | |
| | | | Inundaciones | Sequías | Otras | |
| **ÁFRICA** | | | | | | |
| Angola | 3 | 565.714 | 503.694 | 0 | 62.020 | 10.000 |
| Argelia | 2 | 348.478 | 137.368 | 0 | 211.110 | 5.323.517 |
| Benin | – | 19.445 | 0 | 0 | 19.445 | 0 |
| Botswana | 1 | 166.000 | 143.736 | 0 | 22.264 | 5.000 |
| Burkina Faso | 3 | 83.237 | 37.730 | 0 | 45.507 | 0 |
| Burundi | 8 | 1.461.514 | 61.305 | 650.000 | 750.209 | 0 |
| Cabo Verde | – | 0 | 0 | 0 | 0 | 0 |
| Camerún | 1 | 7.102 | 2.000 | 0 | 5.102 | 0 |
| Chad | 2 | 198.794 | 175.763 | 0 | 23.031 | 1.000 |
| Comoras | 2 | 286.582 | 0 | 0 | 286.582 | 0 |
| Congo, República del | 2 | 64.567 | 60.000 | 0 | 4.567 | 0 |
| Congo, República Democrática del | – | – | – | – | – | 9.000 |
| Côte d'Ivoire | 2 | 4.852 | 0 | 0 | 4.852 | 0 |
| Eritrea | – | 2.307.013 | 7.013 | 2.300.000 | 0 | 0 |
| Etiopía | 10 | 918.245 | 860.064 | 0 | 58.181 | 9.400 |
| Gabón | – | 110 | 0 | 0 | 110 | 0 |
| Gambia | – | 14.522 | 250 | 0 | 14.272 | 0 |
| Ghana | – | 149.614 | 146.225 | 0 | 3.389 | 0 |
| Guinea | 3 | 225.882 | 221.200 | 0 | 4.682 | 0 |
| Guinea Ecuatorial | – | 946 | 0 | 0 | 946 | 0 |
| Guinea-Bissau | 1 | 26.310 | 1.000 | 0 | 25.310 | 0 |
| Kenya | 10 | 24.072.497 | 1.066.808 | 23.002.000 | 3.689 | 538 |
| Lesotho | – | 3.835 | 0 | 0 | 3.835 | 0 |
| Liberia | – | 20.865 | 0 | 0 | 20.865 | 0 |
| Madagascar | 3 | 3.213.766 | 115.987 | 0 | 3.097.779 | 409.181 |
| Malawi | 5 | 1.050.512 | 1.005.290 | 0 | 45.222 | 7.700 |
| Malí | 4 | 40.696 | 38.879 | 0 | 1.817 | 0 |
| Mauricio | 1 | 3.603 | 0 | 0 | 3.603 | 100.000 |
| Mauritania | 2 | 72.204 | 69.619 | 0 | 2.585 | 0 |
| Mozambique | 4 | 6.022.291 | 5.901.266 | 0 | 121.025 | 456.300 |
| Namibia | 3 | 76.753 | 64.300 | 0 | 12.453 | 8.490 |
| Níger | 4 | 177.572 | 100.631 | 0 | 76.941 | 0 |
| Nigeria | 3 | 386.385 | 352.521 | 0 | 33.864 | 12.422 |
| República Centroafricana | – | 45.730 | 36.743 | 0 | 8.987 | 0 |
| Rwanda | 2 | 930.344 | 30.516 | 894.545 | 5.283 | 0 |
| Santo Tomé y Príncipe | – | – | – | – | – | – |
| Senegal | – | 261.833 | 236.769 | 0 | 25.064 | 40.979 |
| Seychelles | 1 | 17.091 | 0 | 0 | 17.091 | 30.000 |
| Sierra Leona | – | 15.726 | 15.000 | 0 | 726 | 0 |
| Sudáfrica | – | 276.225 | 71.028 | 0 | 205.197 | 420.041 |
| Swazilandia | 1 | 282.284 | 272.000 | 0 | 10.284 | 50 |
| Tanzanía, República Unida de | 7 | 3.049.586 | 37.293 | 3.000.000 | 12.293 | – |
| Togo | 1 | 4.851 | 2.000 | 0 | 2.851 | 0 |
| Uganda | 7 | 755.943 | 42.906 | 700.000 | 13.037 | 0 |
| Zambia | 2 | 875.916 | 862.298 | 0 | 13.618 | 0 |
| Zimbabwe | 1 | 319.197 | 314.000 | 0 | 5.197 | 277.700 |
| **CONTINENTE AMERICANO** | | | | | | |
| Antigua y Barbuda | – | – | – | – | – | – |
| Argentina | 1 | 553.406 | 539.947 | 0 | 13.459 | 1.673.210 |

| | Número de catástrofes naturales en 2006 | Impacto en los seres humanos | | | | Pérdidas económicas, 2000–2007 (millones de dólares EE.UU.) |
|---|---|---|---|---|---|---|
| | | Número total de personas afectadas 2000–2007 | Número total de personas afectadas por tipo de catástrofe natural 2000–2007 | | | |
| | | | Inundaciones | Sequías | Otras | |
| Bahamas | – | 10.500 | 0 | 0 | 10.500 | 1.300.000 |
| Barbados | – | 4.880 | 0 | 0 | 4.880 | 5.000 |
| Belice | – | 82.570 | 0 | 0 | 82.570 | 327.540 |
| Bolivia | 2 | 635.131 | 593.535 | 0 | 41.596 | 347.000 |
| Brasil | 2 | 1.110.194 | 489.160 | 0 | 621.034 | 909.370 |
| Chile | 1 | 586.520 | 531.078 | 0 | 55.442 | 333.900 |
| Colombia | 3 | 1.947.963 | 1.908.410 | 0 | 39.553 | 10.000 |
| Costa Rica | – | 106.720 | 105.031 | 0 | 1.689 | 47.000 |
| Cuba | 2 | 9.109.275 | 37.775 | 0 | 9.071.500 | 3.200.200 |
| Dominica | – | 275 | 0 | 0 | 275 | 0 |
| Ecuador | 3 | 728.158 | 129.770 | 0 | 598.388 | 179.775 |
| El Salvador | 2 | 1.731.484 | 3.832 | 0 | 1.727.652 | 2.204.200 |
| Granada | – | 61.650 | 0 | 0 | 61.650 | 889.000 |
| Guatemala | 1 | 593.064 | 101.726 | 0 | 491.338 | 988.450 |
| Guyana | 1 | 309.774 | 309.774 | 0 | 0 | 634.100 |
| Haití | 3 | 646.753 | 281.076 | 0 | 365.677 | 73.520 |
| Honduras | 1 | 202.814 | 6.374 | 0 | 196.440 | 248.500 |
| Jamaica | 2 | 392.502 | 30.000 | 0 | 362.502 | 1.004.987 |
| México | 7 | 4.161.545 | 80.940 | 65.000 | 4.015.605 | 9.370.600 |
| Nicaragua | – | 89.811 | 19.046 | 0 | 70.765 | 2.050 |
| Panamá | 2 | 67.041 | 65.453 | 0 | 1.588 | 8.800 |
| Paraguay | 1 | 57.138 | 2.765 | 40.000 | 14.373 | 0 |
| Perú | 3 | 4.591.881 | 168.015 | 0 | 4.423.866 | 300.050 |
| República Dominicana | – | 109.769 | 82.495 | 0 | 27.274 | 342.230 |
| Saint Kitts y Nevis | – | – | – | – | – | – |
| San Vicente y las Granadinas | – | 1.534 | 0 | 0 | 1.534 | 16.000 |
| Santa Lucía | – | 0 | 0 | 0 | 0 | 500 |
| Suriname | 1 | 25.000 | 25.000 | 0 | 0 | 0 |
| Trinidad y Tabago | – | 1.760 | 0 | 0 | 1.760 | 1.000 |
| Uruguay | – | 16.712 | 12.700 | 0 | 4.012 | 275.000 |
| Venezuela. República Bolivariana de | 1 | 134.692 | 132.962 | 0 | 1.730 | 54.000 |
| **SUDESTE ASIÁTICO** | | | | | | |
| Bangladesh | 8 | 44.324.694 | 43.730.663 | 0 | 594.031 | 2.700.000 |
| Bhután | – | 1.000 | 1.000 | 0 | 0 | 0 |
| Corea. República Popular Democrática de | 2 | 1.190.985 | 553.404 | 0 | 637.581 | 6.029.400 |
| India | 22 | 197.482.184 | 189.290.635 | 0 | 8.191.549 | 18.965.412 |
| Indonesia | 21 | 7.551.578 | 2.736.764 | 0 | 4.814.814 | 9.214.010 |
| Maldivas | – | 27.214 | 0 | 0 | 27.214 | 470.100 |
| Myanmar | 2 | 164.572 | 63.750 | 0 | 100.822 | 688 |
| Nepal | 4 | 1.308.857 | 940.939 | 0 | 367.918 | 6.300 |
| Sri Lanka | 1 | 3.728.862 | 2.334.443 | 0 | 1.394.419 | 1.351.500 |
| Tailandia | 4 | 11.255.123 | 11.063.918 | 0 | 191.205 | 1.054.663 |
| Timor-Leste | 1 | 12.624 | 3.558 | 0 | 9.066 | – |
| **EUROPA** | | | | | | |
| Albania | – | 595.110 | 69.884 | 0 | 525.226 | 17.673 |
| Armenia | – | 0 | 0 | 0 | 0 | 0 |
| Azerbaiyán | – | 34.794 | 31.500 | 0 | 3.294 | 65.000 |
| Belarús | 1 | 1.820 | 0 | 0 | 1.820 | 30.300 |
| Bosnia y Herzegovina | – | 290.903 | 290.100 | 0 | 803 | 0 |

| | Número de catástrofes naturales en 2006 | Impacto en los seres humanos | | | | Pérdidas económicas, 2000–2007 (millones de dólares EE.UU.) |
|---|---|---|---|---|---|---|
| | | Número total de personas afectadas 2000–2007 | Número total de personas afectadas por tipo de catástrofe natural 2000–2007 | | | |
| | | | Inundaciones | Sequías | Otras | |
| Bulgaria | 4 | 12.914 | 12.200 | 0 | 714 | 477.880 |
| Chipre | – | 440 | 0 | 0 | 440 | 10.000 |
| Croacia | 1 | 2.250 | 2.050 | 0 | 200 | 277.750 |
| Eslovaquia | 2 | 10.654 | 330 | 0 | 10.324 | 542.300 |
| Eslovenia | – | 605 | 0 | 0 | 605 | 95.000 |
| Estonia | 1 | 100 | 0 | 0 | 100 | 130.000 |
| Federación de Rusia | 5 | 948.174 | 860.304 | 0 | 87.870 | 2.648.573 |
| Georgia | 1 | 23.246 | 3.190 | 0 | 20.056 | 352.156 |
| Hungría | 2 | 46.123 | 45.823 | 0 | 300 | 148.000 |
| Israel | – | 549 | 0 | 0 | 549 | 2.750 |
| Kazajstán | – | 67.920 | 31.168 | 0 | 36.752 | 9.162 |
| Kirguistán | 2 | 24.486 | 2.050 | 0 | 22.436 | 4.160 |
| Letonia | 1 | 102 | 0 | 0 | 102 | 325.000 |
| Lituania | 1 | 0 | 0 | 0 | 0 | 30.000 |
| Macedonia, ex República Yugoslava de | 1 | 110.103 | 109.900 | 0 | 203 | 17.163 |
| Malta | – | – | – | – | – | – |
| Moldova | 1 | 2.607.000 | 7.000 | 0 | 2.600.000 | 40.184 |
| Polonia | 2 | 19.700 | 19.700 | 0 | 0 | 700.000 |
| República Checa | 3 | 204.318 | 204.315 | 0 | 3 | 155.273 |
| Rumania | 8 | 198.433 | 194.932 | 0 | 3.501 | 1.944.790 |
| Serbia y Montenegro | 3 | 49.441 | 48.390 | 0 | 1.051 | 0 |
| Tayikistán | 3 | 459.578 | 426.308 | 0 | 33.270 | 148.670 |
| Turkmenistán | – | 0 | 0 | 0 | 0 | 0 |
| Turquía | 4 | 733.812 | 122.635 | 0 | 611.177 | 613.000 |
| Ucrania | 3 | 421.650 | 313.940 | 0 | 107.710 | 243.855 |
| Uzbekistán | – | 1.500 | 1.500 | 0 | 0 | 0 |
| **MEDITERRÁNEO ORIENTAL** | | | | | | |
| Afganistán | 13 | 910.524 | 66.098 | 0 | 844.426 | 5.050 |
| Arabia Saudita | – | 14.118 | 13.547 | 0 | 571 | 0 |
| Bahrein | – | – | – | – | – | – |
| Djibouti | 1 | 200.419 | 100.000 | 100.000 | 419 | 0 |
| Egipto | 1 | 1.387 | 870 | 0 | 517 | 0 |
| Emiratos Árabes Unidos | – | – | – | – | – | – |
| Irán, República Islámica del | 4 | 39.213.511 | 1.423.407 | 37.000.000 | 790.104 | 4.933.866 |
| Iraq | 3 | 67.910 | 67.910 | 0 | 0 | 1.300 |
| Jamahiriya Árabe Libia | – | – | – | – | – | 0 |
| Jordania | – | 237 | 0 | 0 | 237 | 0 |
| Kuwait | – | 1 | 0 | 0 | 1 | 0 |
| Líbano | – | 17.500 | 17.000 | 0 | 500 | 0 |
| Marruecos | 3 | 316.832 | 28.367 | 275.000 | 13.465 | 1.553.009 |
| Omán | – | 20.083 | 0 | 0 | 20.083 | 51.000 |
| Pakistán | 9 | 17.625.793 | 9.205.612 | 2.200.000 | 6.220.181 | 5.743.530 |
| Qatar | – | – | – | – | – | – |
| República Árabe Siria | 1 | 329.375 | 0 | 329.000 | 375 | 0 |
| Somalia | 9 | 2.190.561 | 875.820 | 1.200.000 | 114.741 | 20 |
| Sudán | 8 | 2.897.995 | 849.836 | 2.000.000 | 48.159 | 186.000 |
| Túnez | – | 27.000 | 27.000 | 0 | 0 | 0 |
| Yemen | 2 | 6.820 | 6.341 | 0 | 479 | 0 |

| | Número de catástrofes naturales en 2006 | Impacto en los seres humanos | | | | Pérdidas económicas, 2000–2007 (millones de dólares EE.UU.) |
|---|---|---|---|---|---|---|
| | | Número total de personas afectadas 2000–2007 | Número total de personas afectadas por tipo de catástrofe natural 2000–2007 | | | |
| | | | Inundaciones | Sequías | Otras | |
| **PACÍFICO OCCIDENTAL** | | | | | | |
| Brunei Darussalam | – | – | – | – | – | – |
| Camboya | 3 | 6.625.235 | 6.625.235 | 0 | 0 | 175.100 |
| China | 39 | 633.081.359 | 378.252.190 | 0 | 254.829.169 | 48.808.327 |
| Fiji | 2 | 35.992 | 824 | 0 | 35.168 | 34.500 |
| Filipinas | 20 | 26.340.777 | 1.375.815 | 0 | 24.964.962 | 1.382.315 |
| Islas Cook | – | 1.352 | 0 | 0 | 1.352 | 0 |
| Islas Marshall | – | 218 | 0 | 0 | 218 | 0 |
| Islas Salomón | – | 7.535 | 0 | 0 | 7.535 | 0 |
| Kiribati | – | – | – | – | – | – |
| Malasia | 5 | 390.865 | 343.156 | 0 | 47.709 | 80.900 |
| Micronesia, Estados Federados de | – | 12.062 | 0 | 0 | 12.062 | 500 |
| Mongolia | – | 1.916.659 | 5.650 | 0 | 1.911.009 | 80.270 |
| Nauru | – | – | – | – | – | – |
| Niue | – | 702 | 0 | 0 | 702 | 40.000 |
| Palau | – | – | – | – | – | – |
| Papua Nueva Guinea | 6 | 91.368 | 25.193 | 0 | 66.175 | 0 |
| República de Corea | 1 | 562.073 | 340.927 | 0 | 221.146 | 7.551.395 |
| República Democrática Popular Lao | – | 1.062.685 | 1.053.000 | 0 | 9.685 | 1.000 |
| Samoa | – | 0 | 0 | 0 | 0 | 1.500 |
| Singapur | – | 2.227 | 0 | 0 | 2.227 | 0 |
| Tonga | – | 16.500 | 0 | 0 | 16.500 | 51.300 |
| Tuvalu | – | – | – | – | – | 0 |
| Vanuatu | 1 | 68.312 | 3.001 | 0 | 65.311 | 0 |
| Viet Nam | 12 | 13.049.713 | 8.661.628 | 0 | 4.388.085 | 2.070.525 |

### Definiciones de los indicadores

**Número de catástrofes naturales en 2006:** Se incluyen todas las catástrofes hidrometeorológicas y geológicas, entre ellas sequías, inundaciones, terremotos, epidemias, temperaturas extremas, erupciones volcánicas, marejadas gigantes, incendios y ciclones.

**Número de personas afectadas:** Personas con necesidades básicas de supervivencia, como alimentos, agua, cobijo, saneamiento y atención médica inmediata.

**Pérdidas económicas:** Efectos estimados en la economía nacional en términos de: i) costos directos (daños a infraestructura, cosechas, viviendas); y ii) costos indirectos debidos a la pérdida de ingresos, desempleo y desestabilización de los mercados.

### Fuentes

- Centro para la Investigación sobre la Epidemiología de los Desastres. 2007. EM_DAT: Base de datos internacional de OFDA/CRED para los desastres.
- El documento puede consultarse en la dirección siguiente: http://www.emdat.net

## Cuadro 8: ¿Qué soluciones existen en la lucha contra el hambre y la salud deficiente?

| | Fomento de la lactancia materna y la maternidad sin peligros | | Lucha contra el hambre oculta | | | |
|---|---|---|---|---|---|---|
| | Porcentaje de bebés alimentados exclusivamente con leche materna (0–6 meses) | Porcentaje de bebés que reciben leche materna y alimentos complementarios (6–9 meses) | Índice de cobertura de complementos de vitamina A de los 5 a los 59 meses (%) | Número de hogares que consumen sal yodada (%) | Menores de 5 años con diarrea que recibieron terapia de rehidratación por vía oral (%) | Pérdidas económicas anuales causadas por la carencia de micronutrientes (% del PIB) |
| | 1996–2005* | 1996–2005* | 2004 | 1998–2005* | 1997–2006* | 2004 |
| **ÁFRICA** | | | | | | |
| Angola | 11 | 77 | 77 | 65 | – | 2,1 |
| Argelia | 13 | 38 | – | 31 | – | – |
| Benin | 38 | 66 | 94 | 28 | 60,9 | 1,1 |
| Botswana | 34 | 57 | 62 | 34 | – | 0,6 |
| Burkina Faso | 19 | 38 | 95 | 55 | 62,8 | 2 |
| Burundi | 62 | 46 | 94 | 4 | – | 2,5 |
| Cabo Verde | 57 | 64 | – | 100 | – | – |
| Camerún | 24 | 79 | 81 | 12 | 56,7 | 0,8 |
| Chad | 2 | 77 | 84 | 44 | 37,5 | 1,2 |
| Comoras | 21 | 34 | 7 | 18 | – | – |
| Congo, República del | 19 | 78 | 94 | – | 53,5 | 1,9 |
| Congo, República Democrática del | 24 | 79 | 81 | 28 | – | 0,8 |
| Côte d'Ivoire | 5 | 73 | 60 | 16 | 66,1 | – |
| Eritrea | 52 | 43 | 50 | 32 | 68,4 | 1,1 |
| Etiopía | 49 | 54 | 52 | 72 | 37,1 | 1,7 |
| Gabón | 6 | 62 | – | 64 | 71,6 | 1,1 |
| Gambia | 26 | 37 | 27 | 92 | – | 1,3 |
| Ghana | 53 | 62 | 95 | 72 | 63,3 | 1,1 |
| Guinea | 27 | 41 | 95 | 32 | 56,7 | 1,4 |
| Guinea Ecuatorial | 24 | – | – | 67 | – | – |
| Guinea-Bissau | 37 | 36 | 64 | 98 | – | 1,5 |
| Kenya | 13 | 84 | 63 | 9 | 50,6 | 0,8 |
| Lesotho | 36 | 79 | 71 | 9 | 79,6 | 0,8 |
| Liberia | 35 | 70 | 95 | – | – | 1,2 |
| Madagascar | 67 | 78 | 89 | 25 | 58,1 | 0,8 |
| Malawi | 53 | 78 | 57 | 51 | 70,1 | 1,4 |
| Malí | 25 | 32 | 97 | 26 | 65,7 | 2,7 |
| Mauricio | 21 | – | – | 100 | – | – |
| Mauritania | 20 | 78 | 95 | 98 | 47,7 | 1,3 |
| Mozambique | 30 | 80 | 26 | 46 | 70,5 | 1,2 |
| Namibia | 19 | 57 | – | 37 | 65,8 | 0,8 |
| Níger | 1 | 56 | – | 85 | 52,9 | 1,7 |
| Nigeria | 17 | 64 | 85 | 3 | 40,2 | 0,7 |
| República Centroafricana | 17 | 77 | 79 | 14 | – | – |
| Rwanda | 90 | 69 | 95 | 10 | 31,9 | 1,1 |
| Santo Tomé y Príncipe | 56 | 53 | 76 | 26 | – | – |
| Senegal | 34 | 61 | 95 | 59 | 52,5 | 1,3 |
| Seychelles | – | – | – | – | – | – |
| Sierra Leona | 4 | 51 | 95 | 77 | – | 1,4 |
| Sudáfrica | 7 | 46 | 37 | 38 | 89,1 | 0,4 |
| Swazilandia | 24 | 60 | 86 | 41 | – | 0,6 |
| Tanzanía, República Unida de | 41 | 91 | 94 | 57 | 70 | – |
| Togo | 18 | 65 | 95 | 33 | – | 1 |
| Uganda | 63 | 75 | 68 | 5 | 53,1 | 1 |
| Zambia | 40 | 87 | 50 | 23 | 66,9 | 1,3 |
| Zimbabwe | 33 | 90 | 20 | 7 | 79,7 | 0,7 |

| | Fomento de la lactancia materna y la maternidad sin peligros | | Lucha contra el hambre oculta | | | |
|---|---|---|---|---|---|---|
| | Porcentaje de bebés alimentados exclusivamente con leche materna (0–6 meses) | Porcentaje de bebés que reciben leche materna y alimentos complementarios (6–9 meses) | Índice de cobertura de complementos de vitamina A de los 5 a los 59 meses (%) | Número de hogares que consumen sal yodada (%) | Menores de 5 años con diarrea que recibieron terapia de rehidratación por vía oral (%) | Pérdidas económicas anuales causadas por la carencia de micronutrientes (% del PIB) |
| | 1996–2005* | 1996–2005* | 2004 | 1998–2005* | 1997–2006* | 2004 |
| **CONTINENTE AMERICANO** | | | | | | |
| Antigua y Barbuda | – | – | – | – | – | – |
| Argentina | – | – | – | 10 | – | – |
| Bahamas | – | – | – | – | – | – |
| Barbados | – | – | – | – | – | – |
| Belice | 24 | 54 | – | 10 | – | – |
| Bolivia | 54 | 74 | 42 | 10 | 66,4 | 0,5 |
| Brasil | – | 30 | – | 12 | – | – |
| Chile | 63 | 47 | – | 0 | – | – |
| Colombia | 47 | 65 | – | 8 | 70,1 | – |
| Costa Rica | 35 | 47 | – | 3 | – | – |
| Cuba | 41 | 42 | – | 12 | – | – |
| Dominica | – | – | – | – | – | – |
| Ecuador | 35 | 70 | – | 1 | – | – |
| El Salvador | 24 | 76 | – | 38 | – | 0,5 |
| Granada | 39 | – | – | – | – | – |
| Guatemala | 51 | 67 | 18 | 33 | 58,6 | 0,8 |
| Guyana | 11 | 42 | – | – | – | – |
| Haití | 24 | 73 | – | 89 | 54,9 | 0,8 |
| Honduras | 35 | 61 | 40 | 20 | 66,8 | 0,7 |
| Jamaica | – | – | – | 0 | – | – |
| México | – | – | – | 9 | – | – |
| Nicaragua | 31 | 68 | 98 | 3 | 67,7 | 0,6 |
| Panamá | 25 | 38 | – | 5 | – | – |
| Paraguay | 22 | 60 | – | 12 | – | 0,7 |
| Perú | 64 | 81 | – | 9 | 70,6 | 0,5 |
| República Dominicana | 10 | 41 | – | 82 | 55 | 0,4 |
| Saint Kitts y Nevis | 56 | – | – | 0 | – | – |
| San Vicente y las Granadinas | – | – | – | – | – | – |
| Santa Lucía | – | – | – | – | – | – |
| Suriname | 9 | 25 | – | – | – | – |
| Trinidad y Tabago | 2 | 19 | – | 99 | – | – |
| Uruguay | – | – | – | – | – | – |
| Venezuela, República Bolivariana de | 7 | 50 | – | 10 | – | 0,5 |
| **SUDESTE ASIÁTICO** | | | | | | |
| Bangladesh | 36 | 69 | 83 | 30 | 83,4 | 0,9 |
| Bhután | – | – | – | 5 | – | 1,6 |
| Corea, República Popular Democrática de | 65 | 31 | 95 | 60 | – | – |
| India | 37 | 44 | 51 | 43 | – | 1 |
| Indonesia | 40 | 75 | 73 | 27 | 60,6 | 0,5 |
| Maldivas | 10 | 85 | – | 56 | – | – |
| Myanmar | 15 | 66 | 96 | 40 | – | 0,7 |
| Nepal | 68 | 66 | 97 | 37 | 46,5 | 1,5 |
| Sri Lanka | 53 | – | 57 | 6 | – | – |
| Tailandia | 4 | 71 | – | 37 | – | 0,4 |
| Timor-Leste | 31 | 82 | 43 | 28 | – | – |

| | Fomento de la lactancia materna y la maternidad sin peligros | | Lucha contra el hambre oculta | | | |
|---|---|---|---|---|---|---|
| | Porcentaje de bebés alimentados exclusivamente con leche materna (0–6 meses) | Porcentaje de bebés que reciben leche materna y alimentos complementarios (6–9 meses) | Índice de cobertura de complementos de vitamina A de los 5 a los 59 meses (%) | Número de hogares que consumen sal yodada (%) | Menores de 5 años con diarrea que recibieron terapia de rehidratación por vía oral (%) | Pérdidas económicas anuales causadas por la carencia de micronutrientes (% del PIB) |
| | 1996–2005* | 1996–2005* | 2004 | 1998–2005* | 1997–2006* | 2004 |
| **EUROPA** | | | | | | |
| Albania | 6 | 24 | – | 38 | – | – |
| Armenia | 33 | 57 | – | 3 | 59,7 | 0,3 |
| Azerbaiyán | 7 | 39 | 14 | 74 | – | 0,7 |
| Belarús | – | – | – | 45 | – | – |
| Bosnia y Herzegovina | 6 | – | – | 38 | – | – |
| Bulgaria | – | – | – | 2 | – | – |
| Chipre | – | – | – | – | – | – |
| Croacia | 23 | – | – | 10 | – | – |
| Eslovaquia | – | – | – | – | – | – |
| Eslovenia | – | – | – | – | – | – |
| Estonia | – | – | – | – | – | – |
| Federación de Rusia | – | – | – | 65 | – | – |
| Georgia | 18 | 12 | – | 32 | – | 0,5 |
| Hungría | – | – | – | – | – | – |
| Israel | – | – | – | – | – | – |
| Kazajstán | 36 | 73 | – | 17 | 52,6 | 0,6 |
| Kirguistán | 24 | 77 | 95 | 58 | 73,5 | 0,9 |
| Letonia | – | – | – | – | – | – |
| Lituania | – | – | – | – | – | – |
| Macedonia, ex República Yugoslava de | 37 | 8 | – | 6 | – | – |
| Malta | – | – | – | – | – | – |
| Moldova | 46 | 66 | – | 41 | – | – |
| Polonia | – | – | – | – | – | – |
| República Checa | – | – | – | – | – | – |
| Rumania | 16 | 41 | – | 47 | – | – |
| Serbia y Montenegro | – | – | – | – | – | – |
| Tayikistán | 41 | 91 | 98 | 72 | – | 1,2 |
| Turkmenistán | 13 | 71 | – | 0 | – | 0,7 |
| Turquía | 21 | 38 | – | 36 | – | 0,7 |
| Ucrania | 22 | – | – | 68 | – | – |
| Uzbekistán | 19 | 49 | 86 | 43 | – | 1,2 |
| **MEDITERRÁNEO ORIENTAL** | | | | | | |
| Afganistán | – | – | 96 | 72 | – | 2,3 |
| Arabia Saudita | 31 | 60 | – | – | – | – |
| Bahrein | 34 | 65 | – | – | – | – |
| Djibouti | – | – | – | – | – | – |
| Egipto | 38 | 67 | – | 22 | 35,7 | 0,5 |
| Emiratos Árabes Unidos | 34 | 52 | – | – | – | – |
| Irán, República Islámica del | 44 | – | – | 6 | – | 0,3 |
| Iraq | 12 | 51 | – | 60 | – | – |
| Jamahiriya Árabe Libia | – | – | – | 10 | – | – |
| Jordania | 27 | 70 | – | 12 | 63,9 | – |
| Kuwait | 12 | 26 | – | – | – | – |
| Líbano | 27 | 35 | – | 8 | – | 0,4 |
| Marruecos | – | – | – | – | 54 | 0,2 |
| Omán | – | 92 | 95 | 39 | – | – |
| Pakistán | 16 | 31 | 95 | 83 | – | 1,7 |

| | Fomento de la lactancia materna y la maternidad sin peligros | | Lucha contra el hambre oculta | | | |
|---|---|---|---|---|---|---|
| | Porcentaje de bebés alimentados exclusivamente con leche materna (0–6 meses) | Porcentaje de bebés que reciben leche materna y alimentos complementarios (6–9 meses) | Índice de cobertura de complementos de vitamina A de los 5 a los 59 meses (%) | Número de hogares que consumen sal yodada (%) | Menores de 5 años con diarrea que recibieron terapia de rehidratación por vía oral (%) | Pérdidas económicas anuales causadas por la carencia de micronutrientes (% del PIB) |
| | 1996–2005* | 1996–2005* | 2004 | 1998–2005* | 1997–2006* | 2004 |
| Qatar | 12 | 48 | – | – | – | – |
| República Árabe Siria | 81 | 50 | – | 21 | – | 0,5 |
| Somalia | 9 | 13 | 6 | – | – | – |
| Sudán | 16 | 47 | 70 | 99 | – | – |
| Túnez | 47 | – | – | 3 | – | – |
| Yemen | 12 | 76 | 20 | 70 | 64,6 | 1,3 |
| **PACÍFICO OCCIDENTAL** | | | | | | |
| Brunei Darussalam | – | – | – | – | – | – |
| Camboya | 12 | 72 | 72 | 86 | 74,1 | 1,4 |
| China | 51 | 32 | – | 7 | – | 0,2 |
| Fiji | 47 | – | – | 69 | – | – |
| Filipinas | 34 | 58 | 85 | 44 | 58,9 | 0,7 |
| Islas Cook | 19 | – | – | – | – | – |
| Islas Marshall | 63 | – | 24 | – | – | – |
| Islas Salomón | 65 | – | – | – | – | – |
| Kiribati | 80 | – | 58 | – | – | – |
| Malasia | 29 | – | – | – | – | – |
| Micronesia, Estados Federados de | 60 | – | 74 | – | – | – |
| Mongolia | 51 | 55 | 93 | 25 | – | 0,6 |
| Nauru | – | – | – | – | – | – |
| Niue | – | – | – | – | – | – |
| Palau | 59 | – | – | – | – | – |
| Papua Nueva Guinea | 59 | 74 | 32 | – | – | 0,5 |
| República de Corea | – | – | – | – | – | – |
| República Democrática Popular Lao | 23 | 10 | 48 | 25 | – | 1,1 |
| Samoa | – | – | – | – | – | – |
| Singapur | – | – | – | – | – | – |
| Tonga | 62 | – | – | – | – | – |
| Tuvalu | – | – | – | – | – | – |
| Vanuatu | 50 | – | – | – | – | – |
| Viet Nam | 15 | – | 95 | 17 | 74 | 0,6 |

### Definiciones de los indicadores

**Lactancia materna exclusiva:** Niños que se alimentan exclusivamente con leche materna.

**Niños que reciben leche materna y alimentos complementarios:** Los alimentos complementarios son alimentos sólidos o semisólidos que ingieren los bebés además de la lecha materna.

**Niños menores de 5 años con diarrea que recibieron terapia de rehidratación por vía oral**. Porcentaje de niños de edades comprendidas entre los 0 y 59 meses que sufrieron diarrea en las dos semanas precedentes a su tratamiento con terapia de rehidratación por vía oral o solución similar.

**Pérdidas económicas causadas por carencias de micronutrientes:** Pérdidas económicas estimadas, en términos de fallecimientos, discapacidades y pérdidas de productividad.

### Fuentes

- **Amamantamiento y maternidad sin peligros:** Fondo de las Naciones Unidas para la Infancia. 2006. *Estado Mundial de la Infancia 2007: La mujer y la infancia. El doble dividendo de la igualdad de género*. Nueva York. Base de datos del final de la década del UNICEF: Administración Integrada de las Enfermedades Infantiles (IMCI).
- **Pérdidas debidas a las carencias de vitaminas:** Fondo de las Naciones Unidas para la Infancia. 2004. *Vitamin and Mineral Deficiency. A Global Progress Report*. Nueva York.
- **Cobertura de la vitamina A y consumo de sal yodada:** Fondo de las Naciones Unidas para la Infancia. 2006. *Estado Mundial de la Infancia 2007: La mujer y la infancia. El doble dividendo de la igualdad de género*. Nueva York.
- **Niños menores de cinco años con diarrea que recibieron terapia de rehidratación por vía oral:** Organización Mundial de la Salud. 2007. *Estadísticas sanitarias mundiales 2007.* Ginebra.
- **Pérdidas económicas causadas por la carencia de micronutrientes:** Fondo de las Naciones Unidas para la Infancia. 2004. *Vitamin and Mineral Deficiency. A Global Progress Report*. Nueva York.

### Nota

Un período de años seguido de un asterisco indica que los datos se refieren al último año del período para el cual se dispone de datos.

## Cuadro 9: ¿Qué recursos se destinan a la reducción del hambre y la mejora de la salud?

| | Gastos nacionales en el sector de la sanidad | | | | Tendencias de la ayuda oficial al desarrollo (AOD) | | Ayuda alimentaria | |
|---|---|---|---|---|---|---|---|---|
| | Desembolsos varios como porcentaje del gasto privado en salud (%) | Gasto total en salud per cápita (en dólares EE.UU.) | Gasto público total en salud per cápita (en dólares EE.UU.) | Gasto total en salud como porcentaje del PIB (%) | AOD neta recibida (millones) | AOD recibida, como porcentaje del INB | Entrega mundial de la ayuda alimentaria (miles de toneladas) | Parte correspondiente al PMA en la entrega total de ayuda alimentaria (%) |
| | 2004 | 2004 | 2004 | 2004 | 2005 | 2005 | 2006 | 2006 |
| **ÁFRICA** | | | | | | | | |
| Angola | 100 | 25,5 | 20,3 | 1,9 | 442 | 1,73 | 23 | 79 |
| Argelia | 94,6 | 93,9 | 68,1 | 3,6 | 371 | 0,38 | 20 | 100 |
| Benin | 99,9 | 24,2 | 12,4 | 4,9 | 349 | 8,20 | 15 | 42 |
| Botswana | 27,9 | 328,6 | 206,7 | 6,4 | 71 | 0,80 | – | – |
| Burkina Faso | 97,9 | 24,2 | 13,3 | 6,1 | 660 | 12,78 | 43 | 28 |
| Burundi | 100 | 3 | 0,8 | 3,2 | 365 | 46,79 | 74 | 89 |
| Cabo Verde | 99,8 | 97,8 | 74,1 | 5,2 | 161 | 17,05 | 25 | 7 |
| Camerún | 94,5 | 50,7 | 14,2 | 5,2 | 414 | 2,50 | 10 | 36 |
| Chad | 95,8 | 19,6 | 7,2 | 4,2 | 380 | 8,55 | 70 | 96 |
| Comoras | 100 | 13,2 | 7,5 | 2,8 | 25 | 6,64 | – | – |
| Congo, República del | 100 | 27,6 | 13,6 | 2,5 | 1.449 | 36,82 | 12 | 22 |
| Congo, República Democrática del | 100 | 4,7 | 1,3 | 4 | 1.828 | 27,54 | 90 | 74 |
| Côte d'Ivoire | 88,7 | 33 | 7,9 | 3,8 | 119 | 0,78 | 27 | 100 |
| Eritrea | 100 | 9,9 | 3,9 | 4,5 | 355 | 36,32 | 42 | – |
| Etiopía | 78,3 | 5,6 | 2,9 | 5,3 | 1.937 | 17,39 | 619 | 68 |
| Gabón | 100 | 231,3 | 159,1 | 4,5 | 54 | 0,74 | – | – |
| Gambia | 68,2 | 18,5 | 5 | 6,8 | 58 | 13,06 | 14 | 35 |
| Ghana | 78,2 | 27,2 | 11,5 | 6,7 | 1.120 | 10,63 | 59 | 13 |
| Guinea | 99,5 | 21,8 | 2,9 | 5,3 | 182 | 6,89 | 25 | 56 |
| Guinea Ecuatorial | 75,1 | 168,2 | 129,6 | 1,6 | 39 | – | – | – |
| Guinea-Bissau | 90 | 8,7 | 2,4 | 4,8 | 79 | 27,33 | 9 | 73 |
| Kenya | 81,9 | 20,1 | 8,6 | 4,1 | 768 | 4,27 | 385 | 93 |
| Lesotho | 18,2 | 49,4 | 41,6 | 6,5 | 69 | 3,84 | 16 | 95 |
| Liberia | 98,5 | 8,6 | 5,5 | 5,6 | 236 | 54,12 | 49 | 86 |
| Madagascar | 52,5 | 7,3 | 4,3 | 3 | 929 | 18,75 | 44 | 15 |
| Malawi | 35,2 | 19,3 | 14,4 | 12,9 | 575 | 28,37 | 201 | 39 |
| Malí | 99,5 | 23,8 | 11,7 | 6,6 | 691 | 14,08 | 47 | 42 |
| Mauricio | 80,8 | 222,3 | 121,6 | 4,3 | 32 | 0,50 | – | – |
| Mauritania | 100 | 14,5 | 10,1 | 2,9 | 190 | 10,43 | 29 | 57 |
| Mozambique | 38,5 | 12,3 | 8,4 | 4 | 1.286 | 20,78 | 129 | 31 |
| Namibia | 18,1 | 189,8 | 131 | 6,8 | 123 | 1,99 | 7 | 59 |
| Níger | 85,1 | 8,6 | 4,5 | 4,2 | 515 | 15,17 | 97 | 63 |
| Nigeria | 90,4 | 23 | 7 | 4,6 | 6.437 | 7,41 | – | – |
| República Centroafricana | 95,4 | 13,2 | 4,9 | 4,1 | 95 | 6,97 | 14 | 72 |
| Rwanda | 36,9 | 15,5 | 8,8 | 7,5 | 576 | 27,39 | 44 | 75 |
| Santo Tomé y Príncipe | 100 | 47,8 | 41,2 | 11,5 | 32 | 58,56 | 1 | 100 |
| Senegal | 94,5 | 39,4 | 15,9 | 5,9 | 689 | 8,44 | 31 | 41 |
| Seychelles | 62,5 | 534,4 | 402,5 | 6,1 | 19 | 2,83 | – | – |
| Sierra Leona | 100 | 6,6 | 3,9 | 3,3 | 343 | 29,58 | 29 | 51 |
| Sudáfrica | 17,2 | 390,2 | 157,5 | 8,6 | 700 | 0,30 | – | – |
| Swazilandia | 40,2 | 145,8 | 93,1 | 6,3 | 46 | 1,67 | 13 | 100 |
| Tanzanía, República Unida de | 83,2 | 12 | 5,2 | 4 | 1.505 | 12,48 | 232 | 90 |
| Togo | 84,9 | 17,9 | 3,7 | 5,5 | 87 | 4,00 | 86 | 100 |
| Uganda | 51,3 | 19 | 6,2 | 7,6 | 1.198 | 14,02 | 1 | 100 |
| Zambia | 71,4 | 29,6 | 16,2 | 6,3 | 945 | 14,21 | 89 | 100 |
| Zimbabwe | 48,7 | 27,2 | 12,5 | 7,5 | 368 | 11,55 | 176 | 100 |
| **CONTINENTE AMERICANO** | | | | | | | | |
| Antigua y Barbuda | 100 | 485,3 | 342,7 | 4,8 | 7 | – | – | – |
| Argentina | 48,7 | 382,9 | 173,5 | 9,6 | 100 | 0,06 | – | – |
| Bahamas | 40,3 | 1.211 | 606,7 | 6,8 | – | – | – | – |

| | Gastos nacionales en el sector de la sanidad | | | | Tendencias de la ayuda oficial al desarrollo (AOD) | | Ayuda alimentaria | |
|---|---|---|---|---|---|---|---|---|
| | Desembolsos varios como porcentaje del gasto privado en salud (%) | Gasto total en salud per cápita (en dólares EE.UU.) | Gasto público total en salud per cápita (en dólares EE.UU.) | Gasto total en salud como porcentaje del PIB (%) | AOD neta recibida (millones) | AOD recibida, como porcentaje del INB | Entrega mundial de la ayuda alimentaria (miles de toneladas) | Parte correspondiente al PMA en la entrega total de ayuda alimentaria (%) |
| | 2004 | 2004 | 2004 | 2004 | 2005 | 2005 | 2006 | 2006 |
| Barbados | 78,6 | 744,8 | 473,3 | 7,1 | – 2 | – | 0,15 | 100 |
| Belice | 100 | 200,5 | 107,8 | 5,1 | 13 | – | – | – |
| Bolivia | 82,5 | 65,8 | 40 | 6,8 | 583 | 6,50 | 109 | 9 |
| Brasil | 64,2 | 289,5 | 156,6 | 8,8 | 192 | 0,03 | – | – |
| Chile | 45,9 | 359 | 168,7 | 6,1 | 152 | 0,14 | – | – |
| Colombia | 49 | 168,3 | 144,7 | 7,8 | 511 | 0,44 | 19 | 90 |
| Costa Rica | 88,7 | 289,7 | 223,2 | 6,6 | 30 | – | – | – |
| Cuba | 74,5 | 229,8 | 201,8 | 6,3 | 88 | – | 5 | 100 |
| Dominica | 100 | 215,1 | 153,3 | 5,9 | 15 | – | – | – |
| Ecuador | 85,4 | 127,3 | 51,9 | 5,5 | 210 | 0,61 | 31 | 4 |
| El Salvador | 94,2 | 183,8 | 81,6 | 7,9 | 199 | – | 19 | 24 |
| Granada | 100 | 292,9 | 213,2 | 6,9 | 45 | – | – | – |
| Guatemala | 90,5 | 126,9 | 52 | 5,7 | 254 | – | 79 | 41 |
| Guyana | 100 | 55,9 | 46,7 | 5,3 | 137 | 18,64 | – | – |
| Haití | 69,6 | 33 | 12,7 | 7,6 | 515 | – | 116 | 21 |
| Honduras | 84,3 | 77,1 | 42,3 | 7,2 | 681 | – | 72 | 3 |
| Jamaica | 63,6 | 175,6 | 95,3 | 5,2 | 36 | – | – | – |
| México | 94,4 | 424,3 | 196,8 | 6,5 | 189 | – | 0 | – |
| Nicaragua | 95,9 | 67,1 | 31,6 | 8,2 | 740 | – | 42 | 28 |
| Panamá | 82,5 | 342,7 | 229,3 | 7,7 | 20 | – | – | – |
| Paraguay | 72,2 | 88,4 | 29,8 | 7,7 | 51 | 0,63 | – | – |
| Perú | 79,2 | 103,7 | 48,6 | 4,1 | 398 | 0,54 | 62 | 4 |
| República Dominicana | 73,1 | 148,1 | 46,8 | 6 | 77 | – | – | – |
| Saint Kitts y Nevis | 100 | 500,4 | 316 | 5,2 | 4 | – | – | – |
| San Vicente y las Granadinas | 100 | 210,2 | 132,8 | 6,1 | 5 | – | – | – |
| Santa Lucía | 100 | 232,4 | 151,1 | 5 | 11 | – | – | – |
| Suriname | 60,2 | 194,2 | 89,3 | 7,8 | 44 | 3,78 | – | – |
| Trinidad y Tabago | 88,5 | 329,3 | 128,1 | 3,5 | – 2 | – | – | – |
| Uruguay | 31,1 | 314,7 | 136,9 | 8,2 | 15 | 0,09 | – | – |
| Venezuela, República Bolivariana de | 88,3 | 195,6 | 82,1 | 4,7 | 49 | 0,04 | – | – |
| **SUDESTE ASIÁTICO** | | | | | | | | |
| Bangladesh | 88,3 | 13,7 | 3,8 | 3,1 | 1.321 | 2,10 | 209 | 34 |
| Bhután | 100 | 15,4 | 9,9 | 4,6 | 90 | 10,96 | 3 | 100 |
| Corea, República Popular Democrática de | 100 | 0,3 | 0,2 | 3,5 | 81 | – | 223 | 8 |
| India | 93,8 | 31,4 | 5,4 | 5 | 1.724 | 0,22 | 143 | 39 |
| Indonesia | 74,7 | 32,5 | 11,1 | 2,8 | 2.524 | 0,91 | 91 | 88 |
| Maldivas | 100 | 180,1 | 146,7 | 7,7 | 67 | 8,54 | 6 | – |
| Myanmar | 99,4 | 4,5 | 0,6 | 2,2 | 145 | – | 27 | 85 |
| Nepal | 88,1 | 14,1 | 3,7 | 5,6 | 428 | 5,81 | 66 | 75 |
| Sri Lanka | 84 | 42,5 | 19,4 | 4,3 | 1.189 | 5,13 | 42 | 100 |
| Tailandia | 74,7 | 88,1 | 57 | 3,5 | – 171 | –0,10 | – | – |
| Timor-Leste | 25,6 | 43,5 | 34,3 | 11,2 | 185 | 26,74 | 11 | 99 |
| **EUROPA** | | | | | | | | |
| Albania | 99,8 | 157,1 | 69,3 | 6,7 | 319 | 3,73 | – | – |
| Armenia | 89,2 | 63 | 16,5 | 5,4 | 193 | 3,91 | 9 | 81 |
| Azerbaiyán | 93,6 | 37,2 | 9,3 | 3,6 | 223 | 2,04 | 90 | 6 |
| Belarús | 72,7 | 146,7 | 109,8 | 6,2 | 54 | 0,18 | – | – |
| Bosnia y Herzegovina | 100 | 197,6 | 97,5 | 8,3 | 546 | 5,71 | – | – |
| Bulgaria | 98 | 250,8 | 144,4 | 8 | – | – | – | – |

| | Gastos nacionales en el sector de la sanidad | | | | Tendencias de la ayuda oficial al desarrollo (AOD) | | Ayuda alimentaria | |
|---|---|---|---|---|---|---|---|---|
| | Desembolsos varios como porcentaje del gasto privado en salud (%) | Gasto total en salud per cápita (en dólares EE.UU.) | Gasto público total en salud per cápita (en dólares EE.UU.) | Gasto total en salud como porcentaje del PIB (%) | AOD neta recibida (millones) | AOD recibida, como porcentaje del INB | Entrega mundial de la ayuda alimentaria (miles de toneladas) | Parte correspondiente al PMA en la entrega total de ayuda alimentaria (%) |
| | 2004 | 2004 | 2004 | 2004 | 2005 | 2005 | 2006 | 2006 |
| Chipre | 93,4 | 1.109,4 | 491,2 | 5,8 | – | – | – | – |
| Croacia | 93,8 | 609,4 | 493,8 | 7,7 | 125 | 0,35 | – | – |
| Eslovaquia | 73,1 | 565,1 | 416,9 | 7,2 | – | – | – | – |
| Eslovenia | 39,5 | 1.438,2 | 1.087 | 8,7 | – | – | – | – |
| Estonia | 88,8 | 462,8 | 351,7 | 5,3 | – | – | – | – |
| Federación de Rusia | 76,7 | 244,7 | 150,1 | 6 | – | – | 17 | 87 |
| Georgia | 87,2 | 60 | 16,4 | 5,3 | 310 | 4,70 | 18 | 48 |
| Hungría | 88 | 800,2 | 573 | 7,9 | – | – | – | – |
| Israel | 75 | 1.533,5 | 1.073,4 | 8,7 | – | – | – | – |
| Kazajstán | 100 | 109,1 | 65,3 | 3,8 | 229 | 0,45 | – | – |
| Kirguistán | 94,3 | 23,7 | 9,7 | 5,6 | 268 | 11,37 | 0 | – |
| Letonia | 98,3 | 417,8 | 236,7 | 7,1 | – | – | – | – |
| Lituania | 96,8 | 423,8 | 318,1 | 6,5 | – | – | – | – |
| Macedonia, ex República Yugoslava de | 100 | 211,6 | 150,3 | 8 | 230 | 4,04 | – | – |
| Malta | 90,2 | 1.239,4 | 942,8 | 9,2 | – | – | – | – |
| Moldova | 96 | 45,7 | 26 | 7,4 | 192 | 5,85 | 28 | – |
| Polonia | 89,6 | 410,7 | 281,9 | 6,2 | – | – | – | – |
| República Checa | 95,5 | 770,8 | 687,2 | 7,3 | – | – | – | – |
| Rumania | 93,4 | 177,6 | 117,4 | 5,1 | – | – | – | – |
| Serbia y Montenegro | 88,2 | – | – | 10,1 | 1.132 | 4,26 | – | – |
| Tayikistán | 97,3 | 14,1 | 3 | 4,4 | 241 | 10,79 | 68 | 38 |
| Turkmenistán | 100 | 124,4 | 85,7 | 4,8 | 28 | – | – | – |
| Turquía | 69,1 | 324,8 | 234,7 | 7,7 | 464 | 0,13 | – | – |
| Ucrania | 90,5 | 89,7 | 50,9 | 6,5 | 410 | 0,51 | – | – |
| Uzbekistán | 96,2 | 23,2 | 10,8 | 5,1 | 172 | 1,27 | – | – |
| **MEDITERRÁNEO ORIENTAL** | | | | | | | | |
| Afganistán | 97,7 | 13,5 | 2,3 | 4,4 | 2.775 | 38,55 | 150 | 94 |
| Arabia Saudita | 26,4 | 412 | 315,1 | 3,9 | 26 | 0,01 | – | – |
| Bahrein | 69,3 | 619,8 | 416,6 | 4 | – | – | – | – |
| Djibouti | 98,6 | 53,1 | 36,7 | 6,3 | 79 | 10,09 | 11 | 82 |
| Egipto | 94,3 | 66 | 25,2 | 6,1 | 926 | – | 29 | 16 |
| Emiratos Árabes Unidos | 71 | 711,2 | 497,4 | 2,9 | – | – | – | – |
| Irán, República Islámica del | 94,8 | 157,8 | 75,4 | 6,6 | 104 | 0,05 | 1 | 44 |
| Iraq | 100 | 57,7 | 45,3 | 5,3 | 21.654 | – | 4 | 67 |
| Jamahiriya Árabe Libia | 100 | 195,4 | 146,3 | 3,8 | – | – | – | – |
| Jordania | 73,8 | 199,9 | 96,7 | 9,8 | 622 | 4,70 | 109 | 2 |
| Kuwait | 90,4 | 632,8 | 490,8 | 2,8 | – | – | – | – |
| Líbano | 82,2 | 670,2 | 183,6 | 11,6 | 243 | 1,16 | 35 | 38 |
| Marruecos | 76 | 82,2 | 28,2 | 5,1 | 652 | – | – | – |
| Omán | 57,1 | 294,6 | 239,9 | 3 | 31 | – | – | – |
| Pakistán | 98 | 13,6 | 2,7 | 2,2 | 1.666 | 1,54 | 92 | 86 |
| Qatar | 86,4 | 992,4 | 759 | 2,4 | – | – | – | – |
| República Árabe Siria | 100 | 57,8 | 27,4 | 4,7 | 78 | 0,30 | 3 | 100 |
| Somalia | – | – | – | – | 236 | – | 179 | 47 |
| Sudán | 98,1 | 24,7 | 8,7 | 4,1 | 1.829 | 7,10 | 497 | 89 |
| Túnez | 83 | 175 | 91,2 | 6,2 | 376 | – | – | – |
| Yemen | 95,5 | 33,9 | 13 | 5 | 336 | 2,61 | 114 | 17 |

| | Gastos nacionales en el sector de la sanidad | | | | Tendencias de la ayuda oficial al desarrollo (AOD) | | Ayuda alimentaria | |
|---|---|---|---|---|---|---|---|---|
| | Desembolsos varios como porcentaje del gasto privado en salud (%) | Gasto total en salud per cápita (en dólares EE.UU.) | Gasto público total en salud per cápita (en dólares EE.UU.) | Gasto total en salud como porcentaje del PIB (%) | AOD neta recibida (millones) | AOD recibida, como porcentaje del INB | Entrega mundial de la ayuda alimentaria (miles de toneladas) | Parte correspondiente al PMA en la entrega total de ayuda alimentaria (%) |
| | 2004 | 2004 | 2004 | 2004 | 2005 | 2005 | 2006 | 2006 |
| **PACÍFICO OCCIDENTAL** | | | | | | | | |
| Brunei Darussalam | 100 | 473,2 | 377 | 3,2 | – | – | – | – |
| Camboya | 85,4 | 23,6 | 6,1 | 6,7 | 538 | 10,39 | 25 | 91 |
| China | 86,5 | 70,1 | 26,6 | 4,7 | 1.757 | 0,08 | – | – |
| Fiji | 100 | 147,6 | 92 | 4,6 | 64 | 2,28 | – | – |
| Filipinas | 77,9 | 36,1 | 14,4 | 3,4 | 562 | 0,53 | 33 | 27 |
| Islas Cook | 100 | 334,9 | 292,7 | 3,5 | 8 | – | – | – |
| Islas Marshall | 100 | 271,9 | 263,8 | 15,2 | 57 | 31,43 | – | – |
| Islas Salomón | 55,9 | 34,8 | 32,9 | 5,9 | 198,24 | 70,51 | – | – |
| Kiribati | 100 | 111,9 | 104,1 | 13,7 | 28 | 19,95 | – | – |
| Malasia | 74,1 | 180,1 | 105,9 | 3,8 | 32 | 0,03 | – | – |
| Micronesia, Estados Federados de | 40 | 155,8 | 133,6 | 7,6 | 106 | 43,89 | – | – |
| Mongolia | 92,3 | 37,3 | 24,8 | 6 | 212 | 11,57 | 34 | – |
| Nauru | 100 | 346,8 | 253,2 | 8,1 | 9 | – | – | – |
| Niue | 100 | 1.225,2 | 1.210,8 | 15,1 | 21 | – | – | – |
| Palau | 100 | 655,8 | 598,1 | 9,7 | 23 | 15,76 | – | – |
| Papua Nueva Guinea | 46,4 | 30,4 | 25,7 | 3,6 | 266 | 6,64 | – | – |
| República de Corea | 80,4 | 776,9 | 408,5 | 5,5 | – | – | – | – |
| República Democrática Popular Lao | 90,3 | 16,8 | 3,4 | 3,9 | 296 | 11,17 | 12 | 46 |
| Samoa | 78 | 108,9 | 83,6 | 5,3 | 44 | 11,23 | – | – |
| Singapur | 96,9 | 942,9 | 321 | 3,7 | – | – | – | – |
| Tonga | 84,9 | 117,1 | 93,1 | 6,3 | 32 | 13,01 | – | – |
| Tuvalu | 16,5 | 355,3 | 336,7 | 16,6 | 9 | – | – | – |
| Vanuatu | 57,5 | 58 | 44,5 | 4,1 | 39 | 11,98 | – | – |
| Viet Nam | 88 | 30 | 8,1 | 5,5 | 1.905 | 3,69 | – | – |

## Definiciones de los indicadores

**Desembolsos varios como porcentaje del gasto privado en salud:** Relación entre los desembolsos de los hogares y el importe total de los gastos privados en salud, que se define como la suma de los gastos en salud dedicados a los planes de atención médica prepaga y planes de las mutuales de salud, gastos de las empresas en salud, gastos de las instituciones sin ánimo de lucro principalmente al servicio de los hogares y desembolsos varios de las familias.

**Gasto público en salud:** La suma de inversiones que realizan las entidades públicas para adquirir servicios y bienes de salud. Se incluyen las inversiones en salud efectuadas por todas las instancias públicas y los organismos de seguridad social, y los gastos directos de las organizaciones paraestatales y empresas públicas. Entre los gastos en salud se incluyen el consumo final, las subvenciones a los productores y las transferencias a los hogares, principalmente en forma de reembolsos de facturas médicas y farmacéuticas. Se incluyen también los gastos recurrentes y de inversión, como las transferencias de capital realizadas durante el año y los recursos externos, principalmente en forma de subvenciones otorgadas por conducto de las instancias públicas o de préstamos concedidos a través de los presupuestos nacionales. Se expresa en dólares.

**Gasto total en salud:** Se trata de la suma del gasto público y el gasto privado en salud en un año determinado, expresado en dólares. Comprende los desembolsos destinados al mantenimiento, el restablecimiento o la mejora del estado de salud de la población, pagados en efectivo o en especie.

**Producto interno bruto (PIB):** Se refiere al valor de todos los bienes y servicios que producen en un país sus residentes y no residentes. Equivale a la suma total de los gastos —consumo e inversión— de los agentes privados y públicos de la economía durante el año de referencia.

**Asistencia oficial para el desarrollo neta recibida:** El importe total neto de la asistencia oficial para el desarrollo (AOD) que procede de los países miembros del Comité de Asistencia para el Desarrollo (CAD), las organizaciones multilaterales y los países que no son miembros del CAD.

**Ingreso nacional bruto:** El valor total del ingreso nacional bruto (INB) calculado a precios del mercado como la agregación de los saldos de ingresos primarios brutos para todos los sectores; el INB es idéntico al PIB tal y como se usaba anteriormente en las cuentas nacionales.

**Entregas mundiales de asistencia alimentaria:** Las entregas internacionales de asistencia alimentaria en 2006, basadas en los envíos efectuados durante el año, expresados en miles de toneladas; los cereales se expresan en equivalente en grano. No se incluye la asistencia alimentaria nacional, que es la asistencia subvencionada por el país receptor.

**Parte correspondiente al PMA de las entregas mundiales de asistencia alimentaria:** Volumen total de la asistencia alimentaria proporcionada por el PMA en 2006.

## Fuentes

- **Receptores de AOD, INB:** Organización de Cooperación y Desarrollo Económicos. 2006. *Statistical Annex of the 2006 Development Co-operation Report.* París. El documento puede consultarse en la dirección siguiente: www.oecd.org/dac/stats/dac/dcrannex.
- **Gastos del sector sanitario:** Organización Mundial de la Salud. 2007. *Estadísticas sanitarias mundiales 2007.* Ginebra.
- **Ayuda alimentaria:** Programa Mundial de Alimentos. 2007. Sistema internacional de información sobre ayuda alimentaria (INTERFAIS). Roma. El documento puede consultarse en la dirección siguiente: www.wfp.org/interfais.

## Cuadro 10: Progresos realizados hacia el cumplimiento de los ODM para el año 2015

| | ODM 1: Erradicar la pobreza extrema y el hambre | | ODM 4: Reducir la mortalidad infantil | | ODM 5: Majorar la salud materna |
|---|---|---|---|---|---|
| | Meta 2: Reducir a la mitad, entre 1990 y 2015, el porcentaje de personas que padecen hambre | | Meta 5: Reducir a dos terceras partes, entre 1990 y 2015, la tasa de mortalidad de los menores de 5 años | | Meta 6: Reducir, entre 1990 y 2015, la mortalidad materna en tres cuartas partes |
| | Menores de 5 años con insuficiencia ponderal moderada o grave | Población subalimentaria | Mortalidad infantil (0–1 años) | Mortalidad entre menores de 5 años | Mortalidad materna |
| | 1990–2006** | 1990–2003** | 1990–2005 | 1990–2005 | 1990–2000 |
| **ÁFRICA** | | | | | |
| Angola | 0,65 | 0,69 | 0,00 | 0,00 | –0,18 |
| Argelia | – | 0,00 | 0,56 | 0,65 | 0,17 |
| Benin | – | 0,60 | 0,30 | 0,28 | 0,19 |
| Botswana | – | –0,61 | –1,40 | –1,60 | 0,80 |
| Burkina Faso | –0,15 | 0,38 | 0,23 | 0,14 | –0,10 |
| Burundi | –0,38 | –0,79 | 0,00 | 0,00 | 0,31 |
| Cabo Verde | – | – | 0,63 | 0,63 | – |
| Camerún | 0,00 | 0,48 | –0,04 | –0,11 | –0,44 |
| Chad | 0,25 | 0,86 | –0,09 | –0,04 | 0,36 |
| Comoras | –0,70 | – | 0,60 | 0,61 | 0,66 |
| Congo, República del | 1,01 | 0,74 | 0,04 | 0,03 | 0,57 |
| Congo, República Democrática del | 0,05 | –2,65 | 0,00 | 0,00 | –0,18 |
| Côte d'Ivoire | 0,47 | 0,44 | –0,22 | –0,36 | 0,20 |
| Eritrea | 0,32 | –0,15 | 0,65 | 0,70 | 0,73 |
| Etiopía | 0,50 | 0,49 | 0,25 | 0,29 | 0,52 |
| Gabón | – | 1,00 | 0,00 | 0,02 | 0,21 |
| Gambia | 0,82 | –0,45 | 0,09 | 0,17 | 0,68 |
| Ghana | 0,62 | 1,35 | 0,14 | 0,12 | –31,39 |
| Guinea | – | 0,77 | 0,49 | 0,56 | 0,72 |
| Guinea Ecuatorial | – | – | –0,29 | –0,31 | –0,10 |
| Guinea-Bissau | – | – | 0,28 | 0,31 | –0,28 |
| Kenya | 0,54 | 0,41 | –0,35 | –0,36 | –0,72 |
| Lesotho | 0,10 | 0,59 | –0,32 | –0,15 | 0,13 |
| Liberia | – | –0,88 | 0,00 | 0,00 | –0,48 |
| Madagascar | 0,20 | –0,17 | 0,42 | 0,44 | –0,16 |
| Malawi | 0,46 | 0,64 | 0,69 | 0,72 | –2,95 |
| Malí | – | 0,07 | 0,21 | 0,19 | 0,00 |
| Mauricio | 2,00 | 0,00 | 0,57 | 0,52 | 1,07 |
| Mauritania | 0,72 | 0,67 | 0,12 | 0,09 | –0,10 |
| Mozambique | 0,43 | 0,64 | 0,55 | 0,57 | 0,44 |
| Namibia | – | 0,65 | 0,35 | 0,42 | 0,25 |
| Níger | –0,05 | 0,44 | 0,32 | 0,30 | –0,44 |
| Nigeria | 0,47 | 0,62 | 0,25 | 0,23 | 0,27 |
| República Centroafricana | 0,40 | 0,20 | –0,19 | –0,22 | –0,76 |
| Rwanda | 0,62 | 0,33 | –0,22 | –0,26 | –0,10 |
| Santo Tomé y Príncipe | – | – | 0,00 | 0,00 | – |
| Senegal | 0,66 | 0,00 | 0,22 | 0,12 | 0,57 |
| Seychelles | 2,00 | – | 0,44 | 0,47 | – |
| Sierra Leona | – | –0,17 | 0,09 | 0,10 | – |
| Sudáfrica | – | – | –0,33 | –0,20 | 0,00 |
| Swazilandia | – | –0,71 | –0,62 | –0,68 | 0,45 |
| Tanzania, República Unida de | 0,84 | –0,38 | 0,38 | 0,36 | –1,26 |
| Togo | – | 0,48 | 0,17 | 0,13 | – |
| Uganda | 0,35 | 0,42 | 0,23 | 0,23 | 0,36 |
| Zambia | –0,27 | 0,04 | –0,01 | –0,02 | 0,27 |
| Zimbabwe | 0,00 | 0,00 | –0,79 | –0,98 | –1,24 |
| **CONTINENTE AMERICANO** | | | | | |
| Antigua y Barbuda | – | – | – | – | – |

| | ODM 1: Erradicar la pobreza extrema y el hambre | | ODM 4: Reducir la mortalidad infantil | | ODM 5: Majorar la salud materna |
|---|---|---|---|---|---|
| | Meta 2: Reducir a la mitad, entre 1990 y 2015, el porcentaje de personas que padecen hambre | | Meta 5: Reducir a dos terceras partes, entre 1990 y 2015, la tasa de mortalidad de los menores de 5 años | | Meta 6: Reducir, entre 1990 y 2015, la mortalidad materna en tres cuartas partes |
| | Menores de 5 años con insuficiencia ponderal moderada o grave | Población subalimentaria | Mortalidad infantil (0–1 años) | Mortalidad entre menores de 5 años | Mortalidad materna |
| | 1990–2006** | 1990–2003** | 1990–2005 | 1990–2005 | 1990–2000 |
| Argentina | –0,42 | – | 0,63 | 0,57 | 0,40 |
| Bahamas | – | – | 0,69 | 0,72 | 0,53 |
| Barbados | – | – | 0,32 | 0,38 | –1,61 |
| Belice | – | – | 0,92 | 0,98 | – |
| Bolivia | 0,96 | 0,36 | 0,62 | 0,72 | 0,47 |
| Brasil | 0,94 | 0,67 | 0,57 | 0,68 | –0,24 |
| Chile | 1,36 | 1,00 | 0,79 | 0,79 | 0,72 |
| Colombia | 0,99 | 0,35 | 0,65 | 0,63 | –0,40 |
| Costa Rica | 2,00 | 0,67 | 0,47 | 0,50 | 0,73 |
| Cuba | – | – | 0,68 | 0,69 | 0,87 |
| Dominica | – | – | 0,20 | 0,18 | – |
| Ecuador | 1,25 | 0,75 | 0,73 | 0,84 | 0,18 |
| El Salvador | 1,20 | 0,17 | 0,77 | 0,83 | 0,67 |
| Granada | – | – | 0,65 | 0,65 | 1,33 |
| Guatemala | 0,93 | –0,88 | 0,70 | 0,71 | –0,27 |
| Guyana | 0,70 | 1,14 | 0,40 | 0,43 | – |
| Haití | 0,96 | 0,55 | 0,26 | 0,30 | 0,43 |
| Honduras | 1,04 | 0,09 | 0,44 | 0,48 | 0,67 |
| Jamaica | 0,65 | 0,57 | 0,00 | 0,00 | 0,37 |
| México | 1,52 | 0,00 | 0,61 | 0,62 | 0,33 |
| Nicaragua | 0,58 | 0,20 | 0,63 | 0,68 | –0,58 |
| Panamá | 1,20 | –0,38 | 0,44 | 0,44 | –2,55 |
| Paraguay | – | 0,33 | 0,59 | 0,66 | –0,08 |
| Perú | 1,03 | 1,43 | 0,93 | 0,99 | –0,62 |
| República Dominicana | 1,18 | 0,00 | 0,72 | 0,78 | –0,48 |
| Saint Kitts y Nevis | – | – | 0,60 | 0,67 | – |
| San Vicente y las Granadinas | – | – | 0,34 | 0,30 | – |
| Santa Lucía | – | – | 0,60 | 0,50 | – |
| Suriname | – | 0,46 | 0,21 | 0,28 | – |
| Trinidad y Tabago | 0,69 | 0,31 | 0,59 | 0,64 | –0,30 |
| Uruguay | 0,38 | 1,14 | 0,45 | 0,60 | 1,02 |
| Venezuela, República Bolivariana de | 0,75 | –1,27 | 0,38 | 0,33 | 0,47 |
| **SUDESTE ASIÁTICO** | | | | | |
| Bangladesh | 0,70 | 0,29 | 0,69 | 0,77 | 0,74 |
| Bhután | 1,26 | – | 0,59 | 0,82 | 0,98 |
| Corea, República Popular Democrática de | – | –1,89 | 0,00 | 0,00 | 0,06 |
| India | 0,42 | 0,40 | 0,50 | 0,60 | 0,07 |
| Indonesia | 0,89 | 0,67 | 0,80 | 0,91 | 0,86 |
| Maldivas | 0,68 | – | 0,87 | 0,93 | – |
| Myanmar | 0,17 | 1,00 | 0,26 | 0,29 | 0,51 |
| Nepal | 0,23 | 0,30 | 0,66 | 0,73 | 0,68 |
| Sri Lanka | 0,78 | 0,43 | 0,81 | 0,84 | 0,46 |
| Tailandia | 1,42 | 0,60 | 0,63 | 0,65 | 1,04 |
| Timor-Leste | – | – | 0,90 | 0,97 | –0,04 |
| **EUROPA** | | | | | |
| Albania | –2,20 | –0,40 | 0,85 | 0,90 | 0,21 |
| Armenia | –0,55 | 0,88 | 0,75 | 0,78 | –0,13 |
| Azerbaiyán | –0,77 | 1,41 | 0,18 | 0,23 | –4,36 |

| | ODM 1: Erradicar la pobreza extrema y el hambre | | ODM 4: Reducir la mortalidad infantil | | ODM 5: Majorar la salud materna |
|---|---|---|---|---|---|
| | Meta 2: Reducir a la mitad, entre 1990 y 2015, el porcentaje de personas que padecen hambre | | Meta 5: Reducir a dos terceras partes, entre 1990 y 2015, la tasa de mortalidad de los menores de 5 años | | Meta 6: Reducir, entre 1990 y 2015, la mortalidad materna en tres cuartas partes |
| | Menores de 5 años con insuficiencia ponderal moderada o grave | Población subalimentaria | Mortalidad infantil (0–1 años) | Mortalidad entre menores de 5 años | Mortalidad materna |
| | 1990–2006** | 1990–2003** | 1990–2005 | 1990–2005 | 1990–2000 |
| Belarús | – | – | 0,35 | 0,44 | 0,04 |
| Bosnia y Herzegovina | – | 0,00 | 0,42 | 0,48 | – |
| Bulgaria | – | –0,25 | 0,30 | 0,25 | –0,25 |
| Chipre | – | – | 0,90 | 0,88 | –11,20 |
| Croacia | – | 1,13 | 0,68 | 0,63 | – |
| Eslovaquia | – | –1,00 | 0,63 | 0,64 | – |
| Eslovenia | – | 0,00 | 0,94 | 0,90 | –0,41 |
| Estonia | – | 1,33 | 0,75 | 0,84 | 0,10 |
| Federación de Rusia | – | 0,50 | 0,59 | 0,57 | 0,18 |
| Georgia | – | 1,41 | 0,07 | 0,06 | 0,04 |
| Hungría | – | – | 0,80 | 0,79 | 0,84 |
| Israel | – | – | 0,75 | 0,75 | –1,14 |
| Kazajstán | – | – | –0,28 | –0,24 | –2,17 |
| Kirguistán | – | 1,62 | 0,22 | 0,24 | 0,00 |
| Letonia | – | 0,00 | 0,54 | 0,58 | –0,70 |
| Lituania | – | – | 0,45 | 0,46 | 0,63 |
| Macedonia, ex República Yugoslava de | – | 1,07 | 0,82 | 0,83 | – |
| Malta | – | – | 0,67 | 0,68 | – |
| Moldova | – | –2,40 | 0,80 | 0,90 | 0,53 |
| Polonia | – | – | 1,03 | 0,92 | 0,63 |
| República Checa | – | – | 1,09 | 1,04 | 0,53 |
| Rumania | – | – | 0,61 | 0,58 | 0,74 |
| Serbia y Montenegro | – | –2,00 | 0,75 | 0,70 | 1,33 |
| Tayikistán | – | –3,55 | 0,61 | 0,67 | 0,31 |
| Turkmenistán | – | 0,67 | –0,02 | –0,11 | 0,58 |
| Turquía | 0,65 | – | 0,92 | 0,97 | 0,81 |
| Ucrania | – | – | 0,47 | 0,52 | 0,32 |
| Uzbekistán | – | –4,50 | 0,18 | 0,21 | 0,75 |
| **MEDITERRÁNEO ORIENTAL** | | | | | |
| Afganistán | – | – | 0,03 | 0,02 | –0,16 |
| Arabia Saudita | – | 0,00 | 0,60 | 0,61 | 1,10 |
| Bahrein | 2,00 | – | 0,60 | 0,63 | 0,60 |
| Djibouti | –0,09 | – | 0,42 | 0,28 | –0,37 |
| Egipto | 0,96 | 0,50 | 0,95 | 1,02 | 0,67 |
| Emiratos Árabes Unidos | – | – | 0,50 | 0,54 | –1,44 |
| Irán, República Islámica del | – | 0,00 | 0,64 | 0,75 | 0,49 |
| Iraq | –0,17 | – | –2,33 | –2,25 | 0,26 |
| Jamahiriya Árabe Libia | – | – | 0,73 | 0,80 | 0,75 |
| Jordania | 0,88 | –1,50 | 0,50 | 0,53 | 0,97 |
| Kuwait | 1,64 | 1,58 | 0,54 | 0,47 | 0,78 |
| Líbano | – | – | 0,23 | 0,28 | 0,67 |
| Marruecos | –0,08 | 0,00 | 0,72 | 0,83 | 0,85 |
| Omán | 0,92 | – | 0,90 | 0,94 | 0,72 |
| Pakistán | 0,44 | 0,08 | 0,32 | 0,36 | –0,63 |
| Qatar | – | – | 0,21 | 0,29 | – |
| República Árabe Siria | 0,50 | 0,40 | 0,90 | 0,99 | 0,15 |
| Somalia | – | – | 0,00 | 0,00 | 0,42 |
| Sudán | –0,27 | 0,26 | 0,24 | 0,38 | 0,14 |
| Túnez | 1,02 | – | 0,77 | 0,81 | 0,39 |
| Yemen | –0,85 | –0,18 | 0,34 | 0,42 | 0,79 |

| | ODM 1: Erradicar la pobreza extrema y el hambre | | ODM 4: Reducir la mortalidad infantil | | ODM 5: Majorar la salud materna |
|---|---|---|---|---|---|
| | Meta 2: Reducir a la mitad, entre 1990 y 2015, el porcentaje de personas que padecen hambre | | Meta 5: Reducir a dos terceras partes, entre 1990 y 2015, la tasa de mortalidad de los menores de 5 años | | Meta 6: Reducir, entre 1990 y 2015, la mortalidad materna en tres cuartas partes |
| | Menores de 5 años con insuficiencia ponderal moderada o grave | Población subalimentaria | Mortalidad infantil (0–1 años) | Mortalidad entre menores de 5 años | Mortalidad materna |
| | 1990–2006** | 1990–2003** | 1990–2005 | 1990–2005 | 1990–2000 |
| **PACÍFICO OCCIDENTAL** | | | | | |
| Brunei Darussalam | – | – | 0,30 | 0,27 | 0,51 |
| Camboya | 0,33 | 0,47 | –0,34 | –0,37 | 0,67 |
| China | 1,30 | 0,50 | 0,59 | 0,67 | 0,55 |
| Fiji | – | – | 0,54 | 0,63 | 0,22 |
| Filipinas | 0,76 | 0,54 | 0,59 | 0,70 | 0,38 |
| Islas Cook | – | – | 0,52 | 0,56 | – |
| Islas Marshall | – | – | 0,29 | 0,55 | – |
| Islas Salomón | – | – | 0,55 | 0,81 | – |
| Kiribati | – | – | 0,39 | 0,39 | – |
| Malasia | 0,70 | 0,00 | 0,56 | 0,68 | 0,65 |
| Micronesia, Estados Federados de | – | – | –0,46 | –0,53 | – |
| Mongolia | 1,22 | 0,35 | 0,75 | 0,82 | –0,92 |
| Nauru | – | – | – | – | – |
| Niue | – | – | – | – | – |
| Palau | – | – | 0,96 | 1,01 | – |
| Papua Nueva Guinea | – | – | 0,39 | 0,40 | 0,90 |
| República de Corea | – | – | 0,56 | 0,67 | 1,13 |
| República Democrática Popular Lao | 0,35 | 0,55 | 0,73 | 0,77 | 0,00 |
| Samoa | – | – | 0,60 | 0,63 | 1,33 |
| Singapur | 1,54 | – | 0,86 | 1,00 | –0,67 |
| Tonga | – | – | 0,35 | 0,38 | – |
| Tuvalu | – | – | 0,34 | 0,48 | – |
| Vanuatu | – | – | 0,53 | 0,58 | 1,33 |
| Viet Nam | 0,81 | 0,90 | 0,87 | 0,96 | 0,25 |

**Leyenda:** Progresando y por buen camino — Progresando, pero no por buen camino — En regresión

## Definiciones de los indicadores

A la hora de establecer los progresos hacia la consecución de los ODM, se dio por sentado que los avances hacia la meta de cada indicador eran lineales. A continuación se indican las fórmulas utilizadas para determinar si los países están al día y marchan por el buen camino para alcanzar las metas que establecen los ODM y para cuantificar los logros conseguidos hasta la fecha.

1 Progresos realizados respecto de cada indicador entre 1990, el año de partida, y 2006 o el último año del período para el cual se dispone de datos** (2006-1990).

2 Progresos necesarios para lograr la meta fijada en relación con cada indicador para 2015, usando 1990 como año de partida (2015-1990).

3. Dividir (1) por (2): $\frac{(2006 - 1990)}{(2015 - 1990)}$

Los resultados se interpretan como sigue:

- Un resultado negativo indica que el país está retrocediendo.
- Un resultado igual a cero significa que el país no ha hecho ningún progreso.
- Un resultado entre 0 y 0,5 significa que el país está progresando, pero no a la velocidad suficiente para alcanzar la meta para el año 2015.
- Un resultado superior a 0,5 indica que el país está avanzando por el buen camino.
- Un resultado igual a 1 significa que el objetivo ya se ha alcanzado.

En el caso de los indicadores del hambre (ODM 1, meta 2), la meta para el año 2015 se calculó dividiendo por 2 la cifra del año de partida, 1990:

$$\text{Meta para 2015} = \frac{\text{cifra de partida de 1990}}{2}$$

En el caso de los indicadores de la mortalidad infantil (ODM 4), la meta para el año 2015 se calculó dividiendo por 3 la cifra del año de partida, 1990:

$$\text{Meta para 2015} = \frac{\text{cifra de partida de 1990}}{3}$$

En el caso de los indicadores de los índices de mortalidad materna (ODM 5), la meta para el año 2015 se calculó dividiendo por 4 la cifra del año de partida, 1990:

$$\text{Meta para 2015} = \frac{\text{cifra de partida de 1990}}{4}$$

Los datos de partida de 1990 relativos al indicador de la insuficiencia ponderal se basan en las estimaciones publicadas en el *Journal of the American Medical Association*, vol. 291, nº 21, del 2 de junio de 2004.

## Nota

Un período de años seguido de dos asteriscos indica los progresos realizados en relación con cada indicador, desde el año de referencia hasta el último año del período para el cual se dispone de datos.

# Parte VI: Anexos

Abreviaturas y siglas

Glosario

Bibliografía

Notas al texto

Determinación de los costos inherentes a las soluciones básicas

Metodología utilizada en la elaboración de los mapas

# Abreviaturas y siglas

**ACNUR** Alto Comisionado de las Naciones Unidas para los Refugiados

**AOD** Asistencia oficial para el desarrollo

**BID** Banco Interamericano de Desarrollo

**CAD** Comité de Asistencia para el Desarrollo

**CDC** Centros para el Control y la Prevención de Enfermedades

**CEPAL** Comisión Económica para América Latina y el Caribe

**CRED** Centro para la Investigación sobre la Epidemiología de los Desastres

**DOTS** Tratamiento breve bajo observación directa

**DPT** Vacuna triple (difteria, tétano y tos ferina)

**EECCA** Europa oriental, el Cáucaso y Asia Central

**EPA** Organismo de Protección del Medio Ambiente

**FAO** Organización de las Naciones Unidas para la Agricultura y la Alimentación

**IMC** Índice de masa corporal

**IMCI** Atención integrada a las enfermedades prevalentes de la infancia

**INB** Ingreso nacional bruto

**INTERFAIS** Sistema internacional de información sobre ayuda alimentaria (PMA)

**JUNJI** Junta Nacional de Jardines Infantiles

**MMS** Mezcla de maíz y soja

**OCDE** Organización de Cooperación y Desarrollo Económicos

**ODM** Objetivo de desarrollo del Milenio

**ODP** Despacho Regional para América Latina y el Caribe (PMA)

**OFDA** Oficina de Asistencia para Casos de Desastre en el Extranjero (USAID)

**OIE** Organización Mundial de Sanidad Animal (FAO)

**OMS** Organización Mundial de la Salud

**ONG** Organización no gubernamental

**ONU-Hábitat** Programa de las Naciones Unidas para los Asentamientos Humanos

**ONUSIDA** Programa Conjunto de las Naciones Unidas sobre el VIH/SIDA

**PBIDA** País de bajos ingresos y con déficit de alimentos

**PDI** Persona desplazada internamente

**PIB** Producto interno bruto

**PMA** Programa Mundial de Alimentos

**PNUD** Programa de las Naciones Unidas para el Desarrollo

**PNUMA** Programa de las Naciones Unidas para el Medio Ambiente

**SCN** Comité Permanente de Nutrición

**SIDA** Síndrome de inmunodeficiencia adquirida

**UNDAF** Marco de Asistencia de las Naciones Unidas para el Desarrollo

**UNESCO** Organización de las Naciones Unidas para la Educación, la Ciencia y la Cultura

**UNFPA** Fondo de Población de las Naciones Unidas

**UNICEF** Fondo de las Naciones Unidas para la Infancia

**USAID** Agencia de los Estados Unidos para el Desarrollo Internacional

**USDA** Departamento de Agricultura de los Estados Unidos

**VAM** Análisis y cartografía de la vulnerabilidad

**VIH** Virus de inmunodeficiencia humana

# Glosario

**Acceso a los alimentos (por parte de los hogares)**
Capacidad de un hogar para adquirir con regularidad cantidades suficientes de alimentos mediante una combinación de producción y reservas propias, compras, trueques, regalos, préstamos o ayuda alimentaria.

**Adolescencia**
Etapa de la vida que abarca de los 10 a los 19 años de edad. Los adolescentes son especialmente vulnerables al hambre, debido a los efectos que tienen en su organismo la mayor actividad física propia de la edad; los malos hábitos alimentarios o la carencia de alimentos nutritivos (o ambos a la vez); y un acceso desigual a medios de subsistencia mejores y libres de riesgos.

**Ancianos**
Personas mayores de 60 años. Las definiciones tradicionales en África de la palabra "anciano" contemplan un abanico de edad más amplio para el comienzo de esta etapa, entre 50 y 65 años, dependiendo de la región.

**Asistencia**
Tiempo, atención y cuidados que ofrecen los hogares y las comunidades para satisfacer las necesidades físicas, mentales y sociales de los niños y demás miembros de la unidad familiar.

**Bajo peso al nacer**
Peso al nacer inferior a 2.500 gramos.

**Carga de la enfermedad**
El peso de la enfermedad para la sociedad, que trasciende del precio inmediato del tratamiento. Se expresa en años de vida perdidos por culpa de una mala salud, como resultado de restar a la esperanza de vida total, la esperanza de vida adaptada a la discapacidad.

**Casos de una enfermedad**
Prevalencia: Porcentaje de una población que se ve afectado por una enfermedad en un espacio de tiempo concreto.
Incidencia: cantidad de casos nuevos de una enfermedad en una población durante un período de tiempo específico.

**Desnutrición**
Manifestación física del hambre, que tiene su origen en graves carencias de uno o varios macronutrientes y micronutrientes. Estas carencias impiden que el organismo desempeñe eficazmente sus funciones orgánicas, como el crecimiento, el embarazo, la lactancia, el trabajo físico, la capacidad cognitiva, la resistencia a las enfermedades y la recuperación posterior.

**Diarrea**
Síntoma de una infección producida por organismos bacterianos, virales y parasitarios, la mayoría de los cuales se propagan a través del agua contaminada. Suele ser un trastorno pasajero e inocuo, aunque la diarrea grave y aguda puede provocar la pérdida de grandes cantidades de fluidos, la deshidratación y la muerte.

**Disponibilidad de alimentos**
Cantidad de alimentos que está presente en un país o región gracias a la producción interna de cualquier tipo, importaciones comerciales y ayuda alimentaria.

**Emaciación**
Indicador de la desnutrición aguda que pone en evidencia un proceso reciente y grave que ha acarreado una pérdida de peso considerable a la persona que lo ha sufrido. Suele ser la consecuencia de la inanición o la enfermedad, y está estrechamente relacionada con la mortalidad. Se calcula comparando el peso para la estatura con una población de referencia compuesta por personas bien alimentadas.

**Enfermedad**
Alteración o interrupción de la estructura o función normal de cualquier parte del organismo, sistema u órgano, que se manifiesta con síntomas.

- *Enfermedad carencial*
  Trastorno causado por una carencia dietética o metabólica: forman parte de este grupo las enfermedades que se producen por un suministro insuficiente de nutrientes esenciales.
- *Enfermedad clínica*
  Enfermedad que presenta indicios y síntomas clínicos reconocibles; se diferencia de la enfermedad subclínica porque esta última no presenta síntomas clínicos. La diabetes, por ejemplo, puede ser subclínica antes de transformarse en una enfermedad clínica.
- *Enfermedad crónica*
  Enfermedad que presenta una o más de las características siguientes: es permanente; deja una discapacidad residual; la causa una alteración patológica irreversible; el paciente requiere un entrenamiento físico especial para conseguir la rehabilitación, o bien un período prolongado de supervisión, observación o asistencia.

- *Enfermedad infecciosa*
  Enfermedad causada por una bacteria, un virus, un hongo, un parásito o un prión. El agente infeccioso puede entrar en el organismo a través de la comida, la bebida, el aire o los fluidos corporales. Una vez dentro, se reproduce muy rápidamente y, a continuación, infecta a otras personas. Algunas enfermedades infecciosas son benignas; otras son mortales y, en ocasiones, incurables.
- *Enfermedad no contagiosa*
  Enfermedad que no ha sido causada por organismos patógenos. En este grupo se encuentran las enfermedades genéticas, como el síndrome de Down, la hemofilia y todas las que están relacionadas con el estilo de vida o el medio ambiente, como las enfermedades cardiovasculares y el cáncer de piel.

**Enfermedades transmitidas por animales portadores**
El paludismo, el dengue y la fiebre hemorrágica de dengue, la fiebre amarilla y la fiebre del Nilo occidental tienen un origen indirecto en aguas estancadas producto de las inundaciones, en las que se reproducen los mosquitos.

**Esperanza de vida**
Número de años que un recién nacido podría vivir si se viera sometido al riesgo de mortalidad que existe para cada grupo de edad de la población.

**Gripe aviar**
Enfermedad infecciosa producida por cepas tipo A del virus de la gripe. La enfermedad está presente en todo el mundo. Se cree que todas las aves son susceptibles de contagiarse de los virus de la gripe aviar; muchas especies salvajes son portadoras de esos virus aunque no presenten síntomas de ningún tipo de daño aparente.

**Hambre**
Situación en la que se produce una falta de nutrientes, tanto de macronutrientes (energía y proteínas) como micronutrientes (vitaminas y minerales), imprescindibles para una vida productiva, activa y saludable. El hambre puede presentarse como un fenómeno pasajero o como un problema crónico y perpetuo, y acarrear secuelas de diversa importancia, desde muy leves hasta de extrema gravedad. El hambre puede ser el resultado de una ingesta insuficiente de nutrientes o bien la consecuencia de la incapacidad del organismo para absorber los nutrientes que precisa. Puede derivar asimismo de una alimentación deficiente y de prácticas de puericultura inadecuadas.

**Índice de masa corporal (IMC)**
Indicador empleado para evaluar el estado nutricional de los adultos y niños mayores. Se calcula dividiendo el peso en kilogramos de una persona por el cuadrado de su altura en metros:

$$\frac{\text{peso}}{\text{altura}^2}$$

Adulto con sobrepeso: IMC >25
Adulto con insuficiencia ponderal: IMC <18,5

**Ingreso nacional bruto**
El valor total de los bienes y servicios producidos en un país: su producto interno bruto más los ingresos que se reciban de otros países, principalmente intereses y dividendos, menos los pagos similares efectuados a otros países.

**Inseguridad alimentaria**
La inseguridad alimentaria, o ausencia de seguridad alimentaria, es una situación que supone la existencia del hambre debido a problemas de disponibilidad, acceso y uso, o bien vulnerabilidad de la población a padecer hambre en el futuro.

**Macronutrientes**
En este tipo de nutrientes se incluyen los hidratos de carbono, las proteínas y las grasas. Constituyen la parte principal de la dieta y cubren todas las necesidades energéticas.

**Malnutrición**
Estado físico por el que las personas sufren o bien carencias nutricionales (desnutrición) o bien un exceso de determinados nutrientes (sobrealimentación)

- *Malnutrición aguda*
  Malnutrición proteicoenergética provocada por una falta reciente y acusada de consumo de alimentos o por enfermedad, que lleva asociada una pérdida importante de peso o un edema nutricional. Existen diferentes grados o etapas de malnutrición aguda, que se suelen clasificar como: malnutrición grave, malnutrición moderada y malnutrición aguda general.
- *Malnutrición aguda general*
  Porcentaje de niños que presentan dos desviaciones típicas por debajo de la curva de peso medio para la estatura (o < 80% de la media) o sufren malnutrición edematosa (o ambos trastornos a la vez). También se conoce como malnutrición total.

- *Malnutrición grave*
  Porcentaje de niños que presentan 3 desviaciones típicas por debajo de la curva de peso medio para la estatura (o < 70% por debajo de la media).
- *Malnutrición moderada*
  Porcentaje de niños que presentan de 3 a 2 desviaciones típicas por debajo de la curva de peso medio para la estatura (o entre el 70% y el 80% por debajo de la media).
- *Malnutrición proteicoenergética*
  Trastorno que afecta más frecuentemente a niños de edades comprendidas entre los seis meses y los cinco años, provocada por la falta de alimentos o por infecciones que causan la pérdida del apetito y aumentan los requisitos y pérdidas de nutrientes en el en el organismo. El kwashiorkor suele afectar a niños de entre 1 y 4 años, aunque también se dan casos entre niños mayores y entre los adultos. El síntoma principal de esta enfermedad es el edema, que hace que los niños que padecen kwashiorkor parezcan "gordos", lo que convence a sus padres de que están bien alimentados. El marasmo aparece cuando el paciente lleva mucho tiempo sufriendo hambre; también puede ser el resultado de infecciones crónicas o recurrentes unidas a un ingesta mínima de alimentos. El principal signo de la enfermedad es una emaciación grave.

**Medios de subsistencia**
Todas las capacidades, bienes (incluidos los bienes materiales y los recursos sociales) y las actividades requeridos para subsistir.

**Micronutrientes**
A este grupo de nutrientes pertenecen todas las vitaminas y minerales que, en pequeñas dosis, son esenciales para la vida.

**Morbosidad**
Incidencia o prevalencia de la enfermedad en una población concreta.

**Morbosidad materna**
Todas las complicaciones del embarazo, el parto y el aborto. Es importante tener en cuenta que la mayor parte de muertes maternas por enfermedad se producen después del embarazo.

**Morbosidad perinatal**
Se refiere a las complicaciones que sufren el feto o el bebé y la madre. La salud perinatal de una madre joven se ve amenazada por complicaciones que podrían afectar tanto a la gestante como al feto; uno de los dos podría morir por culpa de estas complicaciones que tuvieron su origen en los primeros años de vida de la madre.

**Mortalidad**
Número de muertes en una población de riesgo durante un período de tiempo específico.

**Mortalidad perinatal**
Número total de muertes del feto, desde las 22 semanas de embarazo hasta los primeros siete días de vida del bebé.

**Obesidad**
Trastorno consistente en un exceso de peso corporal en forma de grasa. La obesidad mórbida se produce cuando existe un sobrepeso de casi 50 kilogramos o bien un IMC de 40 o superior. Con la obesidad se asocian muchas enfermedades y está relacionada directamente con el aumento de la mortalidad y una esperanza de vida menor.

**Paludismo**
Enfermedad que causa un parásito llamado plasmodium, que se transmite a través de las picaduras de mosquitos infectados. Los parásitos se multiplican en el hígado y, a continuación, infectan los glóbulos rojos. Entre los síntomas del paludismo se encuentran la fiebre, dolores de cabeza, escalofríos y vómitos entre 10 y 15 días después de la picadura del mosquito. Si no recibe tratamiento, el paludismo se convierte muy rápidamente en una enfermedad mortal porque impide que la sangre fluya por los órganos vitales.

**Primera infancia**
A los efectos del presente informe, etapa de la vida que abarca desde el nacimiento hasta la edad de cinco años.

**Producto interno bruto**
Total del valor bruto que aportan a la economía de un país (incluidos los sectores de distribución y transporte, todos los productores que residen en él), añadidos todos los impuestos que graven los productos y deducidas todas las subvenciones que no estén incluidas en el valor de los productos.

**Puntuación z**
Medida que indica la situación de una persona con respecto a una población de referencia. Se calcula dividiendo la desviación del valor correspondiente a dicha persona con respecto a la mediana de la población de referencia entre la desviación típica de esa población de referencia.

**Retraso del crecimiento**
Indicador de la malnutrición crónica, que se calcula comparando la estatura para la edad de un niño con una población de referencia compuesta por niños bien nutridos y sanos. La prevalencia del retraso del crecimiento refleja la situación nutricional a largo plazo de una población.

**Salud**
Estado de completo bienestar físico, mental y social, y no simplemente la ausencia de trastornos o enfermedades. La salud permite llevar una vida productiva desde el punto de vista social y económico.

**Seguridad alimentaria**
Un estado que se produce cuando ninguna persona corre peligro de padecer hambre en ningún momento. El concepto de seguridad alimentaria contiene en sí mismo las claves que ayudan a comprender las causas del hambre. La seguridad alimentaria se establece mediante cuatro variantes:

- disponibilidad (cantidad de alimentos disponibles en una zona);
- acceso (posibilidades que tiene una familia de obtener alimentos);
- utilización (capacidad que tiene la persona de elegir, consumir y absorber los nutrientes que contienen los alimentos); y
- vulnerabilidad (riesgos físicos, medioambientales, económicos, sociales y sanitarios que pueden afectar a la disponibilidad, el acceso y la utilización de los alimentos)

**Subalimentación**
Situación en la que se encuentran aquellas personas cuyo consumo dietético de energía está siempre por debajo del mínimo requerido para llevar una vida completamente productiva, activa y saludable. Se determina empleando un indicador sustitutivo que permite determinar si los alimentos disponibles en un país son suficientes para satisfacer las necesidades energéticas (aunque no necesariamente de proteínas, vitaminas y minerales) de la población. Contrariamente a lo que se verifica en el caso de la desnutrición, con este indicador no se evalúan los efectos propiamente dichos.

**Tasa bruta de mortalidad**
Número de muertes por cada 1.000 habitantes.

**Tasa bruta de natalidad**
Número de nacidos vivos por cada 1.000 habitantes.

**Tasa de mortalidad de los menores de 5 años**
Número de fallecimientos por cada 1.000 nacidos vivos, desde el momento del nacimiento hasta los 5 años de edad.

**Tasa de mortalidad infantil**
Número de muertes de bebés menores de 12 meses por cada 1.000 nacidos vivos.

**Tasa de mortalidad materna**
Número de muertes de mujeres por causas relacionadas con el embarazo, por cada 100.000 nacidos vivos.

**Tasa de mortalidad neonatal**
Número de muertes por cada 1.000 nacidos vivos en los primeros 28 días después del nacimiento.

**Tasa de mortalidad posneonatal**
Número de fallecimientos por cada 1.000 nacidos vivos que se produce después del período neonatal (primeros 28 días de vida) hasta el cumplimiento del primer año de edad (no inclusive), registrado en un determinado período.

**Trastorno del crecimiento**
Imposibilidad que tiene un niño para crecer hasta el máximo de sus posibilidades después de su nacimiento. Es un indicador físico de que el niño no recibe los micronutrientes y macronutrientes necesarios.

**Tratamiento antirretroviral**
Administración de al menos tres medicamentos antirretrovirales diferentes para contener la reproducción del virus de inmunodeficiencia humana. El tratamiento con esta combinación de medicamentos se conoce también como terapia antirretroviral altamente activa. El tratamiento antirretroviral no supone la curación. El tratamiento, que se debe seguir durante toda la vida, se administra como parte de una combinación de atención sanitaria muy completa en la que se incluyen un servicio de pruebas y consultas voluntarias; el diagnóstico y tratamiento de enfermedades de transmisión sexual; las tuberculosis y demás infecciones oportunistas; la prevención del contagio de madres a hijos; y el tratamiento de las embarazadas.

**Tratamiento breve bajo observación directa**
Estrategia de control de la tuberculosis, internacionalmente recomendada, que se centra en los problemas que presenta el control de la tuberculosis y proporciona acceso a la asistencia y tratamiento médico a pacientes de tuberculosis, incluidos los que

padecen tuberculosis/VIH y tuberculosis multirresistente.

**Tuberculosis**
Enfermedad contagiosa. Al igual que el resfriado común, se propaga por el aire. Sólo las personas que ya tienen los pulmones infectados de tuberculosis contagian la enfermedad. Basta una pequeña cantidad de esos gérmenes de la tuberculosis, llamados bacilos, para infectar a una persona.

**Utilización de los alimentos**
Expresión que se refiere a la elección e ingesta de los alimentos y a la absorción de los nutrientes por parte del organismo.

**Virus de inmunodeficiencia humana (VIH)**
Virus que debilita las defensas del organismo contra las enfermedades. El VIH hace que el organismo se vuelva vulnerable a varias infecciones y cánceres que pueden resultar mortales. Se puede transmitir de una persona a otra. El VIH provoca una disminución progresiva de la inmunidad que puede desembocar en un síndrome de inmunodeficiencia adquirida (SIDA). VIH/SIDA se utiliza como término general para hablar de aquellas personas que sufren una infección de VIH que podrían o no llegar a ser consideradas como pacientes de SIDA. Cuanto más dañado quede el sistema inmunológico, mayor es el riego de fallecer por culpa de infecciones oportunistas.

**Vulnerabilidad**
Presencia de factores que comportan para las personas el riesgo de pasar hambre.

# Bibliografía

## Parte I


**Banco Interamericano de Desarrollo.** 1999. *Facing Up to Inequality in Latin America*. Report on Economic and Social Progress in Latin America, 1998–1999. Disponible en: http://www.iadb.org/exr/english/PRESS_PUBS/ipintr.htm

**Banco Mundial.** 2006. *Repositioning Nutrition as Central to Development: A Strategy for Large-Scale Action*. Washington DC. Disponible en: http://siteresources.worldbank.org/NUTRITION/Resources/281846-1131636806329/NutritionStrategy.pdf
___ 2007. *Global Monitoring Report 2007: Millennium Development Goals. Confronting the Challenges of Gender Equality and Fragile States*. Banco Mundial, Washington DC.

**Barker, D.J.P.** 1998. *Mothers, Babies and Health in Later Life*. Churchill Livingstone, Edimburgo (RU).

**Barnes, S.** 2007. This month balance profiles: Jeanne Moe, Director of Project Archaeology. *Bozeman Daily Chronicle*, 2 de enero: 23.

**Bermúdez, O. y Dwyer. J.** 1999. Identifying elders at risk of malnutrition: A universal challenge. CAC/Subcomité de Nutrición. *SCN News*, 19 de diciembre de 1999.

**Blum, R. W.** 1991. Global trends in adolescent health. *Journal of the American Medical Association*, 265(20): 2711–2719.

**Centro para el Control de las Enfermedades.** 2004. Mean Body Weight, Height and Body Mass Index 1960–2002. *Advance Note*, 347:1–8. Disponible en: http://www.cdc.gov/nchs/data/ad/ad347.pdf

**Centro para la Investigación sobre la Epidemiología de los Desastres.** 2007a. Disaster data: A balanced perspective. *CRED Crunch* (8), marzo de 2007. *Université Catholique de Louvain*. Disponible en: http://www.em-dat.net___ 2007b. *Emergency Disasters Data Base – Trends*. Disponible en: http://www.em-dat.net/disasters/profiles.php

**Cohen, M. N. y Armelagos, G. J.** 1984. Paleopathology at the origins of agriculture. *In* W. Nicholson. 1999. *Longetivity and Health in Ancient Paleolithic vs. Neolithic Peoples: Not What You May have Been Told*. Disponible en: http://www.beyondveg.com/nicholson-w/angel-1984/angel-1984-1a.shtml

**División de Estadística de las Naciones Unidas.** 2007. *Millennium Development Goals Indicators*. Nueva York. Disponible en: http://mdgs.un.org/unsd/mdg/Defaults.aspx

**División de Población de las Naciones Unidas.** 2007. *United Nations Population Information Network (POPIN)*. Nueva York. Disponible en: http://www.un.org/popin/

**Engle, P.** 1999. The role of caring practices and resources for care in child survival, growth and development: South and Southeast Asia. *Asian Development Review*, 17 (1 and 2):132–167. Banco Asiático de Desarrollo, Manila.

**Fondo de las Naciones Unidas para la Infancia.** 2000. Evaluation Report – SEN 2002/001: *Impacts Socio-Economiques du VIH/SIDA sur les Enfants: Le Cas du Sénégal*. Disponible en: http://www.unicef.org/evaldatabase/index_14243.html
___ 2004. *Children on the Brink, 2004*. UNICEF, Nueva York.
___ 2006a. *Progress for Children. A Child Survival Report Card on Nutrition*. UNICEF, Nueva York.
___ 2006b. Estado mundial de la infancia 2007: Las mujeres y la infancia. El doble dividendo de la igualdad de género. UNICEF, Nueva York.
___ 2007. *Malaria*. New York. Disponible en: http://www.unicef.org/health/index_malaria.html

**Fondo de Población de las Naciones Unidas.** 2005. *The State of the World Population – the Promise of Equality: Gender Equity, Reproductive Health and the Millennium Development Goals*. UNFPA, Nueva York.

**Gautam, K. C.** 2006. Nutrition: A life-cycle approach to support the Millennium Development Goals. *En* Comité Permanente de Nutrición. 2006. *Tackling the Double Burden of Malnutrition: A Global Agenda. SCN News* nº 32.

**Gillespie, S.** 2001. Empowering women to achieve food security: Health and nutrition. *2020 Focus,* 6(08). IIPA, Washington D.C. Disponible en: www.ifpri.org/2020/focus/focus06/focus06_08.asp - 17k

**Global Health Council.** 2007. *Women's Health: Maternal Health*. Disponible en: http://www.globalhealth.org/view_top.php3?id=225

**Gordon, B.; Mackay, R. y Rehfuess, E.** 2004. *Inheriting the World: The Atlas of Children's Health and the Environment*. Disponible en: http://www.who.int/ceh/publications/en/atlas.pdf

**Grupo de Acción contra el Hambre del Proyecto del Milenio de las Naciones Unidas.** 2005. Halving hunger: It can be done. Principales autores: P. Sánchez, M.S. Swaminathan, P. Dobie y N. Yuksel. 2005. Nueva York. Disponible en: http://www.unmillenniumproject.org/documents/HTF-SumVers_FINAL.pdf

**Gwatkin, D.R.** 2005. How much would the poor gain from faster progress towards the Millennium Development Goals for health? *Lancet*, 365: 813–817. Disponible en: http://www.lancet.com

**Holben, D.H.** 2005. The concept and definition of hunger and its relationship to food insecurity. Universidad de Ohio, Athens (OH). Disponible en: http://www7.nationalacademies.org/cnstat/Concept_and_Definition_of_Hunger_Paper.pdf

**Iniciativa encaminada a poner fin al hambre y la desnutrición entre los niños.** 2006. *Marco global de acción*. Borrador revisado. PMA, Roma, y UNICEF, Nueva York.

**Instituto australiano de salud y bienestar.** 2007. *What Influences the Life Expectancy of a Population?* Disponible en: http://www.aihw.gov.au/mortality/data/life_expectancy.cfm

**Ismail, S. y Manandhar, M.** 1999. *Better Nutrition for Older People – Assessment and Action*. Facultad de Higiene y Medicina Tropical de Londres, y HelpAge International, Londres.

**Krishna, A.; Kristjanson, P.; Odero, A. y Nindo, W.** 2004. Escaping poverty and becoming poor in 20 Kenyan Villages. *Journal of Human Development*, 5(2).

**Lindstrand, A.; Bergström, S.; Rosling, H.; Rubenson, B.; Stenson, B. y Tylleskar, T.** 2006. *Global Health: An Introductory Textbook*. Narayana Press, Copenhague.

**Margallo, S.** 2005. Addressing gender in conflict and post-conflict situations in the Phillipines. *En* F. Baingana, I. Bannon y R. Thomas. *Mental Health and Conflicts: Conceptual Framework and Approaches. Health, Nutrition and Population (HNP) Discussion Paper*, febrero de 2005. Banco Mundial, Washington D.C.

**Martorell, R. y Habitch, J.P.** 1986. Growth in early childhood in developing countries. *En* T. P. Schultz. 2003. *Human Capital, Schooling and Health Returns. Economic Growth Center Discussion Paper Series* n° 853. Disponible en: http://www.econ.yale.edu/growth_pdf/cdp853.pdf

**Mason, J.B.** 2002. Supplement: history of food and nutrition in emergency relief. Lessons on Nutrition of Displaced People. *Journal of Nutrition*, 132: 2096S–2103S.

**McCormick, M.C.** 1985. The contribution of low birthweight to infant mortality and childhood morbidity. *New England Journal of Medicine*, 312: 82–90.

**Millman, S. y Kates, R.W.** 1990. Toward understanding hunger. *En* L.F. Newman et al eds. 1990. *Hunger in History: Food Shortage, Poverty, and Deprivation*. Blackwell, Cambridge (MA).

**Mills, A. y Shillcutt, S.** 2004. *Communicable Diseases. Copenhagen Consensus Challenge Paper.* Disponible en: http://www.copenhagenconsensus.com/Default.aspx?ID=158

**Milton, K.** 2000. Hunter-gatherer diets: A different perspective. *The American Journal of Clinical Nutrition*, 71(3): 665–667. Disponible en: http://www.ajcn.org/

**Naciones Unidas.** 2007. *Objetivos de Desarrollo del Milenio. Informe 2007*. New York. Disponible en: http://www.un.org/millenniumgoals/pdf/mdg2007.pdf

**Nestel, P.** 2000. *Strategies, Policies, and Programs to Improve the Nutrition of Women and Girls*. Draft. Washington DC. Food and Nutrition Technical Assistance (FANTA) Project, Academy for Educational Development. Disponible en: http://www.fantaproject.org/downloads/pdfs/StrategiesPoliciesPrograms_Nestel.pdf

**Newman, L.F.; Boegehold, A.; Heeley, D.; Kates, R.W. y Raaflaub, K.** 1990. Agricultural intensification, urbanization and hierarchy. *En* L.F. Newman *et al*. eds. 1990. *Hunger in History: Food Shortage, Poverty, and Deprivation*. 1990. Blackwell, Cambridge (MA).

**Organización de Cooperación y Desarrollo Económicos.** 2007. *Statistics Portal*. Paris. Disponible en: http://www.oecd.org/statsportal/0,3352,en_2825_293564_1_1_1_1_1,00.html

**Organización de las Naciones Unidas para la Agricultura y la Alimentación.** 2001. *El estado de la inseguridad alimentaria en el mundo*. FAO, Roma.
___ 2003. *El estado de la inseguridad alimentaria en el mundo 2003*. FAO, Roma.
___ 2005. *El estado de la inseguridad alimentaria en el mundo 2005*. FAO, Roma.
___ 2006a. *El estado de la inseguridad alimentaria en el mundo 2006*. FAO, Roma.
___ 2006b. *El estado de la inseguridad alimentaria en el mundo: ¿Permite la ayuda alimentaria conseguir la seguridad alimentaria? FAO, Roma.*

**Organización Mundial de la Salud, Fondo de Población de las Naciones Unidas y Fondo de las Naciones Unidas para la Infancia.** 1995. *Action for Joint Adolescent Health: Towards a Common Agenda. Recommendations from a Joint Study Group*. Disponible en: http://www.who.int/child-adolescent-health/New_Publications/ADH/WHO_FRH_ADH_97.9_en.pdf

**Organización Mundial de la Salud.** 1997. *New Report Confirms Global Spread of Drug-Resistant Tuberculosis. WHO Press Release* 74, 22 de octubre.
___ 2005. *Health and the Millennium Development Goals*. Ginebra. Disponible en: http://www.who.int/mdg/publications/mdg_report/en/
___ 2006. *The World Health Report: Working Together for Health.* OMS, Ginebra.
___ 2007a. *Core Health Indicators – Estadísticas Sanitarias Mundiales.* Ginebra. Disponible en: http://www.who.int/en
___ 2007b. *Towards Universal Access: Scaling Up Priority HIV/AIDS Interventions in the Health Sector.* Progress Report, abril de 2007. Ginebra. Disponible en: http://www.who.int/hiv/mediacentre/universal_access_progress_report_en.pdf
___ 2007c. *Tuberculosis (TB) - Frequently Asked Questions about TB and HIV*. Ginebra. Disponible en: http://www.who.int/tb/hiv/faq/en/
___ 2007d. *WHO Report 2007. Global Tuberculosis Control: Surveillance, Planning and Financing.* Ginebra. Disponible en: http://www.who.int/tb/publications/global_report/en/
___ 2007e. *Estadísticas Sanitarias Mundiales*. Ginebra. Disponible en: http://www.who.int/whosis/whostat2007/en

**Organización Panamericana de la Salud.** 2007. *Health of the Indigenous Peoples Initiative, Strategic Directions and Plan of Action 2003–2007.* Disponible en: http://www.paho.org/English/AD/THS/OS/Plan2003-2007-eng.doc

**Programa Conjunto de las Naciones Unidas sobre el VIH/SIDA.** 2006. *AIDS Epidemic Update: December 2006.* Ginebra. Disponible en: http://data.unaids.org/pub/EpiReport/2006/2006_EpiUpdate_en.pdf

**Programa de las Naciones Unidas para el Desarrollo.** 2005. Sub-Saharan Africa – the human costs of the 2015 "business-as-usual" scenario. *Human Development Report 2005.* Nueva York. Disponible en: http://hdr.undp.org/docs/events/Berlin/Background_paper.pdf

**Programa Mundial de Alimentos.** 2002. *VAM Standard Analytical Framework Guideline. Role and Objectives of VAM Activities to Support WFP Food-Oriented Interventions*. PMA, Roma.
___ 2004. *Nutrition in Emergencies: WFP Experiences and Challenges*. WFP/EB.A/2004/5-A/3. PMA, Roma.
___ 2005. *Hunger Inequalities in Latin America and the Caribbean: Reworking Social Programmes in the Face of Globalization*. PMA, Panamá.
___ 2006a. WFP emergency needs assessment report: Pre-crisis information. *Executive Brief: Liberia*, 23 de septiembre de 2006.PMA, Roma.
___ 2006b. *Serie de informes sobre el hambre en el mundo 2006: El hambre y el aprendizaje.* PMA, Roma, y Universidad de Stanford, Palo Alto (CA).
___ 2007. Kenya's refugee camps. *WFP Latest News – In Depth.* Disponible en: http://www.wfp.org/newsroom/in_depth/africa/kenya/050307_kenya_kakuma.asp?section=2&sub_section=2

**Proyecto para las Prioridades en el Control de las Enfermedades.** 2007. *Achieving the Millennium Development Goals for Health: So Far, Progress is Mixed – Can We Reach Our Targets*? Grupo del Banco Mundial, Washington DC. Disponible en: http://www.dcp2.org/file/67/DCPP%20-%20MDGs.pdf

**Richards, A.I.** 2003. *Hunger and Work in a Savage Tribe: A Functional Study of Nutrition among the Southern Bantu*. Routledge, Londres.

**Russell, S.A.** 2005. *Hunger: An Unnatural History.* Basic Books Inc, Nueva York.

**Salleh, M.N.** 2001. Globeglance: We can have enough food. *United Nations Chronicle,* edición en línea. Disponible en: http://www.un.org/Pubs/chronicle/2001/issue3/0103p44.html

**Schroeder, D.** 2001. Malnutrition. *En* R.D. Semba y M.W. Bloem eds. 2001. *Nutrition and Health in Developing Countries*. Humana Press, Totowa (NJ).

**Schultz, T.P.** 2002. Wage gains associated with height as a form of health human capital. *American Economic Review* 92(2): 349–353. *En* T.P. Schultz. 2003. *Human Capital, Schooling and Health Returns. Economic Growth Center Discussion Paper Series*, n° 853. Disponible en: http://www.econ.yale.edu/growth_pdf/cdp853.pdf

**Scrimshaw, N.S.; Muñoz, J.A.; Tandon, O.B. y Guzmán, M.A.** 1959. Growth and development of Central American children II: The effect of oral administration of vitamin B12 to rural children of pre-school and school age. *American Journal of Clinical Nutrition*, 7(2): 180–184.

**Semba, R.D.** 2001. Nutrition and development: A Historical Perspective. *En* R.D Semba y M.W. Bloem eds. 2001. *Nutrition and Health in Developing Countries.* Humana Press, Totowa (NJ).

**Shaw, G.B.** (1856–1950). *Back to Methuselah.* Disponible en: http://en.proverbia.net/citasautor.asp?autor=16652

**Siega-Riz, A.M.; Adair, L.S. y Hobel, C.J.** 1994. Institute of Medicine maternal weight gain recommendations and pregnancy outcome in a predominantly Hispanic population. *Obstetrics and Gynecology*, 84: 565–573.

**Spurr, G.B.; Bares-Nieto, M. y Maksud, M.G.** 1977. Productivity and maximal oxygen consumption in sugar cane cutters. *American Journal of Clinical Nutrition*, 30: 316–321.

**Waldman, R.** 2005. Public health in war: Pursuing the impossible. *International Health*, 27(1): 1–5.

**Webb, P. y Rogers, B**. 2003. Addressing the "In" in Food Insecurity. *USAID Occasional Paper nº 1*. Disponible en: http://www.dec.org/pdf_docs/PNACS926.pdf

**Whitehead, J. W.** 1983. *The Stealing of America.* Westchester, Crossway Books, NY.

**Yach, D**. 1998. *Health and illness: The definition of the World Health Organization*. Disponible en: http://www.medezin-ethik.ch

### Intermezzo 1: "Perspectiva general de las carencias de micronutrientes".

**Basu, S.; Sengupta, B. y Roy Paladhi, P.K.** 2003. Single megadose vitamin A supplementation of Indian mothers and morbidity in breastfed young infants. *Postgraduate Medical Journal*, 79: 397– 402.

**Caulfield, L.E. y Black, R.E.** 2004. Zinc Deficiency. *En* M. Ezzati, A.D. López, A. Rodgers y C.L.J. Murray 2004. *Comparative Quantification of Health Risks.* OMS, Ginebra.

**Dugdale, M.** 2001. Anaemia. *Obstetrics and Gynecology Clinics of North America*, 28(2): 363 – 381.

**Green, N.S.** 2002. Folic acid supplementation and prevention of birth defects. *Journal of Nutrition* 132 (8 Supplement): 2356S–2360S.

**Gupta, H. y Gupta, P.** 2004. Neural tube defects and folic acid. *Indian Pediatrics*, 41: 577.

**Johnson, W.G.; Scholl, T.O.; Spychala, J.R.; Buyske, S.; Stenroos, E.S. y Chen, X.** 2005. Common dihydrofolate reductase 19-base pair deletion allele: a novel risk factor for preterm delivery. *American Journal of Clinical Nutrition*, 81(3): 664–668.

**Organización Mundial de la Salud.** 2002. *The World Health Report: Reducing Risks, Promoting Healthy Life.* Ginebra. Disponible en: http://www.who.int/whr/2002/en/

**Rice, A.L.; West Jr.; K.P. y Black, R.E.** 2004. Vitamin A Deficiency. *En* M. Ezzati, A.D. Lopez, A. Rodgers & C.L.J. Murray. 2004. *Comparative Quantification of Health Risks.* OMS, Ginebra.

**Sanghvi, T.; Ross, J. y Heyman, H.** 2007. Why is reducing vitamin and mineral deficiencies critical for development? The links between VMDs and survival, health, education, and productivity. *Food and Nutrition Bulletin*, 28(1) (Supplement): S170.

**Stoltzfus, R.J.; Mullany, L. y Black, R.E.** 2004. Iron deficiency anaemia. *En* M. Ezzati, A.D. López, A. Rodgers & C.L.J. Murray. 2004 *Comparative Quantification of Health Risks.* OMS, Ginebra.

### Intermezzo 2: Joan Holmes, presidenta del Proyecto Hambre 2007. "Las mujeres y la erradicación del hambre. Un vínculo inextricable".

**Corporación alimentaria de la India.** 2007. Gestión de reservas. Gobierno de la India. Nueva Delhi. Disponible en: http://fciweb.nic.in/stock_management/stock_management.htm

**Organización de las Naciones Unidas para la Agricultura y la Alimentación.** 2006. *The State of Food Insecurity in the World 2006.* FAO, Roma.

**Organización Mundial de la Salud.** 2002. *Death and DALY estimates for 2002 by Cause for WHO Member States.* Disponible en: http://www.who.int/entity/healthinfo/statistics/en

**Osmani, S. y Sen, A.** 2003. The hidden penalties of gender inequality: Fetal origins of ill health. *Economics and Human Biology,* 1: 105–121.

**Ramalingaswami, V.; Jonsson, U. y Rohde, J.** 1996. The Asian enigma. *In The Progress of Nations.* UNICEF, Nueva York.

**Smith, L. y Haddad, L.** 2000. Overcoming child malnutrition in developing countries: Past achievements and future choices. *IFPRI Discussion Paper nº 30.* IIPA, Washington DC.

### Intermezzo 3: Patrick Webb, decano para asuntos académicos de la Facultad Friedman de Ciencias y Políticas de la Nutrición, Universidad de Tufts, y Andrew Thorne-Lyman, Oficial de Nutrición de la Sanidad Pública, PMA. 2007. "El hambre y la enfermedad en situaciones de crisis".

Extracto del documento elaborado para el proyecto UNU-WIDER sobre el hambre y la seguridad y alimentaria: New Challenges and New Opportunities, bajo la dirección de Basudeb Guha-Khasnobis.

**Centro para la Investigación de la Epidemiología de los Desastres.** 2005. *EM_DAT: Base de datos Internacional OFDA/CRED sobre Desastres*. Bélgica. Disponible en: http://www.em-dat.net

**Iliffe, J.** 1990. *Famine in Zimbabwe 1890–1960*. Harare, Mambo Press.

**Sen, A.** 1997. *Entitlement Perspectives of Hunger*. Documento presentado en un seminario de PMA/UNU, 31 de mayo. Roma.

**Toole, M.J. y Waldman, R.J.** 1988. An analysis of mortality trends among refugee populations in Thailand, Somalia and Sudan. *Bulletin of World Health Organization*, 6: 237–247.

**Webb, P.** 2002. Emergency relief during Europe's famine of 1817: Anticipated crisis-response mechanisms of today. *Journal of Nutrition*, 132(7): 2092S–2095S.
___ 2003. The under-resourcing of rights: Empty stomachs and other abuses of humanity. *New England Journal International and Comparative Law*, 9(1): 135–157.

## Parte II

**Alaimo, K.; Olson, C.M. y Frongillo Jr, E.A.** 2001. Food insufficiency and American school-aged children's cognitive, academic and psychosocial development. *Pediatrics*, 108(1): 44–53.

**Anderson, S.E.; Cohen, P.; Naumova, E.N. y Must, A.** 2006. Association of depression and anxiety disorders with weight change in a prospective community-based study of children followed up into adulthood. *Archives of Paediatrics and Adolescent Medicine*, 160(3): 285–291.

**Ash, N.** 2005. *Earth Species Feel the Squeeze*. Sitio Web de noticias de la BBC, 21 de mayo de 2005. Disponible en: http://news.bbc.co.uk/2/low/science/nature/4563499.stm

**Assis, A.M.; Barreto, M.L.; Santos, L.M.; Fiaccone, R. y Da Silva Gomes, G.S.** 2005. Growth faltering in childhood related to diarrhoea: A longitudinal community based study. *European Journal of Clinical Nutrition*, 59(11): 1317–1323.

**Barnes, S.** 2007. This month balance profiles: Jeanne Moe, directora del proyecto de arqueología. *Bozeman Daily Chronicle*, 2 de enero: 23.

**Bates, I.; Fenton, C.; Gruber, J.; Lalloo, D.; Lara, A.M.; Squire, S.B.; Theobald, S.; Thomson, R. y Tolhurst, R.** 2004. Vulnerability to malaria, tuberculosis and HIV/AIDS infection and disease. Part II: determinants operating at individual and institutional level. *Lancet Infectious Diseases,* 4(5): 267–277.

**Briend, A.; Hasan, K.Z.; Aziz, K.M. & Hoque, B.A.** 1989. Are diarrhoea control programmes likely to reduce childhood malnutrition? Observations from rural Bangladesh. *Lancet* 2 (8658): 319–322.

**Bryce, J.; Boschi-Pinto, C.; Shibuya, K.; Black, R.E. y Grupo de Referencia Epidemiológica de Salud Infantil de la OMS.** 2005. WHO estimates of the causes of death in children. *Lancet*, 365(9465): 1147–1152.

**Cegielski, J.P. y McMurray, D.N.** 2004. The relationship between malnutrition and tuberculosis: Evidence from studies in humans and experimental animals. *International Journal of Tuberculosis and Lung Disease*, 8(3): 286–298.

**Centro de las Naciones Unidas para los Asentamientos Humanos.** 2006. *State of the World's Cities –2006/7*. UN-HABITAT, Nairobi, y Earthscan, Londres.
___ 2007. *Global Urban Observatory*. Nairobi. Disponible en: http://ww2.unhabitat.org/programmes/guo/statistics.asp

**Chatterjee, B.D.; Bhattacharyya, A.K. y Mandal, J.N.** 1968. Serum proteins in kwashiorkor and marasmus. 2. Non-tuberculous cases and tuberculous cases. *Bulletin of the Calcutta School of Tropical Medicine*, 16(3): 73–74.

**Checkley, W.; Epstein, L.D.; Gilman, R.H.; Cabrera, L. y Black, R.E.**2003. Effects of acute diarrhoea on linear growth in Peruvian children. *American Journal of Epidemiology*, 157(2): 166–175.

**Comité Permanente de Nutrición.** 1990. Appropriate uses of anthropometric indices in children. *Nutrition Policy Discussion Paper*, nº 7.
___ 2004a. *Fifth Report on the World Nutrition Situation: Nutrition for Improved Development Outcomes*. Disponible en: http://www.unsystem.org/scn/publications/AnnualMeeting/SCN31/SCN5Report.pdf
___ 2004b. Nutrition and the Millennium Development Goals. *SCN News*, No. 28.

**Coutsoudis, A.; Coovadia, H.; Pillay, K. y Kuhn, L.** 2001. Are HIV-infected women who breastfeed at increased risk of mortality? *AIDS,* 15(5): 653-655.

**Deb, S.K.** 1998. Acute respiratory disease survey in Tripura in case of children below five years of age. *Journal of Indian Medical Association,* 96(4): 111–116.

**Declaración de Des Moines.** 2004. *A Call for Accelerated Action in Agriculture, Food and Nutrition to End Poverty and Hunger*. World Food Prize Day, 16 de octubre. Des Moines (IA), World Food Prize Organization. Disponible en: http://www.worldfoodprize.org/assets/laureates/statements/dmdeclaration.pdf

**Delisle, H.; Chandra-Mouli, V. y de Benoist, B.** 2000. *Should Adolescents be Specifically Targeted for Nutrition in Developing Countries? To Address Which Problems, and How?* Disponible en: http://www.who.int/child-adolescent-health/ New_Publications/NUTRITION/Adolescent_nutrition_paper.pdf

**Fawzi, W. y Mehta, S.** 2007. Hunger and HIV/AIDS and tuberculosis (TB). Documento técnico para la *Serie de informes sobre el hambre en el mundo 2007*. Universidad de Harvard, Cambridge (MA).

**Fawzi, W.; Msamanga, G.; Spiegelman, D. y Hunter D. J.** 2005. Studies of vitamins and minerals and HIV transmission and disease progression. *Journal of Nutrition*, 135(4): 938–944.

**Fondo de las Naciones Unidas para la Infancia.** 2002. *Facts for Life. With Advice On: Safe Motherhood, Breastfeeding, Child Development, Nutrition and Growth, Immunization, Diarrhoea, Malaria, HIV/AIDS and Much More....* Nueva York. Disponible en: http://www.unicef.org/ffl/pdf/factsforlife-en-full.pdf

___ 2006a. *Progress for Children. A Child Survival Report Card on Nutrition.* Nueva York. Disponible en: http://www.unicef.org/progressforchildren

___ 2006b. *Estado mundial de la infancia 2007: Las mujeres y la infancia. El doble dividendo de la igualdad de género.* UNICEF, Nueva York.

___ 2007a. *Child Survival Fact Sheet: Water and Sanitation*. Nueva York. Disponible en: http://www.unicef.org/media/media_21423.html

___ 2007b. *Malaria*. Nueva York. Disponible en: http://www.unicef.org/health/index_malaria.html

**Fondo de las Naciones Unidas para la Infancia y Organización Mundial de la Salud.** 2006. *Pneumonia: The Forgotten Killer of Children*. UNICEF, Nueva York, y OMS, Ginebra. Disponible en: http://www.who.int/child-adolescent-health/New_Publications/CHILD_HEALTH/ISBN_92_806_4048_8.pdf

**Godfrey, K.M. y Barker, D.J.** 2001. Foetal programming and adult health. *Public Health and Nutrition*, 4(2B): 611–624.

**Gortmaker, S.L.; Must, A.; Perrin, J.M.; Sobol, A.M. y Dietz, W.H.** 1993. Social and economic consequences of overweight in adolescence and young adulthood. *New England Journal of Medicine*, 329(14): 1008–1012.

**Greenblott, K.** 2007. Social protection in the era of HIV and AIDS. Examining the role of food-based interventions. *WFP Occasional Paper* nº 17. PMA, Roma.

**Guha-Sapir, D.; Hargitt, D. y Hayois, P.** 2004. *Thirty Years of Natural Disasters 1974–2003: The Numbers. Presses Universitaires de Louvain*. CRED, Lovaina (Bélgica). Disponible en: http://www.em-dat.net/documents/Publication/publication_2004_emdat.pdf

**Harries, A.D.; Nkhoma, W.A.; Thompson, P.J.; Nyangulu, D.S. y Wirima, J.J.** 1988. Nutritional status in Malawian patients with pulmonary tuberculosis and response to chemotherapy. *European Journal of Clinical Nutrition*, 42(5): 445–450.

**Harries, A.D.; Thomas, J. y Chugh, K.S.** 1985. Malnutrition in African patients with pulmonary tuberculosis. *Human Nutrition Clinical Nutrition Journal*, 39(5): 361–363.

**Hewson, P.D. (Bono).** 2005. This generation's moon shot. *Time Magazine*, 1 de noviembre de 2005. Disponible en: http://www.time.com/time/magazine/article/0,9171,1124333,00.html

**Hipócrates.** (460–380 aC). *Corpus hipocrático*: *Tratado sobre los aires, aguas y lugares.* A partir de una traducción de F. Adams. Disponible en: http://www.4literature.net/Hippocrates/On_Airs_Waters_and_Places/

**Intergovernmental Panel on Climate Change.** 2007. Summary for policymakers. *En* M.L. Parry, O.F. Canziani, J.P. Palutikof, P.J. van der Linder y C.E. Hanson. 2007. *Climate Change 2007: Impacts, Adaptation and Vulnerability*. Contribution of Working Group II to the Fourth Assessment Report of the IPCC. Ginebra. Disponible en: http://www.ipcc.ch/SPM13apr07.pdf

**Kupka, R.; Garland, M.; Msamanga, G.; Spiegelman, D.; Hunter, D. y Fawzi, W.** 2005. Selenium status, pregnancy outcomes and mother-to-child transmission of HIV-1. *Journal of Acquired Immune Deficiency Syndromes*, 39(2): 203–10.

**Leyton, G.B.** 1946. Effects of slow starvation. *Lancet*, 251(8): 73–79.

**Lutter, C.K.; Habicht, J-P.; Rivera, J.A. y Martorell, R.** 1992. The relationship between energy intake and diarrhoeal disease in their effects on child growth: Biological model, evidence, and implications for public health policy. *Food and Nutrition Bulletin*, 14(1): 36–42.

**Macallan, D.C.; McNurlan, M.A.; Kurpad, A.V.; de Souza, G.; Shetty, P.S.; Calder, A.G. y Griffin, G.E.** 1998. Whole body protein metabolism in human pulmonary tuberculosis and undernutrition: Evidence for anabolic block in tuberculosis. *Clinical Science Journal*, 94(3): 321–331.

**Megazzini, K.; Washington, S.; Sinkala, M.; Lawson-Marriott, S.; Stringer, E.; Krebs, D.; Levy, J.; Chi, B.; Cantrell, R.; Zulu, I.; Mulenga, L. y Stringer, J.** 2006. *A Pilot Randomized Trial of Nutritional Supplementation in Food Insecure Patients Receiving Anti-Retroviral Therapy (ART) in Zambia*. Research paper presented at the XVI HIV/AIDS Conference. 16–18 de agosto de 2006, Toronto (Canadá).

**Michels, K.B.** 2003. Early life predictors of chronic disease. *Journal of Women's Health*, 12(2): 157–161.

**Mitnick, C.; Bayona, J.; Palacios, E.; Shin, S.; Furin, J.; Alcántara, F.; Sánchez, E.; Sarria, M.; Becerra, M.; Fawzi, M.C.; Kapiga, S.; Neuberg, D.; Maguire, J.H.; Kim, J.Y. y Farmer, P.** 2003. Community-based therapy for multidrug-resistant tuberculosis in Lima, Perú. *New England Journal of Medicine*, 348(2): 119–128.

**Moore, S.R.; Lima, A.A.; Conaway, M.R.; Schorling, J.B.; Soares, A.M. y Guerrant, R.L.** 2001. Early childhood diarrhoea and helminthiases associate with long-term linear growth faltering.*International Journal of Epidemiology*, 30(6): 1457–1464.

**Nussenblatt, V. y Semba, R.D.** 2002. Micronutrient malnutrition and the pathogenesis of malarial anaemia. *Acta Tropica*, 82: 321–337.

**Onwubalili, J.K.** 1988. Malnutrition among tuberculosis patients in Harrow, England. *European Journal of Clinical Nutrition*, 42(4): 363–366.

**Organización de las Naciones Unidas para la Agricultura y la Alimentación.** 2003. *The State of Food Insecurity in the World 2003*. FAO, Roma.
___ 2006. Will the Desert Locusts strike again? *FAO Newsroom*. Disponible en: http://www.fao.org/ag/locusts

**Organización de las Naciones Unidas para la Agricultura y la Alimentación y Organización Mundial de Sanidad Animal.** 2005. *Preparing for the Highly Pathogenic Avian Influenza*. FAO, Roma.

**Organización Mundial de la Salud.** 2003. *Nutrient Requirements for People Living with HIV/AIDS*. OMS, Ginebra.
___ 2005. *Preventing Chronic Diseases: A Vital Investment*. Geneva. Disponible en: http://www.searo.who.int/en/Section1174/Section1459_10496.htm
___ 2006a. *Enriching Lives: Overcoming Under- and Over-Nutrition*. Global Programming Note 2006–2007. Ginebra. Disponible en: http://www.who.int/nmh/donorinfo/nutrition/nutrition_helvetica.pdf
___ 2006b. *Avian Influenza in Africa: Statement by the Director-General of WHO*. Ginebra. Disponible en: http://www.who.int/mediacentre/news/statements/2006/s03/en/index.html
___ 2007a. *WHO Report 2007. Global Tuberculosis Control: Surveillance, Planning and Financing*. Ginebra. Disponible en: http://www.who.int/tb/publications/global_report/en/
___ 2007b. *Networking for Policy Change: TB/HIV Advocacy Training Manual*. Ginebra. Disponible en: http://whqlibdoc.who.int/publications/2007/a90084_eng.pdf
___ 2007c. *Obesity and overweight. Global Strategy on Diet, Physical Activity and Health*. Ginebra. Disponible en: http://www.who.int/dietphysicalactivity/publications/facts/obesity/en/
___ 2007d. *Core Health Indicators – Estadísticas Sanitarias Mundiales*. Ginebra. Disponible en: http://www.who.int/whosis/whostat2007/en/index.html
___ 2007e. *Cumulative Number of Confirmed Human Cases of Avian Influenza A/(H5N1) Reported to WHO*. Ginebra. Disponible en: http://www.who.int/csr/disease/avian_influenza/country/cases_table_2007_06_15/en/index.html

**Paton, N.I.; Castello-Branco, L.R.; Jennings, G.; Ortigao-de-Sampaio, M.B.; Elia, M.; Costa, S. y Griffin, G.E.** 1999. Impact of tuberculosis on the body composition of HIV-infected men in Brazil. *Journal of Acquired Immune Deficiency Syndromes and Human Retrovirology*, 20(3): 265–271.

**Paton, N.I.; Chua, Y.K.; Earnest, A. y Chee, C.B.** 2004. Randomized controlled trial of nutritional supplementation in patients with newly diagnosed tuberculosis and wasting. *American Journal of Clinical Nutrition*, 80(2): 460–465.

**Paton, N.I.; Ng, Y-M.; Chee, C.B.; Persaud, C. y Jackson, A.A.** 2003. Effects of tuberculosis and HIV infection on whole-body protein metabolism during feeding, measured by the [$^{15}$N] glycine method. *American Journal of Clinical Nutrition*, 78: 319–325.

**Pelletier, D.L.; Frongillo, E.A.; Schroeder, D.G.y Habicht, J-P.** 1995. The effects of malnutrition on child mortality in developing countries. *Bulletin of the World Health Organization*, 73(4): 443–448.

**Pimentel, D.** 1993. Climate changes and food supply. *Forum for Applied Research and Public Policy*, 8(4): 54–60. Universidad de Cornell, Ithaca (NY). Disponible en: www.ciesin.columbia.edu/docs/004-138/004-138.html

**Programa Conjunto de las Naciones Unidas sobre el VIH/SIDA.** 2006. *Report on the Global AIDS Epidemic 2006*. Ginebra. Disponible en: http://www.unaids.org/en/HIV_data/2006GlobalReport/default.asp

**Programa Mundial de Alimentos.** 2006. *WFP Emergency Needs Assessment Report/Pre-Crisis Information: Liberia Country assessment*. PMA, Roma.
___ 2007. *The Strategic Implications for WFP of the Emergence of Biofuels*. PMA, Roma. Mimeo.

**Rahman, M.M.; Mahalanabis, D.; Álvarez, J.O.; Wahed, M.A.; Islam, M.A.; Habte, D. y Khaled, M.A.** 1996. Acute respiratory infections prevent improvement of vitamin A status in young infants supplemented with vitamin A. *Journal of Nutrition*, 126(3): 628–633.

**Rice, A.L.; West Jr.; K.P. y Black, R.E.** 2004. Vitamin A Deficiency. *En* M. Ezzati, A.D. López, A. Rodgers y C.L.J. Murray. 2004. *Comparative Quantification of Health Risks*. OMS, Ginebra.

**Roseboom, T.J.; Van der Meulen, J.H.; Osmond, C.; Barker, D.J.; Ravelli, A.C. y Bleker, O.P.** 2000a. Plasma lipid profiles in adults after prenatal exposure to the Dutch famine. *American Journal of Clinical Nutrition*, 72(5): 1101–1106.
___ 2000b. Coronary heart disease after prenatal exposure to the Dutch famine, 1944-45. *Heart*, 84(6): 595–598.
___ 2001. Adult survival after prenatal exposure to the Dutch famine, 1944–45. *Paediatric and Perinatal Epidemiology*, 15(3): 220–225.

**Scalcini, M.; Occenac, R.; Manfreda, J. y Long, R.** 1991. Pulmonary tuberculosis, human immunodeficiency virus type-1 and malnutrition. *Bulletin of the International Union against Tuberculosis and Lung Disease*, 66(1): 37–41.

**Schneider, D.** 2000. International trends in adolescent nutrition. *Social Science of Medicine*, 51(6): 955–967.

**Schorling, J.B.; McAuliffe, J.F.; de Souza, M.A. y Guerrant, R.L.** 1990. Malnutrition is associated with increased diarrhoea incidence and duration among children in an urban Brazilian slum. *International Journal of Epidemiology*, 19: 728–735.

**Schroeder, D.G.** 2001. Malnutrition. *En* R.D. Semba y M.W. Bloem eds. 2001. *Nutrition and Health in Developing Countries*. Humana Press, Totowa (NJ).

**Scrimshaw, N. y San Giovanni, J.P.** 1997. Synergism of nutrition, infection, and immunity: An overview. *American Journal of Clinical Nutrition*, 66(2): 464.

**Scott, S. y Duncan, C.J.** 2001. *Biology of Plagues: Evidence from Historical Populations*. Cambridge University Press, Cambridge (RU).

**Shah, S.; Whalen, C.; Kotler, D.P.; Mayanja, H.; Namale, A.; Melikian, G.; Mugerwa, R. y Semba, R.D.** 2001. Severity of human immunodeficiency virus infection is associated with decreased phase angle, fat mass and body cell mass in adults with pulmonary tuberculosis infection in Uganda. *Journal of Nutrition*, 131: 2843–2847.

**Shankar, A.H.** 2000. Nutritional modulation of malaria morbidity and mortality. *Journal of Infectious Diseases*, 182 (Supplement) 1: S37–S53.

**Sorensen, T.I.A.; Holst, C. y Stunkard, A.J.** 1992. Childhood body mass index: Genetic and familial environmental influences assessed in a longitudinal adoption study. *International Journal of Obesity Related Metabolic Disorders*, 16: 705–714.

**Stephensen, C.B.** 1999. Burden of Infection on Growth Failure. *Journal of Nutrition*, (129): 534–537.

**Tomkins, A. y Watson, F.** 1989. Malnutrition and infection: A review – Nutrition policy. *ACC/SCN State-of-the-Art Series. Discussion Paper* nº 5. Disponible en: http:www.unsystem.org/SCN/archives/npp05/begin.htm

**Villamor, E.; Dreyfuss, M.L.; Baylin, A.; Msamanga, G. y Fawzi W.** 2004. Weight loss during pregnancy is associated with adverse pregnancy outcomes among HIV-1 infected women. *Journal of Nutrition*, 134(6): 1424–1431.

**Williams, C.D.; Oxon, B.M. y Lond, H.** 2003. Kwashiorkor. A nutritional disease of children associated with a maize diet. *Bulletin of the World Health Organization*, 81(12): 912–913

**Zachariah, R.; Spielmann, M.P.; Harries, A.D. y Salaniponi, F.M.** 2002. Moderate to severe malnutrition in patients with tuberculosis is a risk factor associated with early death. *Transactions of the Royal Society of Tropical Medicine and Hygiene*, 96(3): 291–294.

### Intermezzo 4: Stuart Gillespie, investigador superior del Instituto Internacional de Investigaciones sobre Política Alimentaria y director de la Red Regional sobre el SIDA, Medios de Vida y Seguridad Alimentaria (RENEWAL). 2007. "El SIDA y el hambre, problemas y respuestas".

**Gillespie, S.** 2007. *AIDS and Hunger: Challenges and Responses*. IIPA, Washington DC. Disponible en: http://www.ifpri.org/renewal

Intermezzo 5: Oficina Regional de la OMS para el Mediterráneo Oriental, 2007. "Ayuda alimentaria y tratamiento de la tuberculosis".

**Organización Mundial de la Salud**. 2007. The five elements of DOTS. Ginebra. Disponible en: http://www.who.int/tb/dots

Intermezzo 6: Doctora Camila Corvalán, Universidad Emory, Universidad de Chile 2007. "El proceso de transición nutricional en América Latina. La experiencia del programa de la Junta Nacional de Jardines Infantiles de Chile".

**Albala, C.; Vio, F.; Kain, J. y Uauy, R.** 2001. Nutrition transition in Latin America: The case of Chile. *Nutrition Reviews*, 59(6): 170–176.

**De Onis, M. y Blosner, M.** 2000. Prevalence and trends of overweight among preschool children in developing countries. *American Journal of Clinical Nutrition*, 72(4): 1032–1039.

**Kain, J.; Uauy, R.; Lera, L.; Taibo, M. y Albala, C.** 2005. Trends in height and BMI of 6-year-old children during the nutrition transition in Chile. *Obesity Research*, 13(12): 2178–2186.

**Monteiro, C.A.; Moura, E.C.; Conde, W.L. y Popkin, B.M.** 2004. Socioeconomic status and obesity in adult populations of developing countries: a review. *Bulletin of the World Health Organization*, 82: 940–946.

**Organización Mundial de la Salud.** 2003. Diet, nutrition and the prevention of chronic diseases. Report of a Joint WHO/FAO expert consultation. *Technical Report Series* nº 916.

**Popkin, B.M.** 1994. The nutrition transition in low-income countries: an emerging crisis. *Nutrition Reviews*, 52: 285–298.

**Uauy, R.; Albala, C. y Kain, J.** 2001. Obesity trends in Latin America: Transiting from under- to overweight. *Journal of Nutrition*, 131(3): 893S–899S.

## Partes III y IV

**Alderman, H. y Behrman, J.R.** 2004. *Estimated Economic Benefits of Reducing Low Birth Weight in Low-Income Countries*. Banco Mundial, Washington DC.

**Alderman, H.; Appleton, S.; Haddad, L.; Song, L. y Yohannes, Y.** 2001. *Reducing Child Malnutrition: How Far Does Income Growth Take Us?* Centro para la Investigación del Desarrollo Económico y el Comericio Internacional de la Universidad de Nottingham, Nottingham (RU).

**Banco Mundial.** 2004. *World Development Report 2004: Making Services Work for Poor People*. Banco Mundial, Washington DC.
___ 2006. *Repositioning Nutrition as Central to Development: A Strategy for Large-Scale Action*. Banco Mundial, Washington DC.

**Barro, R.J.** 1990. Government spending in a simple model of endogenous growth. *Journal of Political Economy*, 98(5): 103–126.

**Behrman, J.R.; Alderman, H. y Hoddinott, J.** 2004. Hunger and malnutrition. *In* B. Lomborg. ed, 2004. *Global Crises, Global Solutions*. Cambridge University Press, Cambridge (RU).

**Binswanger, H.P. y Landell-Mills, P.** 1995. *The World Bank's Strategy for Reducing Poverty and Hunger: A Report to the Development Community*. Banco Mundial, Washington D.C.

**Bloom, D.E.; Canning, D. y Sevilla, J.** 2001. The effect of health on economic growth: Theory and evidence. *NBER Working Paper* nº 8587. National Bureau of Economic Research, Cambridge (MA).

**Brooker, S.; Kabatereine, N.B.; Fleming, F. y Devlin, N.** 2007. *Cost and Cost-Effectiveness of Nationwide School-Based Helminth Control in Uganda: Intra-Country Variation and Effects of Scaling-Up*. Faculta de Higiene y Medicina Tropical de Londres, Londres. (De próxima aparición).

**Buse, K. y Harmer A.** 2007. Global health: Making partnerships work. *ODI Briefing Paper*, 15 de enero: 1–4.

**Carroll, L.** (1832–1898). *Las aventuras de Alicia en el país de las maravillas*. Disponible en: http://quotes.zaadz.com/Lewis_Carroll

**Chatterjee, M. y Measham, A.R.** 1999. *Wasting Away. The Crisis of Malnutrition in India*. Banco Mundial, Washington DC.

**Chejov, A.** (1860–1904). *Cinco obras breves*. Disponible en: http://thinkexist.com/quotation/knowledge_is_of_no_value_unless_you_put_it_into/221938.html

**Chowdhury, A.M.; Karim, F.; Sarkar, S.K.; Cash R.A. y Bhuiya, A.** 1997. The status of ORT in Bangladesh: How widely is it used? *Health Policy and Planning*, 12(1): 58–66.

**Comisión Económica para América Latina y el Caribe y Programa Mundial de Alimentos.** 2007. *Hacia la erradicación de la desnutrición crónica infantil en Centroamérica y República Dominicana.* Presentación en PowerPoint impartida en la consulta técnica regional para el control y la evaluación, Panamá: *Busca Centroamérica erradicar desnutrición infantil.* Panamá. Disponible en: http://www.milenio.com/index.php/2007/02/01/37334/

**Departamento de Agricultura de los Estados Unidos.** 2005. *Making It Happen! School Nutrition Success Stories.* Food and Nutrition Services, USDA, Washington DC.

**Easterly, W.R.** 2006. *The White Man's Burden*. New York, Penguin Books.

**Edison, T.** (1847–1931). Disponible en: http://www.spice-of-life.com/quotes.html

**Edwards, S.** 1998. Openness, productivity and growth: What do we really know? *Economic Journal*, 108(447): 383–398.

**Fernholz, R.; Fernholz, F.; Jayasekara, C. y Rueda, F.** 2007. Practical interventions: Political choices. Documento técnico para la *Serie de informes sobre el hambre en el mundo*, 2007. Universidad de Duke, Durham (NC).

**Fondo de las Naciones Unidas para la Infancia.** 2007a. *Infant and Young Child Feeding and Care. Protecting, Promoting and Supporting Breastfeeding.* Nueva York. Disponible en: http://www.unicef.org/nutrition/index_breastfeeding.html
___ 2007b. *Immunization. The Challenge*. Nueva York. Disponible en: http://www.childinfo.org/areas/immunization/
___ 2007c. 4.5 million children across Ghana to be de-wormed. *UNICEF News*. Nueva York. Disponible en: http://www.unicef.org/media/media_38248.html

**Hall, R. y Jones, C.** 1998. Why do some countries produce so much more output per worker than others? *Department of Economics Working Paper.* Universidad de Stanford, Palo Alto (CA).

**Hawley, W.A.; Ter Kuile, F.O.; Steketee, R.S.; Nahlen, B.L.; Terlouw, D.J.; Gimnig, J.E.; Shi, Y.P.; Vulule, J.M.; Alaii, J.A.; Hightower, A.W.; Kolczak, M.S.; Kariuki, S.K. y Phillips-Howard, P.A.** 2003. Implications of the Western Kenya permethrin–treated bed net study for policy, program implementation and future research. *American Journal of Tropical Medicine and Hygiene*, 68(4) (Supplement): 168–173.

**Horton, S.** 1999. Opportunities for investments in nutrition in low-income Asia. *Asian Development Review* 17(1, 2): 246–273.

**Horton, S. y Ross, J.** 2003. The Economics of Iron Deficiency. *Food Policy*, 28(1): 51–75.

**Komlos, J. y Lauderdale, B.E.** 2007. Underperformance in affluence: The remarkable relative decline in US heights in the second half of the 20th century. *Social Science Quarterly*, 88(2): 283–303.

**Migele, J.; Ombeki, S.; Ayalo, M.; Biggerstaff, M. y Quick, R.** 2007. Diarrhoea prevention in a Kenyan school through the use of a simple safe water and hygiene intervention. *American Journal of Tropical Medicine and Hygiene*, 76(2): 351–353.

**Organización de Cooperación y Desarrollo Económicos.** 2007. *Statistics Portal.* París. Disponible en: http://www.oecd.org/statsportal/0,3352,en_2825_293564_1_1_1_1_1,00.html

**Organización Mundial de la Salud.** 2006. *The World Health Report: Working Together for Health.* Geneva. Disponible en: http://www.who.int/whr/2006/en
___ 2007. *Estadísticas Sanitarias Mundiales.* OMS, Ginebra.

**Organización Mundial de la Salud y Fondo de las Naciones Unidas para la Infancia.** 2006. *Oral Rehydration Salts – Production of the New ORS.* Ginebra. Disponible en: http://www.who.int/child-adolescent-health/New_Publications/CHILD_HEALTH/WHO_FCH_CAH_06.1.pdf

**Osborne, D. y Gaebler, T.** 1992. Reinventing Government: How the Entrepreneurial Spirit is Transforming the Public Sector. *En* J. Z. Kusek y R.C. Rist. 2004. *Ten Steps to a Results-Based Monitoring and Evaluation System. A Handbook for Development Practitioners.* Banco Mundial, Washington DC.

**Programa Mundial de Alimentos.** 2000. *Manual de alimentación y nutrición.* Roma.
___ 2006a. *HIV/AIDS and Nutrition. Food in the Fight Against AIDS. Facts and Figures Worksheet.* PMA, Roma.
___ 2006b. *Afghanistan De-Worming Campaign*. PMA, Roma.
___ 2007. *Annual Performance Report for 2006*. PMA, Roma.

**Proyecto para las Prioridades en el Control de las Enfermedades.** 2007. *Water, Sanitation, and Hygiene: Simple, Effective Solutions Save Lives.* Grupo del Banco Mundial, Washington DC. Disponible en: http://www.dcp2.org/file/81/DCPP-Water.pdf

**Sanghvi, T.; Ross, J. y Heyman, H.** 2007. Why is reducing vitamin and mineral deficiencies critical for development? The links between VMDs and survival, health, education and productivity. *Food and Nutrition Bulletin*, 28 (1) (Supplement): S170.

**Save The Children UK.** 2007. *Addressing Chronic Food Insecurity through Productive Safety Nets*. Colaboración a la *Serie de informes sobre el hambre en el mundo 2007*. PMA, Roma.

**Shiffman, J.** 2006. Donor funding priorities for communicable disease control in the developing world. *Health Policy and Planning*, 21(6): 411– 420.

**Shrimpton, R.; Victora, R.; De Onis, M.; Rosangela, C.L.; Bloessner, M. y Clugstong, G.** 2001. Worldwide timing of growth faltering: Implications for nutritional interventions. *Pediatrics*, 107: 1–7.

**Skoufias, E. y Parker, S.W.** 2001. Conditional cash transfers and their impact on child work and schooling: Evidence from the PROGRESA Program in Mexico. *Discussion Paper nº 123*. IIPA, Washington DC.

**Tanner, J.M.** 1986. Growth as a mirror of the condition of society: Secular trends and class distinctions. *En* Demirjian, A. ed. 1986. *Human Growth: A Multidisciplinary Review*. Taylor and Francis Ltd.; Londres.

**Ter Kuile, F.O.; Turlouw, D.J.; Phillips-Howard, P.A.; Hawley, W.A.; Friedman, J.F.; Kariuki, S.K.; Shi, Y.P.; Kolczak, M.S.; Lal, V.A.; Vulule, J.M. y Nahlen B.L.** 2003. Reduction of malaria during pregnancy by permethrin-treated bed nets in an area of intense perennial malaria transmission in western Kenya. *American Journal of Tropical Medicine and Hygiene*, 68(4) (Supplement): 50–60.

**Thomas, D. y Strauss, J.** 1997. Health and wages: Evidence on men and women in urban Brazil. *Journal of Econometrics*, 77: 159–185.

**XIV Dalai Lama.** (n. 1935). *Living a Life of Compassion*. Disponible en: http://www.betterworldheroes.com/dalai-lama.htm

Intermezzo 7: Doctor Stanley Zlotkin, catedrático de Ciencias de la Nutrición y de la Salud Pública de la Universidad de Toronto. 2007. "Sprinkles, una forma innovadora y rentable de suministrar micronutrientes a los niños".

**Agostoni, C.; Giovannini, M.; Sala, D.; Usuelli, M.L.; Francescato, G.; Braga, M.; Riva, E.; Martiello, A.C.; Marangoni, F. y Galli, C.** 2006. Double-blind, placebo-controlled trial comparing effects of supplementation with two different combinations of micronutrients delivered as Sprinkles on growth, anaemia, and iron deficiency in Cambodian infants. *Journal of Paediatric Gastroenterology and Nutrition*, 42: 306–12.

**De Pee, S.; Moench-Pfanner, R.; Martini, E.; Zlotkin, S.; Darton-Hill, I. y Bloem, M.W.** 2006. Home-fortification in emergency response and transition programming: Experiences in Aceh and Nias, Indonesia. *Food Nutrition Bulletin* (de próxima aparición).

**Hirve, S.; Bhave, S.; Bavdekar, A.; Naik, S.; Pandit, A.; Schauer, C.; Christofides, A.; Hyder, Z. y Zlotkin, S.** 2007. Low dose of Sprinkles: An innovative approach to treat iron deficiency anaemia in infants and young children. *Indian Paediatrics*, 44: 91–100.

**Menon, P.; Ruel, M.T.; Loechl, C.U.; Arimond, M.; Habicht, J-P.; Pelto, G. y Michaud, L.** 2007. Micronutrient Sprinkles reduce anaemia among 9- to 24-Mo-Old Children when delivered through an integrated health and nutrition program in rural Haiti. *Journal of Nutrition*, 137: 1023–1030.

**Organizació Mundial de la Salud.** 2006. *Preventing and Controlling Micronutrient Deficiencies in Populations Affected by an Emergency*. Declaración conjunta de OMS/PMA/UNICEF. Ginebra. Disponible en: http://www.who.int/nutrition/publications/WHO_WFP_UNICEFstatement.pdf

**Zlotkin, S.; Arthur, P.; Antwi, K.Y. y Yeung, G.** 2001. Treatment of anaemia with microencapsulated ferrous fumarate plus ascorbic acid supplied as Sprinkles to complementary (weaning) foods. *American Journal of Clinical Nutrition*, 74:791–795.

Intermezzo 8: Despacho Regional para América Latina y el Caribe (ODP) del PMA. 2007. "Asociaciones para vencer la desnutrición infantil en América Latina y el Caribe".

**Banco Interamericano de Desarrollo.** 2007. *Acuerdo sobre desnutrición infantil es paso clave en lucha contra la pobreza, afirman BID y PMA*. Nota de prensa del BID. Disponible en: http://www.iadb.org/news/articledetail.cfm

**Comisión Económica para América Latina y el Caribe y Programa Mundial de Alimentos.** 2007. *Hacia la erradicación de la desnutrición crónica infantil en Centroamérica y República Dominicana*. Presentación en PowerPoint impartida en la consulta técnica regional para el control y la evaluación, Panamá: *Busca Centroamérica erradicar la desnutrición infantil*. Panamá. Disponible en: http://www.milenio.com/index.php/2007/02/01/37334/

**Walsh, E. A.** 2007. *Political Database of the Americas*. Centro de Estudios Latinoamericanos de la Universidad de Georgetown, Washington DC. Disponible en: http://www12.georgetown.edu/sfs/clas/

Intermezzo 9: Valid Internacional. 2007. "De la investigación a la acción".

**Bahwere, P.; Guerrero, S.; Sadler, K. y Collins, S.** 2005. *Study to Examine the Use of CTC as an Entry Point for the Support to HIV Affected in Malawi*. Valid International, Oxford (RU).

**Bahwere, P.; Joshua, M.C.; Sadler, K.; Tanner, C.; Piwoz, E.; Guerrero, S. y Collins, S.** 2005. *Integrating HIV Services into a Community-Based Therapeutic Care (CTC) Programme in Malawi: An Operational Research Study*. Sin publicar.

**Bahwere, P.; Sadler, K. y Collins, S.** 2005. *The Treatment of Severely Malnourished HIV Positive Adults Using Ready to Use Therapeutic Food in Home Based Care*. Sin publicar.

**Brewster, D.R.; Manary, M.J. y Graham, S. M.** 1997. Case management of kwashiorkor: An intervention project at seven nutrition rehabilitation centres in Malawi. *European Journal of Clinical Nutrition*, 51(3): 139–147.

**Brewster, D.R.** 2004. Improving quality of care for severe malnutrition. *Lancet*, 363(9426): 2088–2089.

**Collins, S.** 2004. Community-based therapeutic care: A new paradigm for selective feeding in nutritional crises. *Humanitarian Policy Network paper*. N° 48. Overseas Development Institute, Londres.

**Collins, S.; Dent, N.; Binns, P.; Bahwere, P.; Sadler, K. y Hallam, A.** 2006. Management of severe acute malnutrition in children. *Lancet*, 368(9551):1992–2000.

**Collins, S.; Sadler, K.; Dent, N.; Khara, T.; Guerrero, S.; Myatt, M.; Saboya, M. y Walsh, A.** 2006. Key issues in the success of community-based management of severe malnutrition. *Food Nutrition Bulletin*, 27(3): S49–S82.

**Guerrero, S.; Bahwere, P.; Sadler, K. y Collins, S.** 2005. Integrating CTC and HIV/AIDS Support in Malawi. *Field Exchange*, 25: 8–10.

**Kessler, L.; Daley, H.; Malenga, G. y Graham, S.** 2000. The impact of the human immunodeficiency virus type 1 on the management of severe malnutrition in Malawi. *Annals of Tropical Paediatrics*, 20(1): 50–56.

**Oficina Nacional de Estadística, Malawi.** 2005. *Demographic and Health Survey 2004 and 2005*. Calverton, MD, ORC Macro.

**Sadler, K.; Myatt, M.; Feleke, T. y Collins, S.** 2007. A comparison of the programme coverage of two therapeutic feeding interventions implemented in neighbouring districts of Malawi. *Public Health Nutrition*, 10: 907–913.

Intermezzo 10: Rosemary Fernholz y Channa Jayasekera de la Universidad de Duke. 2007. "La nutrición, una prioridad para Tailandia".

**Tontisirin, K.; Kachondham, Y. y Winichagoon, P.** 1992. Trends in the development of Thailand's nutrition and health plans and programs. *Asia Pacific Journal of Clinical Nutrition*, 1: 231–238.

# Notas al texto

1 Esperanza de vida para 2002 según la OMS (2007e). Estatura para 2002 según los Centros para el Control y la Prevención de Enfermedades (2004), media para el grupo de edad de entre 30 y 40 años.

2 La redacción de la cita se ha modificado con el permiso del autor.

3 La cita está parafraseada. La original dice: *El hambre, es verdad, hace en primer lugar que toda la energía del cuerpo se concentre en el problema de conseguir comida. Todos los pensamientos y las emociones de la persona que padece hambre se fijan en esta única necesidad primaria. Pero, si no consigue obtenerla, no se producen complejas psicosis observables, sino simplemente un decaimiento gradual de la vitalidad total del organismo y el letargo que antecede a la muerte.*

4 No todos los países disponen de datos de estos dos indicadores (subalimentación e insuficiencia ponderal) para ambos períodos (1990-2003 para la subalimentación, y 1990 y 1997-2006 para la insuficiencia ponderal). El cuadro que se ofrece en la parte inferior de la página muestra el número de países en desarrollo y los PBIDA de los que se tienen datos. Los datos referidos a la subalimentación proceden de la FAO (2006). Se ha empleado la clasificación regional que hace la OMS para proporcionar los desgloses por regiones. La prevalencia en cada región se calcula a partir del número de personas subalimentadas de cada una de las regiones, dividida por la población total de los países que la integran.

5 La descripción del método que se emplea para calcular el progreso hacia los ODM se puede encontrar en el Cuadro 10 del apartado "Compendio de referencias". De los 103 países en desarrollo y en transición analizados, los 15 más pobres según su INB son: Burundi, Eritrea, Etiopía, Gambia, Guinea-Bissau, Liberia, Madagascar, Malawi, Mozambique, Nepal, Níger, República Democrática del Congo, Rwanda, Sierra Leona, Uganda.

Los 15 países en desarrollo y en transición más ricos según su INB son: Antigua y Barbuda, Arabia Saudita, Botswana, Chile, Croacia, Gabón, Líbano, Jamahiriya Árabe Libia, Mauricio, México, Palau, Saint Kitts y Nevis, Seychelles, Sudáfrica, Trinidad y Tabago.

6 La mortalidad excesiva se define a efectos de operatividad como una tasa bruta de mortalidad superior a 1 fallecimiento por cada 10.000 personas al día (PMA, 2004).

7 La Declaración Des Moines es un llamamiento que realizaron los galardonados, los fundadores y el Comité de Asesores de la Organización "World Food Prize" para que se acelere la acción de lucha contra el hambre (Declaración de Des Moines, 2004).

8 Datos de los estudios demográficos y de salud que se llevaron a cabo en Camboya (2000), Bangladesh (2004), el Chad (2004), la República Unida de Tanzanía (2004) y Etiopía (2005). El método sigue a R. Shrimpton *et al.* (2001).

9 Komlos y Lauderdale parafrasean la cita de James M. Tanner (1986): "El crecimiento es el espejo del nivel de vida de una sociedad".

10 Valid International es una empresa de investigación y asesoría, que se fundó en 1999 para mejorar las repercusiones de la ayuda humanitaria mediante la investigación orientada hacia las operaciones de ayuda. En los últimos cinco años, la sociedad establecida entre Valid International y Concern Worldwide (una organización irlandesa para la ayuda y el desarrollo) ha sido la primera en aplicar la atención terapéutica en la comunidad. Se trata de una novedosa forma de tratar los casos de malnutrición aguda grave en los hogares de los enfermos, mediante el empleo de técnicas de movilización social y alimentos terapéuticos, energéticamente densos y listos para usar, enriquecidos con minerales y vitaminas.

11 La cita está modificada: la expresión "ser humano" se ha cambiado por la de "género humano".

**Número de países en desarrollo**

| | Ambos indicadores | | Subalimentación | | Insuficiencia ponderal | |
|---|---|---|---|---|---|---|
| | Países en desarrollo | De los cuales son PBIDA | Países en desarrollo | De los cuales son PBIDA | Países en desarrollo | De los cuales son PBIDA |
| **África** | 28 | 27 | 38 | 34 | 28 | 27 |
| **Mediterráneo oriental** | 8 | 6 | 10 | 6 | 8 | 6 |
| **Europa** | 3 | 3 | 17 | 9 | 3 | 3 |
| **América Latina y el Caribe** | 9 | 4 | 9 | 4 | 9 | 4 |
| **Sudeste asiático** | 7 | 4 | 8 | 6 | 7 | 5 |
| **Pacífico occidental** | 6 | 5 | 6 | 5 | 6 | 5 |

## Transferencia de alimentos y dinero en efectivo

El costo aproximado de una ración diaria adecuada para una persona que dependa completamente de la ayuda alimentaria se basa en una ración de 400 gramos de cereales (arroz), 60 gramos de legumbres secas (frijoles), 25 gramos de aceite vegetal, 50 gramos de alimentos compuestos enriquecidos (mezcla de trigo y soja), 15 gramos de azúcar y 5 gramos de sal yodada.

Fuentes:

- Programa Mundial de Alimentos. 2000. *Manual de alimentación y nutrición*. Roma, PMA.
- Precios franco a bordo revisados para el suministro de productos del PMA. 15 de mayo de 2006, CFO2006/002.

## Administración selectiva de complementos de micronutrientes

**Hierro:** los complementos se dispensan semanalmente a los escolares durante un período de tiempo prolongado.

Fuente:

- Horton, S. 2006. "The economics of food fortification". *Journal of Nutrition* 136:1068–1071.

**Hierro + ácido fólico:** dosis diaria de pastillas durante un total de un año, durante la totalidad del embarazo y la primera lactancia. El costo se basa en los precios que estableció el UNICEF en 1998 para la administración de 60 miligramos de hierro + 400 miligramos de ácido fólico. El suministro de pastillas durante todo un año cuesta 9,85 dólares EE.UU. por mujer y año.

Fuente:

- Gillespie, D.; Karklins, S.; Creanga, A.; Khan, S. y Cho, N. 2007. *Scaling Up Health Technologies.* Informe elaborado para la Fundación Bill y Melinda Gates. Baltimore, MD, Bloomberg School of Public Health, Universidad Johns Hopkins.

**Vitamina A:** los complementos se suministran a través del sistema de distribución que funciona en la comunidad.

Fuente:

- Banco Mundial. 2004. *Vitamin A at a Glance*. Banco Mundial, Washington, D.C.

**Cinc:** cada tratamiento consta de 14 pastillas.

Fuente:

- Gillespie, D.; Karklins, S.; Creanga, A.; Khan, S. y Cho, N. 2007. *Scaling Up Health Technologies.* Informe elaborado para la Fundación Bill y Melinda Gates. Baltimore, MD, Bloomberg School of Public Health, Universidad Johns Hopkins.

## Alimentación suplementaria

El contenido básico de la ración *in situ* es de 125 gramos de mezcla de maíz y soja, 20 gramos de aceite vegetal y 30 gramos de legumbres secas (frijoles). El contenido básico de una ración para llevar a casa es de 250 gramos de mezcla de maíz y soja, 25 gramos de aceite vegetal y 20 gramos de azúcar.

Fuentes:

- Programa Mundial de Alimentos. 2002. *WFP Emergency Field Operations Pocketbook*. Roma, PMA.
- Precios franco a bordo revisados para el suministro de productos del PMA. 15 de mayo de 2006, CFO2006/002.

## Alimentación complementaria

Una ración que consta de 250 gramos de mezcla de maíz y soja, 25 gramos de aceite vegetal y 20 gramos de azúcar.

Fuentes:

- Programa Mundial de Alimentos 2002. *WFP Emergency Field Operations Pocketbook*. PMA, Roma.
- Precios franco a bordo revisados para el suministro de productos del PMA. 15 de mayo de 2006, CFO2006/002.

## Enriquecimiento alimentario en gran escala

**Yodo, hierro y vitamina A:** el costo del enriquecimiento alimentario por persona y año está calculado para un hipotético país de gran tamaño, en desarrollo y de ingresos bajos.

**Cinc:** El costo presupone una ingesta de 150 gramos por persona y día.

Fuente:

- Organización Mundial de la Salud y Organización de las Naciones Unidas para la Agricultura y la Alimentación. 2006. *Guidelines on Food Fortification with Micronutrients*. Ginebra, OMS.

## Alimentos enriquecidos en el hogar

La administración de complementos se basa en el costo de *Sprinkles*. La mezcla de micronutrientes más habitual contiene hierro, cinc, yodo, vitaminas A, C y D, y ácido fólico. El costo varía según el estado nutricional de los beneficiarios, la mezcla de micronutrientes y el precio de la entrega y la distribución.

Fuente:

- Zlotkin, S.; 2007. *Sprinkles: una forma innovadora y rentable de suministrar micronutrientes a los niños*. Documento técnico elaborado para la *Serie de informes sobre el hambre en el mundo 2007*.

## Ayuda nutricional para el tratamiento de enfermedades (VIH/SIDA y tuberculosis)

Un paquete de ayuda típico para un mes contiene 333 gramos de mezcla de maíz y soja, 33 gramos de aceite y 167 gramos de harina de maíz.

Fuentes:

- Programa Mundial de Alimentos. 2006. *Cost of Nutritional Support for HIV/AIDS Projects*. Roma.
- Precios franco a bordo revisados para el suministro de productos del PMA. 15 de mayo de 2006, CFO2006/002.

## Prevención de enfermedades infecciosas

### Medicamentos contra el paludismo y mosquiteros

Fuente:

- Gillespie, D.; Karklins, S.; Creanga, A.; Khan, S. y Cho, N. 2007. *Scaling Up Health Technologies*. Informe elaborado para la Fundación Bill y Melinda Gates. Baltimore, MD, Bloomberg School of Public Health, Universidad Johns Hopkins.

**Tratamiento breve bajo observación directa:** este tratamiento en el seno de la comunidad cuesta 128 dólares EE.UU. por paciente, y 203 dólares EE.UU. por cada paciente tratado en el programa dispensado en el centro sanitario.

Fuente:

- Gillespie, D.; Karklins, S.; Creanga, A.; Khan, S. y Cho, N. 2007. *Scaling Up Health Technologies*. Informe elaborado para la Fundación Bill y Melinda Gates. . Baltimore, MD, Bloomberg School of Public Health, Universidad Johns Hopkins.

### Pastillas antiparasitarias y su suministro

Fuente:

- Programa Mundial de Alimentos. 2007. Food for Education Works. *A review of WFP FFE programme monitoring and evaluation 2002–2006*. PMA, Roma.

### Terapia de rehidratación por vía oral

Fuente:

- Gillespie, D.; Karklins, S.; Creanga, A.; Khan, S. y Cho, N. 2007. *Scaling Up Health Technologies*. Informe elaborado para la Fundación Bill y Melinda Gates. Baltimore, MD, Bloomberg School of Public Health, Universidad Johns Hopkins.

**Preservativos masculinos:** los cálculos se basan en el precio medio de una compra masiva de preservativos masculinos.

Fuente:

- Fondo de Población de las Naciones Unidas. 2005. *Condom Programming for HIV Prevention*. UNFPA, Nueva York.

## Diversificación de las dietas y fomento del consumo de alimentos de calidad

**Comidas escolares:** una ración de comida más sustanciosa, que consta de 150 gramos de cereales, 30 gramos de legumbres, 5 gramos de aceite y 4 gramos de sal (694 kilocalorías), se proporciona en la escuela y se consume durante el horario escolar. El precio medio de una comida escolar por cada beneficiario es de 20 dólares EE.UU. por año y 10 centavos de dólar EE.UU. por día.

**Huertos en las escuelas como parte del conjunto de servicios básicos:** para la alimentación en las escuelas, el lote incluye tratamiento antiparasitario, complementos de micronutrientes, mejores fogones en las cocinas, agua y saneamientos en la escuela, educación sanitaria, instrucción sobre el VIH/SIDA, ayuda psicosocial y prevención contra el paludismo. El costo medio de este lote por beneficiario y año es de 16 dólares EE.UU.

Fuente:

- Programa Mundial de Alimentos. 2007. *Standardization of selected Food for Education terms and figures for advocacy purposes*. Documento interno. PMA, Roma.

## Transmisión de conocimientos sobre asistencia sanitaria y métodos alimentarios

**Fomento de la lactancia:** los costos medios, según los cálculos realizados en las comunidades del África subsahariana, varían según cuáles sean los componentes de esta actividad.

**Programas nutricionales en la comunidad:** en los costos se incluye el fomento de la alimentación con leche materna, asesoramiento e instrucción sobre la alimentación óptima para el niño, prevención de la enfermedad diarreica y control del crecimiento.

Fuente:

- Caulfield, L.E.; Richard, S.A.; Rivera, J.A.; Musgrove, P. y Black, R.E. 2006. "Stunting, wasting, and micronutrient deficiency disorders". *Disease Control Priorities in Developing Countries.* Oxford University Press, Nueva York.

**Formación para los maestros sobre el tratamiento antiparasitario:** este ejemplo procede de Madagascar, donde el currículo de educación sanitaria viene acompañado de información, educación y comunicación en la comunidad (CEI), con un tratamiento antiparasitario que administran los maestros dos veces al año, junto con hierro y folatos. Durante tres años, 14.000 maestros y 430.000 alumnos recibieron instrucción en 4.585 escuelas, con un costo entre 0,78 dólares EE.UU. y 1,08 dólares EE.UU. por cápita y por año.

Fuente:

- Proyecto para las Prioridades en el Control de las Enfermedades. 2006. *Nine Low- and Middle-Income Countries and How They Use FRESH*. Grupo del Banco Mundial, Washington D.C. Disponible en: http://www.dcp2.org/pubs/DCP/58/Table/58.4.

**Formación sobre el VIH:** en los costos se incluye educación y sensibilización para los niños y formación para los padres y maestros dentro del programa de alimentación en las escuelas.

Fuente:

- Programa Mundial de Alimentos. 2006. *Standard Essential Package for School Feeding*. Sin publicar. PMA, Roma.

**Formación sobre nutrición para embarazadas:** se basa en los costos de 1985 actualizados para que reflejen el poder adquisitivo de 2006.

Fuente:

- Banco Mundial. 1994. *Enriching Lives Overcoming Vitamin and Mineral Malnutrition in Developing Countries*. Banco Mundial, Washington D.C.

## Acceso a agua limpia y mejora de las condiciones higiénicas

**Agua limpia:** el costo depende de la cantidad de unidades que contenga el sistema. Por ejemplo, un sistema para cuatro hogares costaría 525 dólares EE.UU. por unidad; un sistema mayor, para entre 500 y 1.000 hogares, costaría 210 dólares EE.UU. por unidad.

Fuente:

- US Environmental Protection Agency. 2007. *Cost of evaluation of Point-of-Use and Point-of-Entry Treatments Units for Small Systems: Cost Estimating Tool and User Guide.* Plan de Protección Ambiental (EAP), Washington, D.C.

### Mejora de las condiciones higiénicas

Fuente:

- Grupo de trabajo de Europa del Este, el Cáucaso y Asia Central de la Iniciativa para el Agua de la Unión Europea. 2006. Documento 14: *Rural Water Supply and Sanitation: technology overview and cost functions*. Preparado para los altos funcionarios para las reformas del suministro de agua y del sector de saneamiento del grupo de trabajo del EAP para Europa Central y del Este. OCDE, París.

# Metodología utilizada en la elaboración de los mapas

## Datos y métodos cartográficos

### Fronteras nacionales

Todas las fronteras que se usan en los mapas de esta publicación están basadas en FAO GAUL (Global Administrative Unit Layer) http://www.fao.org/geonetwork/srv/en/metadata.show?id=12691

### Proyección de los mapas

Todos los mapas que se incluyen en esta publicación están en la proyección de Robinson, **datum** WGS 84.

### Escala

La escala para los indicadores de insuficiencia ponderal y mortalidad entre los niños menores de 5 años se basa en el modelo internacional, tal y como se describe en el PMA y los Centros para el Control y la Prevención de Enfermedades (CDC). 2005. *A Manual: Measuring and Interpreting Malnutrition and Mortality*. Roma, PMA.

## Elaboración de los mapas

### Mapa A – El hambre y la salud en el mundo

Fuente de los datos:

- Insuficiencia ponderal: Organización Mundial de la Salud. 2007. *Estadísticas Sanitarias Mundiales 2007*. OMS, Ginebra.

### Mapa 1 – El hambre oculta en el mundo

El mapa muestra las carencias de hierro y vitamina A como indicador sustitutivo de las carencias de micronutrientes entre los niños menores de 5 años.

- La carencia de hierro refleja la prevalencia de los casos de carencia de hierro detectados entre los niños menores de 5 años.
- La clasificación de las carencias de hierro de los niños menores de 5 años se basa en el modelo internacional.
- La escala de las tasas de insuficiencia ponderal de los niños menores de 5 años es igual o superior al 20%.

Fuente de los datos:

- Insuficiencia ponderal: Organización Mundial de la Salud. 2007. *Estadísticas Sanitarias Mundiales 2007*. OMS, Ginebra.
- Carencia de micronutrientes: Iniciativa de Micronutrientes y el UNICEF. 2004. *Vitamin and Mineral Deficiency: A Global Progress Report*. UNICEF, Nueva York.

### Mapa 2 – El hambre y las catástrofes naturales

El mapa muestra los países que poseen tasas de insuficiencia ponderal iguales o superiores al 20% entre los niños menores de 5 años. El indicador del número total de personas afectadas es la suma de las personas que se vieron afectadas por todas las catástrofes naturales que se produjeron entre 2000 y 2007.

Fuente de los datos:

- Catástrofes naturales: Centro para la Investigación sobre la Epidemiología de los Desastres. 2007. EM_DAT: Base de datos internacional para los desastres de la Oficina de Asistencia de los Estados Unidos para casos de Desastre/ Centro de Investigación sobre la Epidemiología de las Catástrofes (OFDA/CRED). Université Catholique de Louvain. Disponible en: http://www.em-dat.net
- Insuficiencia ponderal: Organización Mundial de la Salud. 2007. *Estadísticas Sanitarias Mundiales 2007*. OMS, Ginebra.

### Mapa 3 – La desigualdad del hambre en el mundo

El mapa muestra los países que poseen tasas iguales o superiores al 20% de insuficiencia ponderal entre los niños menores de 5 años, tasas de emaciación iguales o superiores al 15%; también presentan tasas de retraso del crecimiento muy variadas.

Fuente de los datos:

- Insuficiencia ponderal y retraso del crecimiento: Organización Mundial de la Salud. 2007. *Estadísticas Sanitarias Mundiales 2007*. OMS, Ginebra.
- Emaciación: UNICEF. 2006. *Estado mundial de la infancia 2007: Las mujeres y la infancia. El doble dividendo de la igualdad de género*. UNICEF, Nueva York..

### Mapa 4 – Mortalidad y enfermedades de la infancia

El mapa muestra aquellos países que poseen tasas de insuficiencia ponderal iguales o superiores al 20% entre los niños menores de cinco años. Las tasas de mortalidad entre los menores de cinco años son resultado de infecciones respiratorias agudas, enfermedades diarreicas y paludismo, con cortes basados en los modelos de la OMS.

Fuente de los datos:

- Organización Mundial de la Salud. 2007. *Estadísticas Sanitarias Mundiales 2007*. OMS, Ginebra.

### Mapa 5 – La carga del paludismo en el mundo

El valor correspondiente a esta carga se expresa en dólares EE.UU. (2004), según las estimaciones del Banco Mundial.

Fuente de los datos:

- Ingreso nacional bruto: OCDE. 2006. *Statistical Annex of the 2006 Development Co-operation Report.* París. Disponible en: www.oecd.org/dac/stats/dac/dcrannex.
- Tasa de mortalidad: Organización Mundial de la Salud. 2007. *Estadísticas Sanitarias Mundiales 2007*. OMS, Ginebra.

### Mapa 6 – Mortalidad a causa del VIH/SIDA entre los niños menores de 5 años.

El mapa destaca los países que poseen tasas de insuficiencia ponderal iguales o superiores al 20 % entre los niños menores de 5 años. Las tasas de mortalidad entre los niños menores de 5 años se basan en los modelos de la OMS.

Fuente de los datos:

- Organización Mundial de la Salud. 2007. *Estadísticas Sanitarias Mundiales 2007*. Ginebra, OMS.

### Mapa 7 – Desigualdades en materia de salud en el mundo

El ingreso nacional bruto (INB) se expresa en dólares EE.UU. (2004). El valor límite para determinar los agentes de salud se basan en los métodos descritos por la OMS (2004) en *Joint Learning Initiative (JLI) Strategy Report: Human Resources for Health Overcoming the Crisis.2004*. Disponible en: http://www.globalhealthtrust.org/report/appendix2.pdf

Fuente de los datos:

- Ingreso nacional bruto: OCDE. 2006. *Statistical Annex of the 2006 Development Co-operation Report.* París. Disponible en: www.oecd.org/dac/stats/dac/dcrannex.
- Organización Mundial de la Salud. 2007. *Estadísticas Sanitarias Mundiales 2007*. Ginebra, OMS.

### Mapa 8 – Compromisos nacionales en la esfera de la salud

La clasificación del gasto público en sanidad se basa en el *Informe sobre desarrollo humano 2006* del PNUD.

Fuente de los datos:

- Gasto público en sanidad como porcentaje del INB: Organización Mundial de la Salud. 2007. *Estadísticas Sanitarias Mundiales 2007*. Ginebra, OMS.

### Mapa B – El hambre y la salud en el mundo

El mapa muestra los países que registran más de 1.500 muertes por causas relacionadas con el embarazo, incluidas las muertes que se producen dentro del plazo de 42 días desde la conclusión de la gestación, por cada 100.000 nacidos vivos. El umbral se basa en la OMS, el UNICEF y el UNFPA. 2004. *Maternal mortality in 2000: Estimates Developed by WHO, UNICEF and UNFPA*. Ginebra.

Fuente de los datos:

- Insuficiencia ponderal: Organización Mundial de la Salud. 2007. *Estadísticas Sanitarias Mundiales 2007*. Ginebra, OMS.

# Mapa B – El hambre y la salud en el mundo

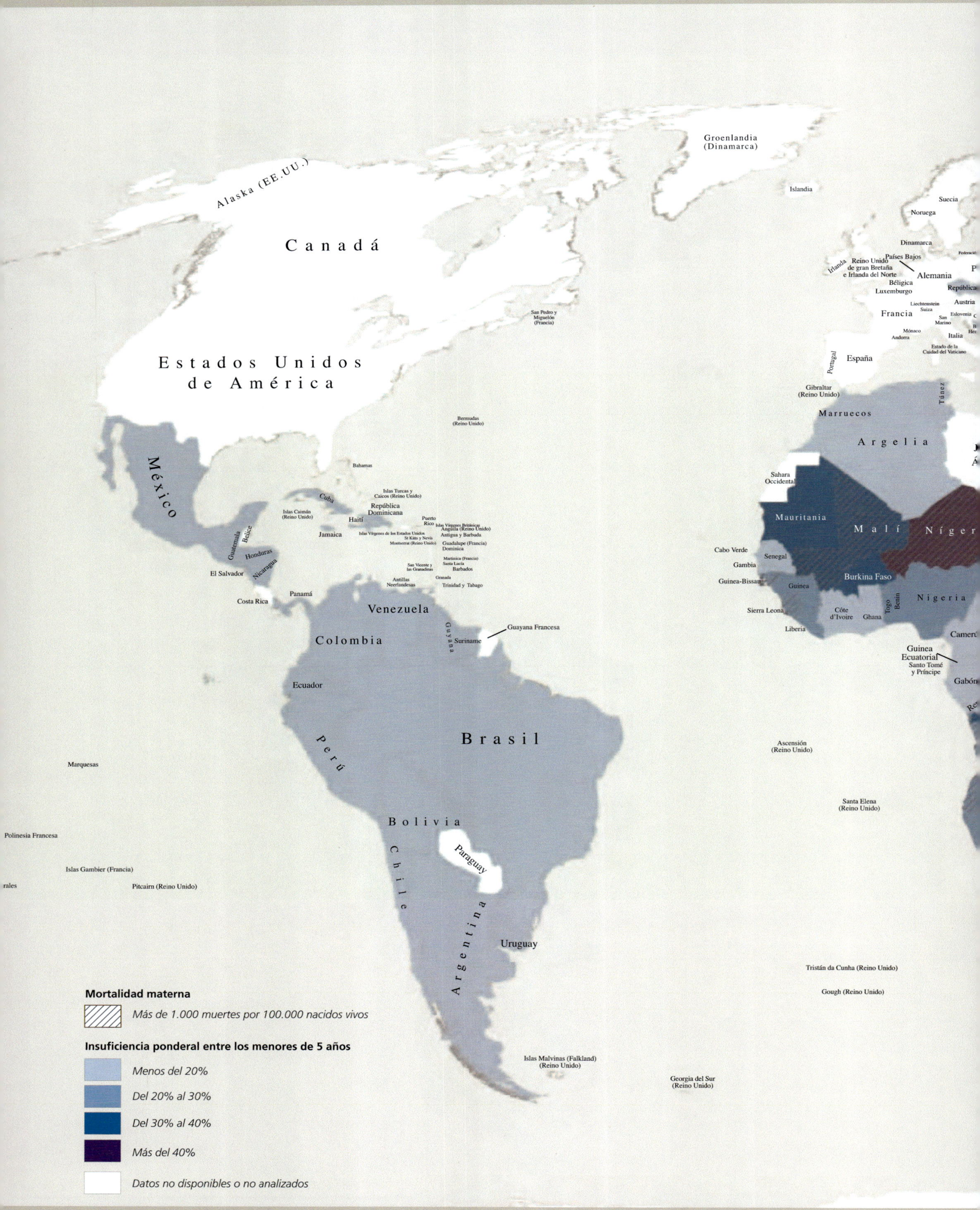


*Los límites y nombres indicados y las denominaciones empleadas en este mapa no entrañan, por parte de las Naciones Unidas, aprobación o aceptación oficial alguna.*
*Mapa elaborado por la Dependencia de VAM del PMA.*

Fuente de los datos: OMS, 2007